国家级特色专业建设项目、国家级教学团队建设项目、
国家自然科学基金项目及南京信息工程大学教材建设基金项目资助

现代天气学方法

寿绍文　岳彩军　寿亦萱
姚秀萍　王咏青　覃卫坚　编著

气象出版社
China Meteorological Press

内容简介

本书概要地介绍了现代天气学分析的一些基本理论和方法及其应用。其具体内容主要包括以下十个方面：(1)气象变量场的分析；(2)地转和准地转理论；(3)锋生和次级环流；(4)位涡理论及应用；(5)大气稳定性分析；(6)大气垂直运动诊断；(7)Q 矢量的分析和应用；(8) 螺旋度分析和应用；(9)大气重力波分析；(10)降水定量分析。

本书可作为气象科学教学、科研、业务参考书。

图书在版编目(CIP)数据

现代天气学方法/寿绍文等编著．—北京：气象出版社，2012.3

ISBN 978-7-5029-5436-9

Ⅰ.①现… Ⅱ.①寿… Ⅲ.①天气分析 Ⅳ.①P458

中国版本图书馆 CIP 数据核字(2012)第 029419 号

Xiandai Tianqixue Fangfa

现代天气学方法

寿绍文 等 编著

出版发行：气象出版社

地　　址：北京市海淀区中关村南大街 46 号　　**邮政编码**：100081

总 编 室：010-68407112　　**发 行 部**：010-68409198

网　　址：http://www.cmp.cma.gov.cn　　**E-mail**：qxcbs@cma.gov.cn

责任编辑：杨泽彬　　**终　　审**：周诗健

封面设计：博雅思企划　　**责任技编**：吴庭芳

印　　刷：北京京科印刷有限公司

开　　本：720 mm×960 mm　1/16　　**印　　张**：15.5

字　　数：300 千字

版　　次：2012 年 3 月第 1 版　　**印　　次**：2012 年 3 月第 1 次印刷

印　　数：1～3000　　**定　　价**：36.00 元

前　言

最近半个世纪，特别是最近 30 年以来，天气分析理论和方法得到了迅猛发展，新理论、新方法层出不穷。本书将用有限的篇幅，简要地介绍天气动力学的某些基础理论和分析方法以及它们的应用。其具体内容主要包括以下十个方面：(1)气象变量场的分析；(2)地转和准地转理论；(3)锋生和次级环流；(4)位涡理论及应用；(5)大气稳定性分析；(6)大气垂直运动诊断；(7)**Q** 矢量的分析和应用；(8) 螺旋度分析和应用；(9)大气重力波分析；(10)降水定量分析。

现代天气学分析方法的内容极其广泛，我们在这里只是择要讨论。本书编写过程中得到了许多校内外著名专家们的热情鼓励以及学校领导、同事、同学和气象出版社的领导及编辑的大力支持与帮助。

本书大量参阅和引用了许多学者的著作，在此谨向所有给予我们鼓励、支持和帮助的专家表示最深切的谢意，同时也殷切希望得到广大读者的批评指正。

编著者

2011 年 8 月于南京

目　录

第 1 章　气象变量场的分析

本章将讨论描述气象场变量的最基本的和最重要的物理量，包括变量场的梯度、凹凸度、散度、涡度、环流、形变度等，以及它们的运动学和动力学分析。

1.1　气象变量场的表征

气象要素也称为气象变量，它是随时、随地变化的。气象要素是一种场变量，对于确定时间的气象要素的空间分布称为气象变量场。气象变量有标量和矢量两种。

1.1.1　标量场的表征

连续的标量场的空间变率特征常用“梯度”和“拉普拉斯”这样两个物理量来表征。

设 A 为任意气象标量，则有

$$A = A(x,y,z,t) \text{ 或 } A = A(x,y,p,t) \tag{1.1}$$

上式中，t 为时间，(x,y,z) 为直角坐标系，其中 x,y 为水平坐标，z 为垂直坐标；p 为气压，以 p 为垂直坐标的坐标系称为 p 坐标系。对确定的时间而言，则有

$$A = A(x,y,z) \text{ 或 } A = A(x,y,p) \tag{1.2}$$

表示标量 A 的空间变率的物理量 ∇A 数学上称为梯度(gradient)，它是一个三维矢量。其中，∇ 称为 Hamilton 或 grad 算子，它是一个微分算子，是一个表示空间微分的矢量。

$$\nabla = \boldsymbol{i}\frac{\partial}{\partial x} + \boldsymbol{j}\frac{\partial}{\partial y} + \boldsymbol{k}\frac{\partial}{\partial z} \tag{1.3}$$

其中，$\boldsymbol{i},\boldsymbol{j},\boldsymbol{k}$ 分别为 x,y,z 方向的单位矢量，$\frac{\partial}{\partial x},\frac{\partial}{\partial y},\frac{\partial}{\partial z}$分别为 x,y,z 方向的空间变率。$\nabla A>0$ 的方向由低值指向高值，气象上习惯称其为升度(ascendent)。$\nabla A<0$(或$-\nabla A>0$)时，表示由高值指向低值，气象上习惯将 $-\nabla A$ 称为梯度或下降度(descendent，简称降度，或反梯度，counter-gradient)。$|\nabla A|$是矢量∇A 的“模”，表示梯度的大小。

水平面上二维的∇A可写作

$$\nabla_2 A = \boldsymbol{i}\frac{\partial A}{\partial x} + \boldsymbol{j}\frac{\partial A}{\partial y} \tag{1.4}$$

∇_2A 表示变量 A 在水平方向上的空间变率，它的大小反映了天气图上气象要素 A 的等值线的间距的大小，即等值线的密集程度，也反映了要素 A 的连续性程度。当$|\nabla_2 A|$很小时，表示要素 A 的等值线很稀疏，说明 A 要素的分布很均匀。相反，当$|\nabla_2 A|$很大时，表示要素 A 的等值线很密集，说明要素 A 的分布很不均匀，要素 A 的水平不连续性较大。“气团”和“锋区”所在的地区，就分别是气象要素的分布很均匀和很不均匀，或者说是气象要素的连续性较好和不连续性较大的地区。

算子∇可以重复使用，例如将∇和∇A点乘，便得：

$$\nabla \cdot \nabla A = \frac{\partial^2 A}{\partial x^2} + \frac{\partial^2 A}{\partial y^2} + \frac{\partial^2 A}{\partial z^2} \tag{1.5}$$

$\nabla \cdot \nabla A$表示∇A的空间变率(即梯度的散度)，习惯上将$\nabla \cdot \nabla A$写成$\nabla^2 A$，所以有

$$\nabla^2 A = \frac{\partial^2 A}{\partial x^2} + \frac{\partial^2 A}{\partial y^2} + \frac{\partial^2 A}{\partial z^2} \tag{1.6}$$

∇^2称为“拉普拉斯算子(Laplacian)”，$\nabla^2 A$称为要素A场的拉普拉斯，在水平面上的二维拉普拉斯可写为：

$$\nabla_2^2 A = \frac{\partial^2 A}{\partial x^2} + \frac{\partial^2 A}{\partial y^2} \tag{1.7}$$

在$\nabla_2 A = 0$以及$\nabla_2^2 A > 0$处，表示 A 值出现低值中心(极小值)，而在$\nabla_2 A = 0$以及$\nabla_2^2 A < 0$处，表示 A 值出现高值中心(极大值)。例如对一个等压面的高度(H)场而言，当$\nabla_2^2 H > 0$时，表示等压面下凹，反之，当$\nabla_2^2 H < 0$时，表示等压面上凸。所以$\nabla_2^2 H$也表示等压面的空间凹凸度。

根据在水平面上的等压线的分析，可以把气压场分为六种基本型式，即低压槽、高压脊、锋面槽、低压、高压和鞍形场，这些基本气压场型式称为“气压系统”。

对上述六种气压系统，可以根据气压场的梯度和拉普拉斯来分别表征。其中，低压槽一般以“槽线”表示。一个南北向的对称的低压槽(也叫竖槽)的槽线的特征是

$$\frac{\partial p}{\partial x} = 0, \quad \frac{\partial^2 p}{\partial x^2} > 0 \tag{1.8}$$

高压脊以“脊线”表征。一个南北向的高压脊的脊线的特征是

$$\frac{\partial p}{\partial x} = 0, \quad \frac{\partial^2 p}{\partial x^2} < 0 \tag{1.9}$$

锋面槽(也叫斜槽)为非南北向的和非对称的低压槽，它的槽线的特征是

$$p - p' = 0, \quad \frac{\partial p}{\partial x} - \frac{\partial p'}{\partial x} \neq 0 \tag{1.10}$$

其中，p,p' 分别为槽线两侧的气压，$\frac{\partial p}{\partial x}$,$\frac{\partial p'}{\partial x}$ 分别为槽线两侧的气压梯度。

低压中心的特征是：

$$\frac{\partial p}{\partial x} = 0, \quad \frac{\partial^2 p}{\partial x^2} > 0, \quad \frac{\partial p}{\partial y} = 0, \quad \frac{\partial^2 p}{\partial y^2} > 0。 \tag{1.11}$$

高压中心的特征是：

$$\frac{\partial p}{\partial x} = 0, \quad \frac{\partial^2 p}{\partial x^2} < 0, \quad \frac{\partial p}{\partial y} = 0, \quad \frac{\partial^2 p}{\partial y^2} < 0。 \tag{1.12}$$

鞍形场的特征是：

$$\frac{\partial p}{\partial x} = 0, \quad \frac{\partial^2 p}{\partial x^2} < 0, \quad \frac{\partial p}{\partial y} = 0, \quad \frac{\partial^2 p}{\partial y^2} > 0。 \tag{1.13}$$

1.1.2　矢量场的表征

对矢量场的分析，不能像分析标量场一样简单地只用分析等值线（如等风速线）来进行分析，常常还需通过分析流线来表征矢量场的方向特点以及用散度、涡度、环流、形变度和速度势及流函数等物理量来表示其特征。

流线是一种带箭头的线条。在流线上的每一点上的风向都与流线相切。根据流线分析，可以把常见的流场分成相对均匀气流、奇异线（包括间断线和渐近线）以及奇异点（包括尖点、涡旋和中性点）三种基本流场形式。其中涡旋的流型又有流入气流、流出气流、气旋式气流、反气旋式气流等。

上述三种基本的流场形式中，相对均匀气流是指在相当宽广的范围内，由一束束近于平行，略有弯曲的流线组成的气流。有时，在相对均匀的流线中，常会出现风速的大值区。奇异线包括间断线和渐近线两种，其中间断线是指风向不连续的线，如锋、切变线等均为间断线；渐近线是指流线分支或汇合的线，相当于数学中的渐近线。奇异点即流场中的静风点，此点上风速为零，没有风向（或可认为有任意多个风向）。奇异点有尖点、涡旋（汇、源）、中性点三种形式，其中尖点是波和涡旋（如槽和气旋，脊和反气旋）之间发展的过渡形式；涡旋有流入气流、流出气流、气旋式气流、反气旋式气流等形式，流入和流出气流分别称为汇和源。在北半球作逆时针旋转的气流称为气旋式气流、作顺时针旋转的气流称为反气旋式气流。在南半球相反，作逆时针旋转的气流称为反气旋式气流、作顺时针旋转的气流称为气旋式气流。中性点即两条气流汇合渐近线与两条气流散开渐近线的交点。它相当于气压场中的鞍形场。在两个气旋式涡旋之间（或槽与气旋之间），或两个反气旋式涡旋之间（或脊与反气旋之间)也都会出现中性点。以上所说的气旋、反气旋、汇、源等均称为“流场系统”。

设以矢量 $\boldsymbol{V}$ 表示三维风矢量,在标准坐标系(x,y,z)中,$\boldsymbol{V}$ 可写成三个分矢量之和。即:

$$\boldsymbol{V}=\boldsymbol{i}V_x+\boldsymbol{j}V_y+\boldsymbol{k}V_z \tag{1.14}$$

其中,$\boldsymbol{i},\boldsymbol{j},\boldsymbol{k}$ 分别为 x,y,z 方向的单位矢量,V_x,V_y,V_z 分别为 $\boldsymbol{V}$ 在 x,y,z 方向的分量,若以 u,v,w 分别表示 V_x,V_y,V_z,则(1.14)式可写成:

$$\boldsymbol{V}=\boldsymbol{i}u+\boldsymbol{j}v+\boldsymbol{k}w \tag{1.15}$$

风速矢 $\boldsymbol{V}$ 的大小为$|\boldsymbol{V}|$,

$$|\boldsymbol{V}|=\sqrt{u^2+v^2+w^2} \tag{1.16}$$

将∇算子点乘 $\boldsymbol{V}$,得

$$\nabla\cdot\boldsymbol{V}=\frac{\partial u}{\partial x}+\frac{\partial v}{\partial y}+\frac{\partial w}{\partial z}=\mathrm{div}\boldsymbol{V} \tag{1.17}$$

$\nabla\cdot\boldsymbol{V}$ 或 $\mathrm{div}\boldsymbol{V}$ 称为速度场散度。在水平面上,

$$\nabla_2\cdot\boldsymbol{V}=\frac{\partial u}{\partial x}+\frac{\partial v}{\partial y}=\mathrm{div}_2\boldsymbol{V}$$

$\mathrm{div}_2\boldsymbol{V}$ 称为水平散度,$\mathrm{div}_2\boldsymbol{V}$ 是一个标量,$\mathrm{div}_2\boldsymbol{V}>0$ 表示水平辐散,$\mathrm{div}_2\boldsymbol{V}<0$ 表示水平辐合。

将∇算子叉乘 $\boldsymbol{V}$,得

$$\nabla\times\boldsymbol{V}=\begin{vmatrix}\boldsymbol{i} & \boldsymbol{j} & \boldsymbol{k}\\ \dfrac{\partial}{\partial x} & \dfrac{\partial}{\partial y} & \dfrac{\partial}{\partial z}\\ u & v & w\end{vmatrix}=\boldsymbol{i}\left(\frac{\partial w}{\partial y}-\frac{\partial v}{\partial z}\right)+\boldsymbol{j}\left(\frac{\partial u}{\partial z}-\frac{\partial w}{\partial x}\right)+\boldsymbol{k}\left(\frac{\partial v}{\partial x}-\frac{\partial u}{\partial y}\right) \tag{1.18}$$

$\nabla\times\boldsymbol{V}$ 称为速度场的旋度或涡度。(1.18)式右边的第一和第二项称为涡度的水平分量,第三项称为涡度的垂直分量。涡度的水平和垂直分量分别表示在垂直面和在水平面上的气流旋转的程度。一般情况下,人们更为关心水平面上的空气旋转,即涡度的垂直分量,令

$$\zeta_z=\frac{\partial v}{\partial x}-\frac{\partial u}{\partial y} \tag{1.19}$$

ζ_z 即为涡度垂直分量的量值。当 $\zeta_z>0$ 时,称为气旋性涡度或正涡度,$\zeta_z<0$ 时,称为反气旋性涡度或负涡度。气旋式流动对应正涡度区,反气旋式流动对应负涡度区,所以可以用涡度垂直分量方便地描述水平面上的流场系统。

流体的旋转也可以用“环流”来度量。将沿着某一个环线的速度矢量积分起来，所得的矢量便是“环流”。设以 C 表示环流，以 $\boldsymbol{V}$ 表示速度矢量，则有

$$C \equiv \oint \boldsymbol{V} \cdot \mathrm{d}\boldsymbol{l} = \oint |\boldsymbol{V}| \cos\alpha \mathrm{d}s \tag{1.20}$$

其中，$\mathrm{d}\boldsymbol{l}$ 为与环线 G 相切的位移矢量，α 是 $\mathrm{d}\boldsymbol{l}$ 与 $\boldsymbol{V}$ 两矢量之间的夹角，$\mathrm{d}s$ 为位移。当 $C>0$ 时，称为正环流，或气旋性环流。

空气是一种流体，可以发生变形，例如上面说到的中心点流场，或鞍形气压场就是一种形变场，流体块在压缩轴方向压缩，而在膨胀轴方向扩展。可以用形变度来描述流体的变形程度。

将 x,y 方向的风速分量 u,v 以泰勒级数对原点展开，忽略高次项后，可写成下式：

$$\begin{aligned} u &\approx u_0 + \left(\frac{\partial u}{\partial x}\right)_0 x + \left(\frac{\partial u}{\partial y}\right)_0 y \\ v &\approx v_0 + \left(\frac{\partial v}{\partial x}\right)_0 x + \left(\frac{\partial v}{\partial y}\right)_0 y \end{aligned} \tag{1.21}$$

通过对上面二式的加减运算，可得：

$$\begin{aligned} u &\approx u_0 + \frac{1}{2}\left(\frac{\partial u}{\partial x} + \frac{\partial v}{\partial y}\right)_0 x - \frac{1}{2}\left(\frac{\partial v}{\partial x} - \frac{\partial u}{\partial y}\right)_0 y + \frac{1}{2}\left(\frac{\partial u}{\partial x} - \frac{\partial v}{\partial y}\right)_0 x + \frac{1}{2}\left(\frac{\partial v}{\partial x} + \frac{\partial u}{\partial y}\right)_0 y \\ v &\approx v_0 + \frac{1}{2}\left(\frac{\partial v}{\partial x} - \frac{\partial u}{\partial y}\right)_0 x + \frac{1}{2}\left(\frac{\partial u}{\partial x} + \frac{\partial v}{\partial y}\right)_0 y - \frac{1}{2}\left(\frac{\partial u}{\partial x} - \frac{\partial v}{\partial y}\right) y + \frac{1}{2}\left(\frac{\partial v}{\partial x} + \frac{\partial u}{\partial y}\right)_0 x \end{aligned} \tag{1.22}$$

设

$$\begin{aligned} u_0 &= v_0 = \text{平移} \\ 2a &= \frac{\partial u}{\partial x} - \frac{\partial v}{\partial y} = F_1 = \text{拉伸形变度} \\ 2b &= \frac{\partial u}{\partial x} + \frac{\partial v}{\partial y} = D = \text{散度} \\ 2c &= \frac{\partial v}{\partial x} - \frac{\partial u}{\partial y} = \zeta = \text{涡度} \\ 2d &= \frac{\partial v}{\partial x} + \frac{\partial u}{\partial y} = F_2 = \text{切变形变度} \end{aligned} \tag{1.23}$$

通过平行位移消去 u_0, v_0 则可得：

$$\begin{aligned} u &= (a+b)x + (d-c)y \\ v &= (d+c)x + (b-a)y \end{aligned} \tag{1.24}$$

在(1.23)式中，u_0，v_0 代表均匀的平移，平移与 x，y 无关，气块中每个质点均以同一速度及方向平移，气块不会发生变形。D 表示扩张或收缩，ζ 表示旋转，而 F_1 和 F_2 则分别表示拉伸形变和切变形变的程度。

以上说明大气运动特征可以用风(风向、风速)、散度、涡度、环流和形变等物理量来描述。其中散度、涡度、环流等物理量应用非常普遍，已为人们熟知，而对形变度可能较为生疏，可是实际上变形也是十分重要的概念，常常可用来解释很多现象，例如可以解释云系的发展和演变等。变形带出现在相对气流中，它们常常是造成线状云和水汽边界的原因(图 1.1)。

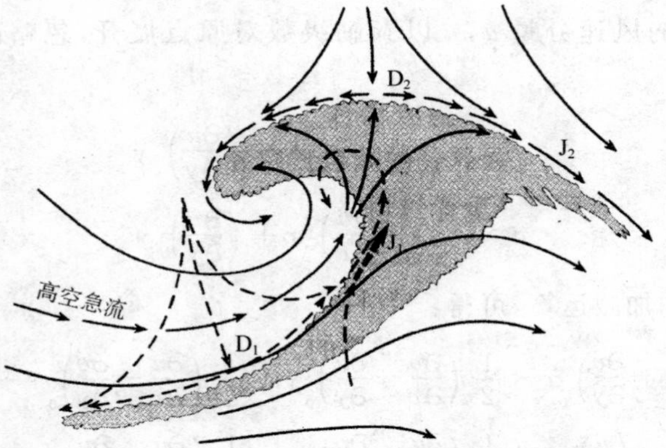

图 1.1 一个向东北向缓慢移动的正在加强的低压系统中的变形带（M. J. 巴德等，1995）
(D_1 是低层变形带，J_1 是低层急流大概位置，D_2 是高层变形带，J_2 是高层急流，虚线为低层流线，实线为高层流线，阴影区为主要的锋面云)

引进速度势(velocity potential)和流函数(stream function)的概念，可以将矢量场转换成标量场，使矢量场的分析变得较为方便。

气流型式可分为辐散气流和旋转气流两种基本类型。

由于对任意矢量 $\boldsymbol{B}(\boldsymbol{B}=B_x\boldsymbol{i}+B_y\boldsymbol{j}+B_z\boldsymbol{k})$，其旋度为

$$\nabla\times\boldsymbol{B}=\begin{vmatrix}\boldsymbol{i} & \boldsymbol{j} & \boldsymbol{k}\\ \dfrac{\partial}{\partial x} & \dfrac{\partial}{\partial y} & \dfrac{\partial}{\partial z}\\ B_x & B_y & B_z\end{vmatrix}=\boldsymbol{i}\left(\frac{\partial B_z}{\partial y}-\frac{\partial B_y}{\partial z}\right)+\boldsymbol{j}\left(\frac{\partial B_x}{\partial z}-\frac{\partial B_z}{\partial x}\right)+\boldsymbol{k}\left(\frac{\partial B_y}{\partial x}-\frac{\partial B_x}{\partial y}\right) \tag{1.25}$$

而

$$\nabla A=\boldsymbol{i}\frac{\partial A}{\partial x}+\boldsymbol{j}\frac{\partial A}{\partial y}+\boldsymbol{k}\frac{\partial A}{\partial z} \tag{1.26}$$

令 $\boldsymbol{B}=\nabla A$，则可得

$$\nabla\times\boldsymbol{B}=\nabla\times\nabla A=0 \tag{1.27}$$

所以，若某一矢量 $\boldsymbol{B}$ 之旋度为零，则 $\boldsymbol{B}$ 可以用一个标量 A 的梯度 ∇A 表示。

令 $\boldsymbol{B}=\boldsymbol{V}$，$A=\chi$，因此若气流为非旋转性的、单纯辐散、辐合气流，即 $\nabla\times\boldsymbol{V}=0$，则

$$\boldsymbol{V}=\nabla\chi \tag{1.28}$$

其中，$\boldsymbol{V}=\boldsymbol{i}u+\boldsymbol{j}v+\boldsymbol{k}w$

$$\nabla\chi=\boldsymbol{i}\frac{\partial\chi}{\partial x}+\boldsymbol{j}\frac{\partial\chi}{\partial y}+\boldsymbol{k}\frac{\partial\chi}{\partial z}$$

$$u=\frac{\partial\chi}{\partial x},\quad v=\frac{\partial\chi}{\partial y},\quad w=\frac{\partial\chi}{\partial z} \tag{1.29}$$

χ 称为速度势。

另外，由于

$$\nabla\cdot\boldsymbol{A}=\frac{\partial A_x}{\partial x}+\frac{\partial A_y}{\partial y}+\frac{\partial A_z}{\partial z}$$

若

$$\boldsymbol{A}=\nabla\times\boldsymbol{B}$$

则有

$$\nabla\cdot\boldsymbol{A}=\nabla\cdot\nabla\times\boldsymbol{B}=0$$

所以若某矢量的散度为零，则该矢量可用另一矢量的旋度表示，即

$$\boldsymbol{A}=\nabla\times\boldsymbol{B}$$

因此若气流是无辐散的旋转气流，即 $\nabla\cdot\boldsymbol{V}=0$，则可令

$$\boldsymbol{V}(x,y)=\boldsymbol{k}\times\nabla\boldsymbol{\Psi}(x,y)$$

或

$$u=-\frac{\partial\Psi}{\partial y},\quad v=-\frac{\partial\Psi}{\partial x} \tag{1.30}$$

Ψ 为流函数。对应无辐散的旋转气流的流函数分布如图 1.2 所示。由图可见，气流与等 Ψ 线平行，在气流去向的右边的流函数值高于左边的流函数值。

实际的大气运动，既非纯粹的辐散（合）气流，又非纯粹的旋转气流，而是同时具有旋转性和辐散性的气流。因此可将水平风矢量 $\boldsymbol{V}$ 分解为旋转风矢量 $\boldsymbol{V}_\Psi$ 和散度风矢量 $\boldsymbol{V}_\chi$ 两部分，即

$$\boldsymbol{V}=\boldsymbol{V}_\Psi+\boldsymbol{V}_\chi=\boldsymbol{k}\times\nabla\Psi-\nabla\chi \tag{1.31}$$

对(1.31)式取涡度的垂直分量可得：

$$\boldsymbol{k}\cdot\nabla\times\boldsymbol{V}=\nabla^2\Psi=\zeta \tag{1.32}$$

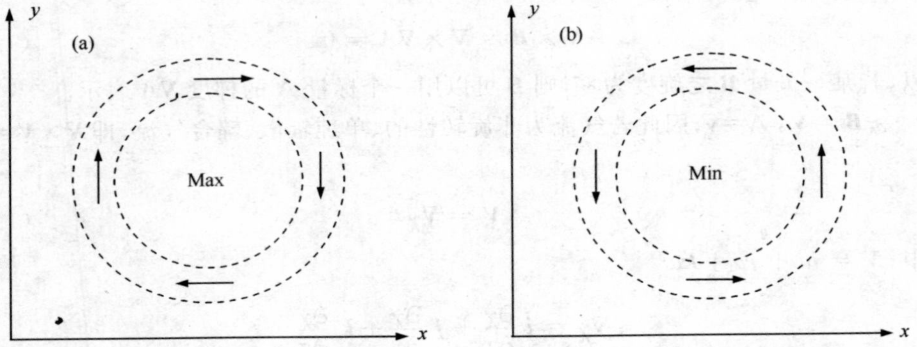

图 1.2 非辐散辐合的反气旋性旋转气流(a)和气旋性旋转气流(b)的流函数分布

(虚线为等流函数线,实箭头线为流线,Max 和 Min 分别表示流函数极大和极小值)

ζ 为涡度的垂直分量。对(1.31)式取散度可得:

$$\nabla \cdot \boldsymbol{V} = -\nabla^2 \chi = D \tag{1.33}$$

D 为散度。涡度 ζ 和散度 D 均可由实际风场求得,然后即可通过解泊淞方程来求取 Ψ 和 χ,即:

$$\nabla^2 \Psi = \zeta \tag{1.34}$$

$$-\nabla^2 \chi = D \tag{1.35}$$

1.2 气象场变量的运动学分析

在一水平面上,取两个直角坐标系,其中一个固定于地表,另一个随运动着的天气系统相对于地表以速度 $\boldsymbol{C}$ 作水平运动。前者称固定坐标系,后者称为运动坐标系。在固定坐标系中:以速度 $\boldsymbol{V}$ 运动的质点的个别变化可展开为:

$$\frac{\mathrm{d}}{\mathrm{d}t} = \frac{\partial}{\partial t} + \boldsymbol{V} \cdot \nabla$$

若不考虑质点作垂直运动时,则:

$$\frac{\mathrm{d}}{\mathrm{d}t} = \frac{\partial}{\partial t} + \boldsymbol{V} \cdot \nabla = \frac{\partial}{\partial t} + u\frac{\partial}{\partial x} + v\frac{\partial}{\partial y} \tag{1.36}$$

其中 $\frac{\partial}{\partial t}$ 称为固定坐标系中的局地变化,$-\boldsymbol{V} \cdot \nabla$ 称为固定坐标系中的平流变化。

在运动坐标系中(设其移动速度为 $\boldsymbol{C}$),空气质点必以($\boldsymbol{V}-\boldsymbol{C}$)的速度相对于运动坐标系运动。所以,空气质点的个别变化在运动坐标中可展开为:

$$\frac{\mathrm{d}}{\mathrm{d}t}=\frac{\delta}{\delta t}+(\boldsymbol{V}-\boldsymbol{C})\cdot\nabla \tag{1.37}$$

其中 $\frac{\delta}{\delta t}$ 称为运动坐标系中的局地变化，$-(\boldsymbol{V}-\boldsymbol{C})\cdot\nabla$ 称为运动坐标系中的平流变化。注意 $\frac{\delta}{\delta t}$ 与 $\frac{\partial}{\partial t}$ 不同。因为 $\frac{\delta}{\delta t}$ 是表示运动坐标系中的局地变化，这个“局地”相对于运动坐标系是不动的，但相对于固定坐标系则以 $\boldsymbol{C}$ 的速度在运动。

将(1.36)式代入(1.37)式，则得：

$$\frac{\delta}{\delta t}=\frac{\partial}{\partial t}+\boldsymbol{C}\cdot\nabla \tag{1.38}$$

在运动系统上，选取一些特性点或特性线，使得在这些点或线上某一物理量在运动坐标系中的局地变化为零，即 $\frac{\delta}{\delta t}=0$，并取 x 轴与系统运动方向一致，则 $C=C_x$，根据(1.38)式，这些点和线的运动速度即可用下式来表达：

$$C=-\frac{\partial/\partial t}{\partial/\partial x} \tag{1.39}$$

这就是天气系统移动的运动学公式。可以用(1.39)式分别讨论槽脊线和闭合系统中心的移动速度。

取 x 轴垂直于槽(脊)线并指向气流下游，则在槽(脊)线上 $\frac{\partial p}{\partial x}=0$，并取运动坐标随着槽(脊)线一起移动。由于槽(脊)线上 $\frac{\partial p}{\partial x}$ 始终等于零，故在运动坐标系中，槽(脊)上 $\frac{\partial p}{\partial x}$ 的局地变化为零，即 $\frac{\delta}{\delta t}\left(\frac{\partial p}{\partial x}\right)=0$。根据(1.38)或(1.39)式，槽(脊)线的移动速度为：

$$C=-\frac{\dfrac{\partial^2 p}{\partial x\partial t}}{\dfrac{\partial^2 p}{\partial x^2}} \tag{1.40}$$

式中 $\frac{\partial^2 p}{\partial x\partial t}$ 为变压升度。$\frac{\partial^2 p}{\partial x^2}$ 表示槽(脊)的凹凸程度，在低压槽里 $\frac{\partial^2 p}{\partial x^2}>0$，在高压脊里 $\frac{\partial^2 p}{\partial x^2}<0$，槽脊愈强，$\frac{\partial^2 p}{\partial x^2}$ 的绝对值愈大。

在气旋和反气旋的中心点上，$\frac{\partial p}{\partial x}=0$，$\frac{\partial p}{\partial y}=0$，在随气旋和反气旋中心一起移动的运动坐标系中，$\frac{\delta}{\delta t}\frac{\partial p}{\partial x}=0$，$\frac{\delta}{\delta t}\frac{\partial p}{\partial y}=0$。气压系统一般是近椭圆的。取坐标原点、$x$ 轴和 y 轴分别与椭圆的中心、长轴和短轴重合。系统中心的移速 $\boldsymbol{C}$，可分解为 C_x 和

C_y 两个分量。通过类似的推导求得 C_x 和 C_y 以及 C。从而得到预报闭合系统运动的有用规则。

归纳起来，预报气压系统（槽、脊、高压、低压）运动方向与速度有以下规则：

①槽线沿变压（变高）降度方向移动，脊线沿变压（变高）升度方向移动；

②槽（脊）线的移动速度与变压（变高）降度（升度）成正比，与槽（脊）的强度成反比，即在变压（变高）降度（升度）相同的情况下，强槽（脊）比弱槽（脊）移动得慢。槽（脊）在增强时移动减慢，在减弱时移动加快。

③ 正圆形的低压沿变压降度方向移动，移动速度与变压降度成正比，与系统中心强度成反比；正圆形的高压沿变压升度方向移动，移动速度与变压升度成正比，与系统中心强度成反比；

④椭圆形高压（低压）的移动方向介于变压升度（降度）与长轴之间；长轴愈长，移向愈接近于长轴。移动速度与变压升度（降度）成正比，与系统中心强度成反比。

此外，根据运动学方法原理，还可以讨论系统强度的变化。

由于在低压和高压中心 $\nabla_2 p=0$，因此：

$$\frac{\delta p}{\delta t}=\frac{\partial p}{\partial t}+\boldsymbol{C}\cdot\nabla_2 p=\frac{\partial p}{\partial t} \tag{1.41}$$

由上式可见，高、低压中心气压的局地变化 $\frac{\partial p}{\partial t}$，就表示了系统中心气压的变化。近似地可看做是强度变化。同样在槽（脊）线上，取 x 轴与该槽（脊）线垂直，并指向气流的下游时，则在槽（脊）线上 $\frac{\partial p}{\partial x}=0$，$C_y=0$ 所以有：

$$\frac{\delta p}{\delta t}=\frac{\partial p}{\partial t}+C_x\frac{\partial p}{\partial x}+C_y\frac{\partial p}{\partial y}=\frac{\partial p}{\partial t} \tag{1.42}$$

由此可见，槽（脊）线上的气压局地变化，即可表示槽（脊）强度的变化。因此，从原则上讲：当气旋中心或槽上出现负变压（正变压）时，气旋或槽将加深（填塞）。当反气旋中心或脊上出现正变压（负变压）时，反气旋或脊将加强（减弱）。

以上讨论了气压场的运动学。如果将引起变压（高）的动力学原因加以考虑，则运动学方法就有了动力学意义了。所以运动学方法是天气系统预报的基础。

1.3 大气动力学分析

上面已讨论了描述大气风场特性的物理量，如散度、涡度、环流、形变度等，本节将进一步讨论大气的运动方程、涡度方程、环流定理、散度方程和形变方程等描述大气运动演变的基本方程。应用它们可以帮助我们分析造成风场变化的原因，从而进一步理解造成天气过程发生发展的机制。

1.3.1 大气运动方程组

大气与其他物质一样,在其运动和演变过程中都要遵循动量守恒、质量守恒和能量守恒等基本物理定律。它们的具体表现就是大气的运动方程、连续方程和热力学能量方程或热流量方程,这些方程与状态方程等其他相关的方程一起构成了描述各种气象场变量变化的基本方程组。由于大气的各种热力和动力状态变化是相互影响的,所以要将基本方程组联立起来才能决定每种大气物理状态的变化。根据牛顿第二运动定律可得单位质量空气的相对运动方程。其矢量形式为

$$\begin{aligned}\frac{\mathrm{d}\boldsymbol{V}}{\mathrm{d}t} &= -\frac{1}{\rho}\nabla p - 2\boldsymbol{\Omega}\times\boldsymbol{V} - \boldsymbol{\Omega}\times(\boldsymbol{\Omega}\times\boldsymbol{r}) + \boldsymbol{g}^{*} + \boldsymbol{F} \\ &= -\frac{1}{\rho}\nabla p - 2\boldsymbol{\Omega}\times\boldsymbol{V} + \boldsymbol{g} + \boldsymbol{F}\end{aligned} \tag{1.43}$$

其中 $\boldsymbol{g}=-\boldsymbol{\Omega}\times(\boldsymbol{\Omega}\times\boldsymbol{r})+\boldsymbol{g}^{*}$,$\boldsymbol{\Omega}$ 为地球自转角速度。上式就是在相对坐标系或旋转坐标系中的牛顿第二定律的表达式,称为单位质量空气的相对运动方程。式中左边为单位质量空气的相对加速度,右边为单位质量空气所受到的力,其中 $-\frac{1}{\rho}\nabla p$,$-2\boldsymbol{\Omega}\times\boldsymbol{V}$,$\boldsymbol{g}$,$\boldsymbol{F}$ 分别为气压梯度力、地转偏向力、重力和摩擦力。

将相对运动方程的矢量形式(1.43)写成在局地直角坐标系中的分量形式,便得:

$$\left.\begin{aligned}\frac{\mathrm{d}u}{\mathrm{d}t} &= -\frac{1}{\rho}\frac{\partial p}{\partial x} + 2\Omega(v\sin\varphi + w\cos\varphi) + F_x \\ \frac{\mathrm{d}v}{\mathrm{d}t} &= -\frac{1}{\rho}\frac{\partial p}{\partial y} - 2\Omega u\sin\varphi + F_y \\ \frac{\mathrm{d}w}{\mathrm{d}t} &= -\frac{1}{\rho}\frac{\partial p}{\partial z} + 2\Omega u\cos\varphi - g + F_y\end{aligned}\right\} \tag{1.44}$$

其中 φ 为纬度。

根据大气质量守恒定律可得大气连续方程(1.45)。它表示在一个固定的几何空间内,流体质量变化取决于流体从四周流入与流出量之差。

$$\frac{\mathrm{d}\rho}{\mathrm{d}t} + \rho\nabla\cdot\boldsymbol{V} = 0 \tag{1.45}$$

上式中,ρ 为大气密度,$\nabla\cdot\boldsymbol{V}$ 称为速度散度。

按照热力学观点,大气是热机系统,冷热源汇的不均匀分布会引起大气运动。实际的大气运动是动力学过程与热力学过程相互制约的,即大气运动不仅受动力学的守恒定律控制,而且还受热力学能量守恒定律的约束。在热力学中表示能量守恒原理的就是热力学第一定律。其常见形式为:

$$c_V \frac{\mathrm{d}T}{\mathrm{d}t} + p\frac{\mathrm{d}\alpha}{\mathrm{d}t} = \dot{Q} \tag{1.46}$$

式中 α 是比容，$\alpha = 1/\rho$。c_V [$=717\ \mathrm{J/(kg \cdot K)}$]为定容比热，$\dot{Q}$ 为非绝热加热。(1.46)式称为大气热力学能量方程(或热流量方程)。式中左端第二项表示了压力对单位质量空气的作功率，代表了热能和机械能之间的转换，反映了大气动力过程与热力过程的相互联系。正是这种相互联系和转换过程使热能可以驱动大气运动。

假定大气为干洁理想气体，即满足状态方程：

$$p = \rho RT \quad 或 \quad p\alpha = RT \tag{1.47}$$

其中 p, ρ, α, T, R 分别为气压、密度、比容、气温和空气的气体常数，状态方程是一个根据实验得到的方程。利用状态方程可以把热流量方程进行改写。利用 $c_p = c_V + R$，其中 c_p 是定压比热[$=1004\ \mathrm{J/(kg \cdot K)}$]，则热力学能量方程可写为：

$$\frac{\mathrm{d}T}{\mathrm{d}t} - \frac{RT}{c_p p}\frac{\mathrm{d}p}{\mathrm{d}t} = \frac{1}{c_p}\dot{Q} \tag{1.48}$$

热力学能量方程常常用熵与位温的形式表示，因为在等熵面上表示大气运动有很多方便。引进位温 θ 后，热力学能量方程(或热流量方程)可写成：

$$\frac{1}{\theta}\left(\frac{\partial \theta}{\partial t} + \mathbf{V} \cdot \nabla \theta + w\frac{\partial \theta}{\partial z}\right) = \frac{1}{c_p T}\dot{Q} \tag{1.49}$$

或

$$\frac{\mathrm{d}\theta}{\mathrm{d}t} = \frac{\theta}{c_p T}\dot{Q} \tag{1.50}$$

在绝热情况下，则有

$$\frac{\mathrm{d}\theta}{\mathrm{d}t} = 0 \tag{1.51}$$

在以上导出的控制大气运动的基本方程中，都采用了“z”坐标系。在 p 坐标系中无摩擦的大气运动基本方程组可写为：

$$\left.\begin{aligned}
&\frac{\mathrm{d}u}{\mathrm{d}t} - fv = -\frac{\partial \Phi}{\partial x} \\
&\frac{\mathrm{d}v}{\mathrm{d}t} + fu = -\frac{\partial \Phi}{\partial y} \\
&\frac{\partial \Phi}{\partial p} = -\frac{1}{\rho} \\
&\frac{\partial u}{\partial x} + \frac{\partial v}{\partial y} + \frac{\partial \omega}{\partial p} = 0 \\
&p = \rho RT \\
&\frac{\partial T}{\partial t} + \mathbf{V} \cdot \nabla_p T - (\Gamma_d - \Gamma)\omega = \frac{\dot{Q}}{c_p}
\end{aligned}\right\} \tag{1.52}$$

上式中，$\Phi(=gz=9.8z)$为位势或称为重力位势，或 $\Phi=9.8H$［H 为位势高度，单位为位势米(gpm)，1 gpm＝9.8 J/kg］。$\omega=\dfrac{\mathrm{d}p}{\mathrm{d}t}$ 为 p 坐标中的垂直速度。

1.3.2　涡度方程

上一节中已介绍了涡度的基本概念。如像用角速度表示刚体的旋转程度和旋转方向一样，对流体可以用涡度来表示流体质块的旋转程度和旋转方向。流场中某一质块的涡度定义为质块速度的旋度，其表达式为：

$$\boldsymbol{\zeta}=\nabla\times\boldsymbol{V} \tag{1.53}$$

这里 $\boldsymbol{V}$ 是三维风速矢。

在地球大气中，如以 $\boldsymbol{V}_a$ 表示空气相对于绝对坐标的绝对速度，$\boldsymbol{V}$ 表示空气相对于地球的相对速度，$\boldsymbol{V}_e$ 表示地球某点相对于绝对坐标的牵连速度，则：

$$\boldsymbol{V}_a=\boldsymbol{V}+\boldsymbol{V}_e \tag{1.54}$$

将上式两边同时作 $\nabla\times$ 的运算得：

$$\nabla\times\boldsymbol{V}_a=\nabla\times\boldsymbol{V}+\nabla\times\boldsymbol{V}_e \tag{1.55}$$

或

$$\boldsymbol{\zeta}_a=\boldsymbol{\zeta}+\boldsymbol{\zeta}_e \tag{1.56}$$

式中 $\boldsymbol{\zeta}_a$ 称为绝对涡度，$\boldsymbol{\zeta}$ 称为相对涡度，$\boldsymbol{\zeta}_e$ 称为牵连涡度或行星涡度（又称为地转涡度）。

在“z”坐标中相对涡度的表达式可展开为：

$$\boldsymbol{\zeta}=\boldsymbol{i}\left(\frac{\partial w}{\partial y}-\frac{\partial v}{\partial z}\right)+\boldsymbol{j}\left(\frac{\partial u}{\partial z}-\frac{\partial w}{\partial x}\right)+\boldsymbol{k}\left(\frac{\partial v}{\partial x}-\frac{\partial u}{\partial y}\right) \tag{1.57}$$

由于大气基本作水平运动，所以我们着重讨论水平面上的旋转，即研究指向垂直方向上的涡度分量：

$$\zeta_z=\frac{\partial v}{\partial x}-\frac{\partial u}{\partial y} \tag{1.58}$$

$\dfrac{\partial v}{\partial x}$ 表示与 x 轴平行的气块边界转动角速度，当 $\dfrac{\partial v}{\partial x}>0$ 时气块作气旋式旋转，反之气块作反气旋式旋转。$-\dfrac{\partial u}{\partial y}$ 表示与 y 轴平行的气块边界转动的角速度，当 $-\dfrac{\partial u}{\partial y}>0$ 时气块作气旋式旋转，反之气块作反气旋式旋转。综合两项之和即为气块绕垂直轴旋转的涡度垂直分量 ζ_z。如果把气块换为刚体，则 $\dfrac{\partial v}{\partial x}$ 与 $-\dfrac{\partial u}{\partial y}$ 相等，于是 $\zeta_z=2\dfrac{\mathrm{d}\theta}{\mathrm{d}t}$，

即涡度为刚体旋转角速度的两倍。

地球上任一点的牵连速度 $\boldsymbol{V}_e=\boldsymbol{\Omega}\times\boldsymbol{R}$，其速率为 $V_e=\Omega R$，方向向东。取自然坐标有 $\dfrac{\partial V_e}{\partial n}=-\dfrac{\partial V_e}{\partial R}$，于是行星涡度为 $\zeta_e=\dfrac{V_e}{R}+\dfrac{\partial V_e}{\partial R}=2\Omega$，写成矢量形式为：

$$\zeta_e=2\Omega \tag{1.59}$$

由上可知，行星涡度的方向与地球自转角速度一致，其大小为地球自转角速度的两倍。因而有

$$\zeta_a=\zeta+2\Omega \tag{1.60}$$

绝对涡度的垂直分量为：

$$\zeta_a=\zeta+2\Omega\sin\varphi=\zeta+f \tag{1.61}$$

式中 $f=2\Omega\sin\varphi$ 为行星涡度的垂直分量，又称地转涡度或地转参数。在北半球 $\varphi>0$，所以 $f>0$，在南半球 $\varphi<0$，所以 $f<0$。涡度的单位是[秒$^{-1}$(s^{-1})]。在计算相对涡度时，其数值大小和大气运动的尺度有关。如引入运动速度和空间尺度的特征量，分别记为 V 和 L，则涡度的特征量为：$\zeta\sim V/L$，一般 $V\sim10^1$，对大、中、小尺度运动系统 L 分别为 $\sim10^6$、10^5、$10^4\,\mathrm{m}$，故涡度 ζ 分别为 10^{-5}、10^{-4}、10^{-3} 秒$^{-1}$(s^{-1})在中高纬度 $f\sim10^{-4}\,\mathrm{s}^{-1}$，故在北半球中高纬度地区的大尺度运动系统中，绝对涡度 ζ_a 总是正值，只有在反气旋涡度很强的地区 $\zeta_a\approx0$。

涡度方程是描述涡度的变化的方程。从“p”坐标中的水平运动方程可以推导出“p”坐标中的垂直涡度方程：

$$\frac{\mathrm{d}(\zeta+f)}{\mathrm{d}t}=\left(\frac{\partial\omega}{\partial y}\frac{\partial u}{\partial p}-\frac{\partial\omega}{\partial x}\frac{\partial v}{\partial p}\right)-(f+\zeta)\left(\frac{\partial u}{\partial x}+\frac{\partial v}{\partial y}\right) \tag{1.62}$$

或写成：

$$\begin{aligned}\frac{\partial\zeta}{\partial t}=&-\left(u\frac{\partial\zeta}{\partial x}+v\frac{\partial\zeta}{\partial y}\right)-\left(u\frac{\partial f}{\partial x}+v\frac{\partial f}{\partial y}\right)-\omega\frac{\partial\zeta}{\partial p}+\\&\left(\frac{\partial\omega}{\partial y}\frac{\partial u}{\partial p}-\frac{\partial\omega}{\partial x}\frac{\partial v}{\partial p}\right)-(f+\zeta)\left(\frac{\partial u}{\partial x}+\frac{\partial v}{\partial y}\right)\end{aligned} \tag{1.63}$$

方程(1.62)表示空气质块绝对涡度的个别变化是由两种原因造成的。右端第一项称涡度倾侧项，它表示在有涡度水平分量(ζ_x,ζ_y)，即有风的垂直切变存在，同时又有垂直运动在水平方向不均匀分布时所引起的涡度变化。其机制可用图 1.3 来解释。当速度的 y 分量(v)随高度增大时，那么在负 x 方向就有切变涡度存在，图中用双箭头表示。假如在同一时间，垂直速度 $\omega=\dfrac{\mathrm{d}p}{\mathrm{d}t}$ 的分布是随 x 增大的，于是垂直运动有使水平涡管倾侧的趋势，图中用虚线箭头表示，从而产生了垂直涡度分量。所

以，当 $\frac{\partial v}{\partial p}<0$ 和 $\frac{\partial \omega}{\partial x}>0$ 时，将有垂直涡度增大。

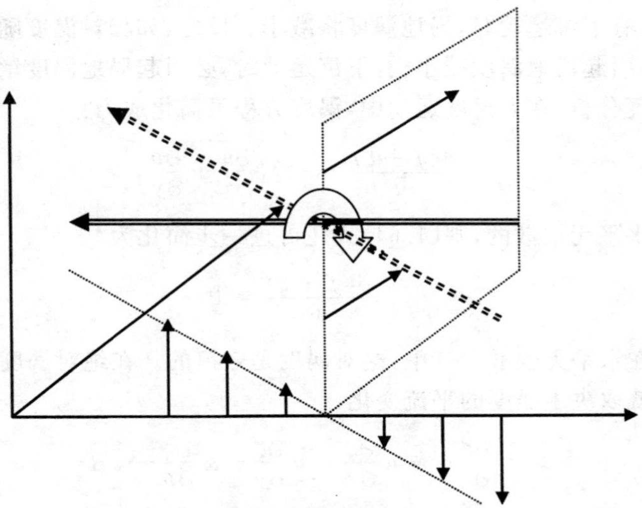

图 1.3　涡度倾侧项的物理机制

方程(1.62)右端第二项称散度项。这项可分两部分来看。第一部分 $-\zeta\left(\frac{\partial u}{\partial x}+\frac{\partial v}{\partial y}\right)$ 为相对涡度与水平散度。当 $\zeta>0$ 时，水平辐散使气旋性涡度减小，水平辐合使气旋性涡度增加。$\zeta<0$时，水平辐散使反气旋性涡度减小，水平辐合使反气旋性涡度增大。(1.62)式第二项的另一部分 $-f\left(\frac{\partial u}{\partial x}+\frac{\partial v}{\partial y}\right)$ 为地转涡度和水平散度。在北半球 $f>0$，辐散时有反气旋性相对涡度产生，反之，辐合时则有气旋性相对涡度产生。

涡度的局地变化，除了上述两项起作用外，还受惯性运动造成的涡度输送项影响，这一项为(1.63)式右端前三项之和。其中，右端第一项 $-\left(u\frac{\partial \zeta}{\partial x}+v\frac{\partial \zeta}{\partial y}\right)$，为相对涡度平流。当相对涡度在水平方向分布不均匀时，如沿气流方向相对涡度减小，则有正的涡度平流，造成局地涡度增加。反之，如沿气流方向相对涡度增加，则有负的涡度平流，造成局地涡度减小。右端第二项 $-\left(u\frac{\partial f}{\partial x}+v\frac{\partial f}{\partial y}\right)$，为地转涡度平流。如 ζ 分布均匀，因为在北半球 $f>0$，$\frac{\partial f}{\partial y}>0$，$\frac{\partial f}{\partial x}=0$；当吹南风时($v>0$)，气块的 f 增大，为保持绝对涡度守恒，气块的 ζ 必减小，因而造成局地相对涡度减小，即 $-v\frac{\partial f}{\partial y}<0$；

反之,当吹北风时,必造成局地相对涡度增大。右端第三项 $-\omega\dfrac{\partial\zeta}{\partial p}$,为涡度垂直输送。当在垂直方向涡度分布不均匀,如相对涡度随高度减小,且有上升运动时,局地涡度将增加;有下沉运动时,局地涡度将减小。反之,如相对涡度随高度增加,且有上升运动时,必引起局地涡度减小;有下沉运动时,必引起局地涡度增加。

通过尺度分析,在大尺度运动中,涡度方程可简化成为:

$$\frac{\mathrm{d}(f+\zeta)}{\mathrm{d}t}=-f\left(\frac{\partial u}{\partial x}+\frac{\partial v}{\partial y}\right). \tag{1.64}$$

如果大气是水平无辐散的,则(1.64)式还可进一步简化为

$$\frac{\mathrm{d}(f+\zeta)}{\mathrm{d}t}=0 \tag{1.65}$$

此方程表明在水平无辐散大气中,绝对涡度是守恒的。在绝对涡度守恒的条件下,涡度局地变化就取决于涡度的平流变化:

$$\frac{\partial\zeta}{\partial t}=-u\frac{\partial\zeta}{\partial x}-v\frac{\partial\zeta}{\partial y}-\omega\frac{\partial\zeta}{\partial p}-v\beta \tag{1.66}$$

其中,

$$\beta=\frac{\partial f}{\partial y} \tag{1.67}$$

1.3.3 环流定理

上节中已给出了环流的定义。如以 $\boldsymbol{V}_a$、$\boldsymbol{V}$ 和 $\boldsymbol{V}_e$ 分别表示绝对速度、相对速度和牵连速度,则相应地有绝对环流 C_a、相对环流 C 和牵连环流 C_e 的概念,即:

$$C_a\equiv\oint\boldsymbol{V}_a\cdot\mathrm{d}\boldsymbol{l}=\oint(\boldsymbol{V}+\boldsymbol{V}_e)\cdot\mathrm{d}\boldsymbol{l}=C+C_e \tag{1.68}$$

其中,$\boldsymbol{V}_e=\boldsymbol{\Omega}\times\boldsymbol{r}$ 为在位置 $\boldsymbol{r}$ 上的牵连速度。

$$\begin{aligned}C_e&\equiv\oint\boldsymbol{V}_e\cdot\mathrm{d}\boldsymbol{l}=\iint(\nabla\times\boldsymbol{V}_e)\cdot\mathrm{d}\boldsymbol{A}\\&=\iint[\nabla\times(\boldsymbol{\Omega}\times\boldsymbol{r})]\cdot\mathrm{d}\boldsymbol{A}=\iint2\boldsymbol{\Omega}\cdot\mathrm{d}\boldsymbol{A}\\&=2\Omega(\sin\varphi)A=2\Omega A_e\end{aligned} \tag{1.69}$$

其中,$A_e\equiv\int\boldsymbol{q}\cdot\mathrm{d}\boldsymbol{A}$,是面积 A 在赤道平面上的投影,$\boldsymbol{q}$ 是地球自转角速度 $\boldsymbol{\Omega}$ 的单位矢量。

环流随时间的变化($\mathrm{d}C/\mathrm{d}t$)称为环流加速度:

$$\mathrm{d}C/\mathrm{d}t=\oint\mathrm{d}\boldsymbol{V}/\mathrm{d}t\cdot\mathrm{d}\boldsymbol{l} \tag{1.70}$$

对任意环线 G，上式可以写成：

$$\begin{aligned}\mathrm{d}C/\mathrm{d}t &= \oint \mathrm{d}\boldsymbol{V}/\mathrm{d}t\cdot\mathrm{d}\boldsymbol{l}+\oint\boldsymbol{V}\cdot\mathrm{d}(\mathrm{d}\boldsymbol{l}/\mathrm{d}t)\\ &=\oint \mathrm{d}\boldsymbol{V}/\mathrm{d}t\cdot\mathrm{d}\boldsymbol{l}+\oint\boldsymbol{V}\cdot\mathrm{d}\boldsymbol{V}\\ &=\oint \mathrm{d}\boldsymbol{V}/\mathrm{d}t\cdot\mathrm{d}\boldsymbol{l}+\oint\mathrm{d}(\boldsymbol{V}\cdot\boldsymbol{V})/2=\oint \mathrm{d}\boldsymbol{V}/\mathrm{d}t\cdot\mathrm{d}\boldsymbol{l}\end{aligned}\tag{1.71}$$

由上面的关系式以及运动方程可得绝对环流加速度：

$$\mathrm{d}C_a/\mathrm{d}t=\oint\mathrm{d}_a\boldsymbol{V}_a/\mathrm{d}t\cdot\mathrm{d}\boldsymbol{l}=-\oint\rho^{-1}\,\nabla p\cdot\mathrm{d}\boldsymbol{l}=-\oint\rho^{-1}\mathrm{d}p=-\oint\alpha\mathrm{d}p\tag{1.72}$$

或相对环流加速度：

$$\mathrm{d}C/\mathrm{d}t=\mathrm{d}C_a/\mathrm{d}t-\mathrm{d}C_e/\mathrm{d}t=-\oint\mathrm{d}p/\rho-2\Omega\mathrm{d}A_e/\mathrm{d}t\tag{1.73}$$

根据方程(1.43)，又可以把方程(1.72)和(1.73)改写成：

$$\mathrm{d}C_a/\mathrm{d}t=\oint\mathrm{d}_a\boldsymbol{V}_a/\mathrm{d}t\cdot\mathrm{d}\boldsymbol{l}=\oint(\mathrm{d}\boldsymbol{V}/\mathrm{d}t+2\boldsymbol{\Omega}\times\boldsymbol{V})\cdot\mathrm{d}\boldsymbol{l}\tag{1.74}$$

$$\mathrm{d}C/\mathrm{d}t=-\oint(\rho^{-1}\,\nabla p+2\boldsymbol{\Omega}\times\boldsymbol{V})\cdot\mathrm{d}\boldsymbol{l}\tag{1.75}$$

再根据状态方程，又可将方程(1.72)写成：

$$\begin{aligned}\mathrm{d}C_a/\mathrm{d}t&=-\oint\rho^{-1}\,\nabla p\cdot\mathrm{d}\boldsymbol{l}=-\oint\alpha\nabla p\cdot\mathrm{d}\boldsymbol{l}=\oint p\mathrm{d}\alpha\\&=-\oint RT\,\mathrm{dln}p\\&\approx-\left[R\overline{T}_2\ln(p_1/p_0)+R\overline{T}_1\ln(p_0/p_1)\right]\\&=R\ln(p_0/p_1)(\overline{T}_2-\overline{T}_1)>0\end{aligned}\tag{1.76}$$

由(1.76)式就可以很好说明，由于温度分布不均匀而引起的环流－暖空气上升冷空气下沉(图 1.4)。山谷风、海陆风等都是由这种局地环流造成的。

涡度也可以视为环流的极限，即：

$$\zeta=\lim_{A\to 0}(C/A)=\lim_{A\to 0}\left[\left(\oint\boldsymbol{V}\cdot\mathrm{d}\boldsymbol{l}\right)/A\right]\tag{1.77}$$

设有一个小的面元($\delta x\delta y$)，在 x 方向的风速 v 分量和在 y 方向的风速 u 分量分别有梯度 $\partial v/\partial x$ 和 $\partial u/\partial y$，则有：

$$\delta C=u\delta x+\left(v+\frac{\partial v}{\partial x}\delta x\right)\delta y-\left(u+\frac{\partial u}{\partial y}\delta y\right)\delta x-v\delta y=\left(\frac{\partial v}{\partial x}-\frac{\partial u}{\partial y}\right)\delta x\delta y\tag{1.78}$$

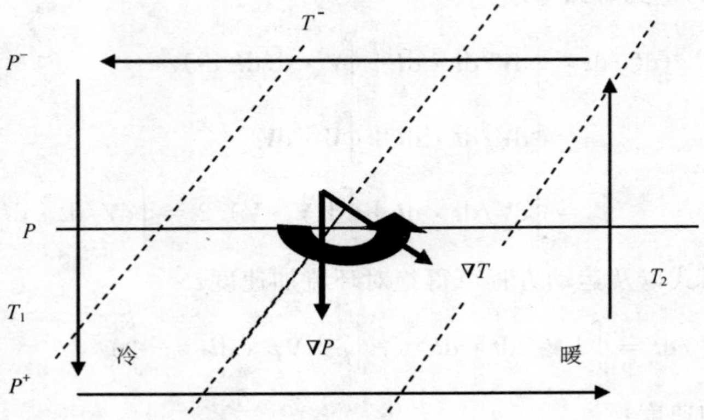

图 1.4 由温度不均匀分布引起的环流

或

$$\delta C/\delta A = \frac{\partial v}{\partial x} - \frac{\partial u}{\partial y} = \zeta \tag{1.79}$$

可见相对涡度相当于单位面积相对环流的极限。并且可以得到：

$$C \equiv \oint \boldsymbol{V} \cdot \mathrm{d}\boldsymbol{l} = \iint (\boldsymbol{\nabla} \times \boldsymbol{V}) \cdot \mathrm{d}\boldsymbol{A} = \iint \boldsymbol{\zeta} \cdot \mathrm{d}\boldsymbol{A} \tag{1.80}$$

1.3.4 散度方程

由运动方程

$$\frac{\partial u}{\partial t} + u\frac{\partial u}{\partial x} + v\frac{\partial u}{\partial y} + w\frac{\partial u}{\partial z} - fv = -\alpha\frac{\partial p}{\partial x} + F_x \tag{1.81}$$

$$\frac{\partial v}{\partial t} + u\frac{\partial v}{\partial x} + v\frac{\partial v}{\partial y} + w\frac{\partial v}{\partial z} + fu = -\alpha\frac{\partial p}{\partial y} + F_y \tag{1.82}$$

$$\frac{\partial w}{\partial t} + u\frac{\partial w}{\partial x} + v\frac{\partial w}{\partial y} + w\frac{\partial w}{\partial z} = -\alpha\frac{\partial p}{\partial z} - g + F_z \tag{1.83}$$

由以下的运算：

$$\frac{\partial}{\partial x}(1.81) + \frac{\partial}{\partial y}(1.82) + \frac{\partial}{\partial z}(1.83)$$

可得：

$$\frac{\partial D}{\partial t} + \boldsymbol{V} \cdot \boldsymbol{\nabla} D + \beta_0 u - f\zeta = -\alpha \boldsymbol{\nabla}^2 p - \boldsymbol{\nabla}\alpha \cdot \boldsymbol{\nabla} p - \boldsymbol{\nabla} u \cdot \frac{\partial \boldsymbol{V}}{\partial x} - \boldsymbol{\nabla} v \cdot \frac{\partial \boldsymbol{V}}{\partial y} - \boldsymbol{\nabla} w \cdot \frac{\partial \boldsymbol{V}}{\partial z} + \boldsymbol{\nabla} \cdot \boldsymbol{F} \tag{1.84}$$

其中，$D=\dfrac{\partial u}{\partial x}+\dfrac{\partial v}{\partial y}+\dfrac{\partial w}{\partial z}$

$$\nabla = \boldsymbol{i}\frac{\partial}{\partial x}+\boldsymbol{j}\frac{\partial}{\partial y}+\boldsymbol{k}\frac{\partial}{\partial z}$$

$\alpha=\dfrac{1}{\rho}$，$\boldsymbol{V}$ 和 $\boldsymbol{F}$ 均为三维矢量，

$$-\boldsymbol{V}\cdot\nabla D=-\left(u\frac{\partial D}{\partial x}+v\frac{\partial D}{\partial y}+w\frac{\partial D}{\partial z}\right)$$

$$-\nabla u\cdot\frac{\partial \boldsymbol{V}}{\partial x}=-\left(\frac{\partial u}{\partial x}\frac{\partial u}{\partial x}+\frac{\partial u}{\partial y}\frac{\partial v}{\partial x}+\frac{\partial u}{\partial z}\frac{\partial w}{\partial x}\right)$$

$$-\nabla v\cdot\frac{\partial \boldsymbol{V}}{\partial y}=-\left(\frac{\partial v}{\partial x}\frac{\partial u}{\partial y}+\frac{\partial v}{\partial y}\frac{\partial v}{\partial y}+\frac{\partial v}{\partial z}\frac{\partial w}{\partial y}\right)$$

整理(1.84)式后，可得：

$$\frac{\partial D}{\partial t}+\boldsymbol{V}\cdot\nabla D+\beta_0 u-f\zeta=-\nabla^2 p/\rho-\nabla\cdot\left(\frac{P}{\rho}\nabla\ln\rho\right)-\nabla u\cdot\frac{\partial \boldsymbol{V}}{\partial x}-\nabla v\cdot\frac{\partial \boldsymbol{V}}{\partial y}-\nabla w\cdot\frac{\partial \boldsymbol{V}}{\partial z}+\nabla\cdot\boldsymbol{F} \tag{1.85}$$

对未饱和湿空气，散度方程可写成下列形式(杨帅、高守亭，2007)：

$$\begin{aligned}\frac{\partial D}{\partial t}+\boldsymbol{V}\cdot\nabla D+\beta_0 u-f\zeta=&-\nabla^2[R_d T(1+0.6077q)]-\\&\nabla\cdot\left[R_d T(1+0.6077q)\nabla\ln\frac{0.622e}{R_d Tq}\right]-\\&\nabla u\cdot\frac{\partial \boldsymbol{V}}{\partial x}-\nabla v\cdot\frac{\partial \boldsymbol{V}}{\partial y}-\nabla w\cdot\frac{\partial \boldsymbol{V}}{\partial z}+\nabla\cdot\boldsymbol{F}\end{aligned} \tag{1.86}$$

对饱和湿空气，散度方程可写成下列形式(杨帅、高守亭，2007)：

$$\begin{aligned}\frac{\partial D}{\partial t}+\boldsymbol{V}\cdot\nabla D+\beta_0 u-f\zeta=&-\nabla^2[R_d T(1+0.6077q)]-\\&\nabla\cdot\left[R_d T(1+0.6077q_s)\nabla\ln\frac{0.622e_s}{R_d Tq_s}\right]-\\&\nabla u\cdot\frac{\partial \boldsymbol{V}}{\partial x}-\nabla v\cdot\frac{\partial \boldsymbol{V}}{\partial y}-\nabla w\cdot\frac{\partial \boldsymbol{V}}{\partial z}+\nabla\cdot\boldsymbol{F}\end{aligned} \tag{1.87}$$

对于未饱和湿空气的三维散度方程，将局地变化项以外的其他项移到方程的右端，可得：

$$\begin{aligned}\frac{\partial D}{\partial t}=&\underbrace{-\boldsymbol{V}\cdot\nabla D}_{(1)}\underbrace{-\beta_0 u}_{(2)}\underbrace{+f\zeta}_{(3)}+\underbrace{\left[\nabla u\cdot\frac{\partial \boldsymbol{V}}{\partial x}-\nabla v\cdot\frac{\partial \boldsymbol{V}}{\partial y}-\nabla w\cdot\frac{\partial \boldsymbol{V}}{\partial z}\right]}_{(4)}-\\&\underbrace{\nabla^2[R_d T(1+0.6077q)]-\nabla\cdot\left[R_d T(1+0.6077q)\nabla\ln\frac{0.622e}{R_d Tq}\right]}_{(5)}\underbrace{+\nabla\cdot\boldsymbol{F}}_{(6)}\end{aligned} \tag{1.88}$$

由(1.88)式可见,三维散度的局地变化取决于:(1)散度平流;(2) β 效应;(3)垂直相对涡度和科氏力的共同作用;(4)三维风的切变;(5)斜压项和(6)摩擦项的作用。

1.3.5 形变方程

二维风场(u,v)可按 Taylor 级数展开为:

$$\begin{aligned} u &= u_0 + (D+F)x/2 - (r-q)y/2 \\ v &= v_0 + (r+q)x/2 + (D-F)y/2 \end{aligned} \tag{1.89}$$

其中,

$$D=\left(\frac{\partial u}{\partial x}+\frac{\partial v}{\partial y}\right),\ q=\left(\frac{\partial v}{\partial x}-\frac{\partial u}{\partial y}\right),F=\left(\frac{\partial u}{\partial x}-\frac{\partial v}{\partial y}\right),\ r=\left(\frac{\partial v}{\partial x}+\frac{\partial u}{\partial y}\right) \tag{1.90}$$

D,q,F,r 分别代表散度、涡度、拉伸形变和切变形变,二维气流可以被表示为这四个量的线性组合。

令

$$E=\sqrt{F^2+r^2} \tag{1.91}$$

E 称为"总形变"。

高守亭等(2008)推出了表示总形变随时间变化的总形变方程。由 p 坐标系水平运动方程:

$$\frac{\partial u}{\partial t}+u\frac{\partial u}{\partial x}+v\frac{\partial u}{\partial y}+\omega\frac{\partial u}{\partial p}-fv=-g\frac{\partial z}{\partial x}+F_x \tag{1.92}$$

$$\frac{\partial v}{\partial t}+u\frac{\partial v}{\partial x}+v\frac{\partial v}{\partial y}+\omega\frac{\partial v}{\partial p}+fu=-g\frac{\partial z}{\partial y}+F_y \tag{1.93}$$

作下列运算:

$$\frac{F}{\sqrt{F^2+r^2}}\left[\frac{\partial}{\partial x}(1.92)-\frac{\partial}{\partial y}(1.93)\right]+\frac{r}{\sqrt{F^2+r^2}}\left[\frac{\partial}{\partial y}(1.92)+\frac{\partial}{\partial x}(1.93)\right]$$

结果得到:

$$\begin{aligned} \frac{\partial E}{\partial t} = & \underset{(1)}{-\mathbf{V}\cdot\nabla E} \underset{(2)}{- E\nabla_h\cdot\mathbf{V}} \underset{(3)}{- \frac{uF+vr}{E}\frac{\partial f}{\partial y}} \underset{(4)}{- \left[\frac{F}{E}\left(g\frac{\partial^2 z}{\partial x^2}-g\frac{\partial^2 z}{\partial y^2}\right)+\frac{r}{E}\left(2g\frac{\partial^2 z}{\partial x\partial y}\right)\right]} + \\ & \underset{(5)}{\left[\frac{F}{E}\left(\frac{\partial\omega}{\partial x}\frac{\partial u}{\partial p}-\frac{\partial\omega}{\partial y}\frac{\partial v}{\partial p}\right)+\frac{r}{E}\left(\frac{\partial\omega}{\partial y}\frac{\partial u}{\partial p}+\frac{\partial\omega}{\partial x}\frac{\partial v}{\partial p}\right)\right]} + \\ & \underset{(6)}{\left[\frac{F}{E}\left(\frac{\partial F_x}{\partial x}-\frac{\partial F_y}{\partial y}\right)+\frac{r}{E}\left(\frac{\partial F_x}{\partial y}-\frac{\partial F_y}{\partial x}\right)\right]} \end{aligned} \tag{1.94}$$

方程(1.94)即为总形变方程。其中，$\boldsymbol{V}$ 为三维风矢，$\nabla_h \cdot \boldsymbol{V}$ 为水平散度，$\omega = \mathrm{d}p/\mathrm{d}t$ 为 p 坐标系的垂直速度。由方程(1.94)可见，造成总变形变化的因子分别为：(1)变形的平流；(2)水平辐散；(3)β 效应；(4)气压梯度项；(5)垂直速度贡献项；(6)摩擦和湍流项。

以上讨论了运动方程、涡度方程、环流定理、散度方程和形变方程等基本方程。这些方程可以帮助我们分析造成风场、涡度、环流、散度和形变等气象场基本特征变化的因子，也可以用来诊断和预报天气过程，找到暴雨等各种天气过程的发生发展以及天气现象的落区、天气系统的移动等与涡度、环流、散度和形变等特征及其变化的关系。

第 2 章　地转和准地转理论

2.1 地转风与热成风

大气运动经常处于各种平衡或非平衡状态。所谓平衡状态，即气块受到的力互相平衡，在运动方向上没有加速度。相反，若气块受到的力互相不平衡，在运动方向上有加速度，则称其为非平衡状态。

从尺度分析可以看出，对于中纬度自由大气的大尺度运动来说，满足水平运动方程的零级简化方程，即在水平方向上地转偏向力和气压梯度力近于平衡。一般把满足地转平衡的运动，即在水平方向上地转偏向力和气压梯度力相平衡的空气水平运动称为地转风，用 $\mathbf{V}_g$ 表示，u_g 和 v_g 分别表示地转风东西向和南北向的分量，则有：

$$\left.\begin{aligned} u_g &= -\frac{1}{f\rho}\frac{\partial p}{\partial y} \\ v_g &= \frac{1}{f\rho}\frac{\partial p}{\partial x} \end{aligned}\right\} \tag{2.1}$$

其矢量形式则为：

$$\mathbf{V}_g = -\frac{1}{f\rho}\nabla_h p \times \boldsymbol{k} \tag{2.2}$$

根据 $\dfrac{1}{\rho}\nabla_h p = g\nabla_p z = \nabla_p \Phi$，可将上式写成 p 坐标系中的形式，即：

$$\mathbf{V}_g = -\frac{1}{f}\nabla_p \Phi \times \boldsymbol{k} \tag{2.3}$$

上面讨论的是在某一等高面或等压面上的地转风。分析不同层次的地转风可以发现地转风是随高度变化的。一般把地转风随高度的变化称为热成风。用矢量 $\mathbf{V}_T$ 表示热成风，则热成风的表达式可写成：

$$\mathbf{V}_T = \frac{\partial \mathbf{V}_g}{\partial z} \quad 或 \quad \mathbf{V}_T = \frac{\partial \mathbf{V}_g}{\partial p} \tag{2.4}$$

$\dfrac{\partial \mathbf{V}_g}{\partial z}$ 和 $\dfrac{\partial \mathbf{V}_g}{\partial p}$ 分别为地转风矢量随高度 z 和随气压 p 的变化，即地转风的垂直切变。

热成风的表达式也可写成：

$$\boldsymbol{V}_T = \frac{R}{f}\ln\frac{p_0}{p_1}\boldsymbol{k}\times\nabla\overline{T} \tag{2.5}$$

由(2.5)式可知，热成风与平均温度线(或厚度线)平行，在北半球，背风而立高温在右，低温在左。热成风大小与平均温度梯度(或厚度梯度)成正比，与纬度成反比。热成风大小也可用厚度梯度表示，而且形式变得更为简单：

$$\boldsymbol{V}_T = \frac{g}{f}\boldsymbol{k}\times\nabla h \tag{2.6}$$

这和地转风公式的形式是一样的，只要把等高线 H 换成等厚度线 h 就行了。通过推导，还可以得到其他一些经常应用的热成风关系式，如：

$$-\frac{\partial \boldsymbol{V}_g}{\partial p} = \frac{R}{f}\ \frac{1}{p}\boldsymbol{k}\times\nabla_p T \tag{2.7}$$

或

$$\frac{\partial \boldsymbol{V}_g}{\partial \ln p} = -\frac{R}{f}\boldsymbol{k}\times\nabla_p T \tag{2.8}$$

热成风是十分有用的概念。根据热成风定义，当上下两层等压面的地转风已知时，即可从地转风的矢量差求出 $\boldsymbol{V}_T$，并可从 $\boldsymbol{V}_T$ 的方向确定此两层间冷暖区的分布，且从其大小确定温度梯度的强弱。根据热成风原理我们可以讨论在一定的温度场下，地转风场(及气压场)随高度的变化。反过来，也可以讨论在一定的地转风随高度变化的形式下，温度场的分布。应用热成风原理，也可以解释各种类型气压系统的垂直结构。

当大气中密度的分布仅仅随气压而变时，即 $\rho\equiv\rho(p)$，这种状态的大气称为正压大气。所以，在正压大气中等压面也就是等密度面。对于一个理想大气($p=\rho RT$)，当大气是正压时，等压面也就是等温面。于是在等压面上没有温度梯度，即$\nabla_h T=0$，也就是在等压面上分析不出等温线。因而也就没有热成风。也就是说，在正压大气中，地转风随高度不发生变化。当大气中密度分布不仅随气压而且还随温度而变时，即 $\rho=\rho(P,T)$，这种状态的大气称为斜压大气。所以，在斜压大气中，等压面和等密度面(或等温面)是相交的。这就是说，在斜压大气中地转风是随高度而发生变化的。大气的斜压性对于天气系统的发生、发展有很重要的意义。上述等压面与等密度面(或等温面)相交，必须理解为是指某一固定时刻，气压与密度(或温度)的空间分布状态，因而正压大气与斜压大气也只是指某一瞬间而言的。一般说来，大气的状态都是斜压的，虽然在局地或短时期可以出现正压状态，但在受扰动后，便不能维持其正压性。例如开始时，大气中等压面与等密度面(或等温面)重合，但当大气垂直温度递减率不等于绝热递减率时，只要大气在垂直方向受到扰动，使一块空气由一个等压面移到另一个等压面上，由于绝热变化，这块空气在新的等压面上就将与其周围的空气温度不同，因而在等压面上就有了温度梯度，大气就变成斜压的了。如果有条件使大气的状态始终维持正压性，这种状态称为“自动正压状态”。

2.2 地转偏差

地转风是指地转偏向力和气压梯度力平衡时的空气水平运动，它是对大气水平运动的近似。在一般情况下，大气中的实际风都不是地转风。所以地转风平衡只是相对而暂时的状态。既然实际风与地转风不同，二者之间，必有一定的差别。一般把实际风与地转风之矢量差称为地转偏差 $\boldsymbol{D}$，或称为偏差风。用数学公式表示为：

$$\boldsymbol{D} = \boldsymbol{V} - \boldsymbol{V}_g \tag{2.9}$$

在大气中，地转偏差相对于地转风来说并不大，但是它对于大气运动和天气变化却有非常重要的作用。因为地转偏差使实际风穿越等压线，造成有的地区空气质量增大，有的地区空气质量减少，从而引起气压场的改变。同时，当风穿越等压线时气压梯度力对空气作功，从而使空气动能改变，促使风速变化。地转偏差也是造成垂直运动的重要原因，而垂直运动则是产生天气的重要因素。所以如果设想没有地转偏差的存在，风与等压线平行，天气系统成了与外界隔绝的封闭系统，没有风的辐散或辐合，没有气压场的改变，没有垂直运动，当然也就没有复杂的天气变化了。

地转风是在假定大气为无摩擦、无加速度的水平气流的条件下，由地转偏向力和气压梯度力平衡而产生的空气水平运动，它是对大气水平运动的零级近似。这种假设当然与实际情况有所不同。实际大气运动是三维的运动，既有水平运动，又有垂直运动；实际大气运动受到摩擦的作用，既有内摩擦，又有外摩擦；实际大气运动具有加速度，风速既有大小的变化，又有风向的变化。显然，地转偏差或偏差风正是由于这些原因而产生的。

以地转风公式

$$\boldsymbol{V}_g = \frac{1}{\rho f}\boldsymbol{k} \times \nabla_h p \tag{2.10}$$

代入水平运动方程

$$\frac{\mathrm{d}\boldsymbol{V}}{\mathrm{d}t} = -\frac{1}{\rho}\nabla_h p - f\boldsymbol{k} \times \boldsymbol{V} + \boldsymbol{F} \tag{2.11}$$

得：

$$\frac{1}{f}\frac{\mathrm{d}\boldsymbol{V}}{\mathrm{d}t} = \boldsymbol{k} \times \boldsymbol{V}_g - \boldsymbol{k} \times \boldsymbol{V} + \frac{1}{f}\boldsymbol{F} \tag{2.12}$$

或

$$\boldsymbol{k}\times\boldsymbol{V}_g-\boldsymbol{k}\times\boldsymbol{V}=-\frac{1}{f}\frac{\mathrm{d}\boldsymbol{V}_h}{\mathrm{d}t}-\frac{1}{f}\boldsymbol{F} \tag{2.13}$$

因而可得

$$\boldsymbol{D}=\boldsymbol{V}-\boldsymbol{V}_g=-\frac{1}{f}\boldsymbol{k}\times\boldsymbol{F}+\frac{1}{f}\boldsymbol{k}\times\frac{\mathrm{d}\boldsymbol{V}}{\mathrm{d}t} \tag{2.14}$$

以上公式中,设 $\boldsymbol{V}=\boldsymbol{V}_h$ 为水平风速。由(2.14)式可见,地转偏差 $\boldsymbol{D}$ 是由摩擦力和加速度引起的。地转偏差 $\boldsymbol{D}$ 与摩擦力 $\boldsymbol{F}$ 方向垂直,指向 $\boldsymbol{F}$ 的右侧。同样,地转偏差 $\boldsymbol{D}$ 也与加速度 $\frac{\mathrm{d}\boldsymbol{V}}{\mathrm{d}t}$ 方向垂直,但指向 $\frac{\mathrm{d}\boldsymbol{V}}{\mathrm{d}t}$ 的左侧。

在自由大气中摩擦力很小,可以略去。这时地转偏差主要由加速度引起。即

$$\boldsymbol{D}\approx\frac{1}{f}\boldsymbol{k}\times\frac{\mathrm{d}\boldsymbol{V}}{\mathrm{d}t} \tag{2.15}$$

在自然坐标系中展开,即:

$$\boldsymbol{D}=\frac{1}{f}\boldsymbol{k}\times\left(\frac{\partial\boldsymbol{V}}{\partial t}+V\frac{\partial\boldsymbol{V}}{\partial s}+\omega\frac{\partial\boldsymbol{V}}{\partial p}\right) \tag{2.16}$$

其中,$\boldsymbol{V}=V\boldsymbol{\tau}$,$V$ 为切向速度,$\boldsymbol{\tau}$ 为切向单位矢量。从该式可看出,由加速度引起的地转偏差与三种因子有关,即:

$$\left.\begin{aligned}\boldsymbol{D}_1&=\frac{1}{f}\boldsymbol{k}\times\frac{\partial\boldsymbol{V}}{\partial t}\\ \boldsymbol{D}_2&=\frac{1}{f}\boldsymbol{k}\times V\frac{\partial\boldsymbol{V}}{\partial s}\\ \boldsymbol{D}_3&=\frac{1}{f}\boldsymbol{k}\times\omega\frac{\partial\boldsymbol{V}}{\partial p}\end{aligned}\right\} \tag{2.17}$$

设

$$\boldsymbol{D}_1=\frac{1}{f}\boldsymbol{k}\times\frac{\partial\boldsymbol{V}}{\partial t}\approx\frac{1}{f}\boldsymbol{k}\times\frac{\partial\boldsymbol{V}_g}{\partial t} \tag{2.18}$$

利用关系式:

$$\boldsymbol{V}_g=\frac{1}{f\rho}\boldsymbol{k}\times\nabla_h p=\frac{1}{f}\boldsymbol{k}\times\nabla_p\Phi=\frac{9.8}{f}\boldsymbol{k}\times\nabla_p H \tag{2.19}$$

并将其代入(2.18)式,可得:

$$\boldsymbol{D}_1=\frac{9.8}{f^2}\boldsymbol{k}\times\left[\boldsymbol{k}\times\nabla_p\left(\frac{\partial H}{\partial t}\right)\right] \tag{2.20}$$

因此：
$$\boldsymbol{D}_1 = -\frac{9.8}{f^2}\boldsymbol{\nabla}_p\left(\frac{\partial H}{\partial t}\right) \tag{2.21}$$

或
$$\boldsymbol{D}_1 = -\frac{1}{f^2\rho}\boldsymbol{\nabla}_h\left(\frac{\partial p}{\partial t}\right) \tag{2.22}$$

在(2.22)式中，因密度的局地变化很小，所以其变化被忽略。从(2.21)和(2.22)式可看出，$\boldsymbol{D}_1$ 与变高梯度或变压梯度的大小成正比，且与变高梯度或变压梯度的方向一致。这种由变高梯度或变压梯度表示的地转偏差，通常称为变压风。由于在有限范围内可把 f 视为常数，而且地转风的散度为零，所以实际风的散度取决于地转偏差的散度，即：

$$\boldsymbol{\nabla}_h \cdot \boldsymbol{V} = \boldsymbol{\nabla}_h \cdot (\boldsymbol{V}_g + \boldsymbol{D}) = \boldsymbol{\nabla}_h \cdot \boldsymbol{D} \tag{2.23}$$

因此，在地面天气图上负变压中心区，变压风辐合会引起上升运动，在正变压中心区，变压风辐散会引起下沉运动。据估计，变压风可大到 5 m/s，变压风辐合所引起的降水可达 4 mm/h。

(2.17)式中的 $\boldsymbol{D}_2$ 关系式可展开为：

$$\boldsymbol{D}_2 = \frac{1}{f}\boldsymbol{k}\times V\frac{\partial \boldsymbol{V}}{\partial s} = \frac{1}{f}\boldsymbol{k}\times V\frac{\partial V\boldsymbol{\tau}}{\partial s} = \frac{1}{f}\boldsymbol{k}\times\left(V\frac{\partial V}{\partial s}\boldsymbol{\tau} + V^2\frac{\partial \boldsymbol{\tau}}{\partial s}\right) \tag{2.24}$$

$$\frac{\partial \boldsymbol{\tau}}{\partial s} = \frac{1}{R_s}\boldsymbol{n} \tag{2.25}$$

代入上式后可得：

$$\boldsymbol{D}_2 = \frac{1}{f}V\frac{\partial V}{\partial s}\boldsymbol{n} - \frac{1}{f}\frac{V^2}{R_s}\boldsymbol{\tau} \tag{2.26}$$

该式可分解为两部分，即：

$$\boldsymbol{D}_{2n} = \frac{1}{f}V\frac{\partial V}{\partial s}\boldsymbol{n} \qquad \text{为法向偏差} \tag{2.27}$$

$$\boldsymbol{D}_{2s} = -\frac{1}{f}\frac{V^2}{R_s}\boldsymbol{\tau} \qquad \text{为切向偏差} \tag{2.28}$$

由公式(2.27)，即 $\boldsymbol{D}_{2n} = \frac{1}{f}\boldsymbol{k}\times V\frac{\partial V}{\partial s}\boldsymbol{\tau} = \frac{1}{f}V\frac{\partial V}{\partial s}\boldsymbol{n}$ 可以看出，该项表示沿流线（$\frac{\partial V}{\partial t} = 0$ 时，也是轨迹）分布不均匀时 $\boldsymbol{\tau}$ 方向上的平流加速度所对应的 $\boldsymbol{n}$ 方向的地转偏差（又称横向地转偏差）。由公式(2.28)，即 $\boldsymbol{D}_{2s} = \frac{1}{f}\boldsymbol{k}\times\frac{V^2}{R_s}\boldsymbol{n} = -\frac{1}{f}\frac{V^2}{R_s}\boldsymbol{\tau}$，可以看出，该项表示流线曲率不等于零情况下（曲线运动）由于气压梯度力和地转偏向力不平衡所产生的法向加速度所对应的切向（$\boldsymbol{\tau}$ 方向）地转偏差（又称纵向地转偏差）。

还可以再进一步地来理解 $\boldsymbol{D}_{2s}$ 的意义和判断方法。设 $\frac{\partial V}{\partial t} = 0$（在 $\frac{\partial V}{\partial t} = 0$ 情况下

流线就是轨迹)，另外，将等高线或等压线近似视为流线，则 $\frac{\partial p}{\partial s}=0$。按照梯度风 V_f (即气压梯度力、地转偏向力以及惯性离心力三力平衡的大气运动)的方程：

$$0=-\frac{V_f^2}{R_s}-\frac{1}{\rho}\frac{\partial p}{\partial n}-fV_f \tag{2.29}$$

可得出：

$$\frac{V_f^2}{R_s}=-\frac{1}{\rho}\frac{\partial p}{\partial n}-fV_f \tag{2.30}$$

或

$$\frac{V_f^2}{R_s}=-9.8\frac{\partial H}{\partial n}-fV_f \tag{2.31}$$

式中左端就是气压梯度力和地转偏向力不平衡所产生的向心加速度。利用地转风公式代换气压梯度力项，可得出：

$$V_f-V_g=-\frac{1}{f}\frac{V_f^2}{R_s} \tag{2.32}$$

$$D_{2s}=-\frac{1}{f}\frac{V_f^2}{R_s} \tag{2.33}$$

在上述情况下，把梯度风看作实际风，梯度风和地转风的方向都与等压线或等高线相切，因此，切向地转偏差就是梯度风与地转风之差。由上式可看出，当等高线或等压线呈气旋性弯曲($R_s>0$)时，$V_f<V_g$ ，$\boldsymbol{D}_{2s}$ 指向 $-\boldsymbol{\tau}$ 方向；当等高线或等压线是反气旋性弯曲时($R_s<0$=，$V_f>V_g$，$\boldsymbol{D}_{2s}$ 指向 $\boldsymbol{\tau}$ 方向(图 2.1)。

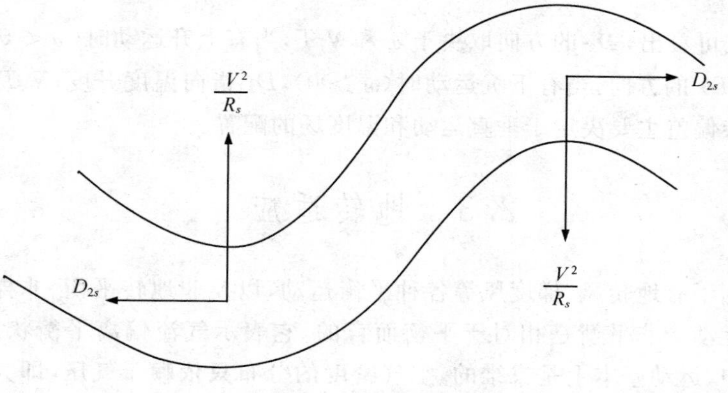

图 2.1　纵向地转偏差

从图 2.1 可以看出，在槽前脊后有纵向地转偏差的辐散。反之，在脊前槽后有纵向地转偏差的辐合。综上所述，在水平运动中，地转偏差可分解为三项来进行判断。

一项是变压风($\boldsymbol{D}_1$),用三小时变压判断;一项是横向地转偏差($\boldsymbol{D}_{2n}$),用等压线(等高线)的辐散、辐合来判断;还有一项是纵向地转偏差($\boldsymbol{D}_{2s}$),用等压线(等高线)的曲率来判断。

在某些天气系统中垂直运动较强,风速垂直切变较大时(如台风),还必须考虑对流加速度项所对应的地转偏差,即:

$$\boldsymbol{D}_3 = \frac{\omega}{f}\boldsymbol{k} \times \frac{\partial \boldsymbol{V}}{\partial p} \tag{2.34}$$

当然,在这项中也包含有切向和法向地转偏差两部分。但在实际工作中,将它们合在一起更好判断些。如采用准地转近似,则得

$$\boldsymbol{D}_3 = \frac{\omega}{f}\boldsymbol{k} \times \frac{\partial \boldsymbol{V}_g}{\partial p} \tag{2.35}$$

从这一关系式可看出,$\boldsymbol{D}_3$ 的方向取决于 ω 和 $\frac{\partial \boldsymbol{V}_g}{\partial p}(\boldsymbol{\nabla}_p T)$,当有上升运动时($\omega<0$),$\boldsymbol{D}_3$ 指向温度梯度($\boldsymbol{\nabla}_p T$)的方向,当有下沉运动时($\omega>0$),D_3 指向温度升度($\boldsymbol{\nabla}_p T$)的方向。可见这项地转偏差主要决定于垂直运动和风速垂直切变的配置。而从下面的讨论中,我们将得到风速垂直切变与温度梯度的关系为:

$$\frac{\partial \boldsymbol{V}_g}{\partial \ln p} = -\frac{R}{f}\boldsymbol{k} \times \boldsymbol{\nabla}_p T \tag{2.36}$$

将上式代入(2.35),得:

$$\boldsymbol{D}_3 = \frac{\omega}{f^2}\frac{R}{p}\boldsymbol{\nabla}_p T \tag{2.37}$$

从这一关系式可看出,$\boldsymbol{D}_3$ 的方向取决于 ω 和 $\boldsymbol{\nabla}_p T$,当有上升运动时($\omega < 0$),$\boldsymbol{D}_3$ 指向温度梯度($\boldsymbol{\nabla}_p T$) 的方向,当有下沉运动时($\omega > 0$),D_3 指向温度升度($\boldsymbol{\nabla}_p T$) 的方向。可见这项地转偏差主要决定于垂直运动和温度场的配置。

2.3 地转适应

上面讲到了有地转风、梯度风等各种平衡运动,以及非地转平衡、非梯度平衡等各种非平衡运动。非平衡是相对于平衡而言的,它表示气流偏离平衡状态的大小。在正压大气中,运动基本上是二维的,空气密度的分布只依赖于气压,即大气各层上空气粒子的运动可以近似的看成一样。此时,在自由大气中空气粒子的运动就决定于气压梯度力和地转偏向力,当两者不平衡时,空气粒子就会产生加速运动。在风场上这种非地转平衡就表现为实际风偏离地转风形成的偏差风。

从风场和气压场的关系来看，地转偏差的作用就是使得实际风穿越等压线，导致质量场上不均匀分布，引起气压的改变；另一方面，当风穿越等压线时气压梯度力对气块作功，又会导致气块的动能发生改变，促使风场(动量场)的调整。

在正压大气中，地转偏差引起的大气运动常常是以重力惯性外波的形式存在。从波动性质来看，重力惯性外波是一种频散波，也就是说，若初始非平衡流的水平尺度较小，频散作用就会使非地转能量传播到更广阔的空间中，当非地转能量释放殆尽时，波动也就随之停止，大气又回复到地转平衡状态。

在斜压大气中，大气的密度空间分布不仅依赖于气压而且还与温度有关，此时大气各层上的空气粒子的运动就不完全一样了。由地转风随高度的变化就产生了热成风。从热成风的定义来看，它代表了风场、气压场和温度场三者之间的平衡关系。一般来说，大尺度运动包括水平尺度在 200 km 以上的中尺度运动中都满足静力平衡关系，因此，热成风平衡关系就等价于地转平衡关系，换言之，斜压大气中的非地转平衡问题实际上就是一个热成风不平衡问题。热成风不平衡又可以称为热成风偏差，它反映的是上下两层的非地转风偏差。从风场和气压场的关系来看，当出现热成风偏差时，上层的柯氏力和气压梯度力不平衡引起该层上空气粒子沿等压面加速，实际风穿越等压线，导致相邻两个等压面的上一层等压面上质量场不均匀分布；与此同时，下层等压面上的柯氏力和气压梯度力不平衡也引起该等压面上的气压变化，当上层气流辐散，下层气流辐合就产生了垂直运动。在斜压大气中，热成风偏差引起的大气运动也是以波动的形式存在的。与正压大气不同，在斜压大气中由非地转平衡流引发的波动是一种重力惯性内波。这种波动的本质也是一种频散波，当非地转扰动能量频散殆尽后，斜压大气中的热成风平衡关系又会重新建立。

综上所述，就非地转平衡流的本质而言，在正压大气中非地转平衡流表现为地转风偏差，在斜压大气中则表现为热成风偏差；另外，正压大气中非地转平衡流所激发的波动是以重力惯性外波的形式存在，而在斜压大气中非地转平衡流所激发的波动则是以重力惯性内波的形式存在，两者都是一种频散波，由这种频散作用将非地转扰动能量向外释放，使得大气的地转平衡关系得以重新建立。

以上分析了各种引起地转偏差的原因。虽然中纬度大尺度大气运动基本上是处于地转平衡状态的，但是地转偏差也是经常发生的，正因为有地转偏差的存在，天气才会不断地发生变化。所以地转偏差对天气变化起著重要的作用。同时也说明地转平衡不是绝对的，它只是一种运动中的平衡，变化中的平衡。它包含地转平衡状态的破坏和地转平衡状态的建立两个过程。从不平衡状态转变成平衡状态称为地转适应(或调整)过程。可以把天气系统的发展过程近似看作是一连串的地转平衡状态的发展演变过程，这种大气运动变化过程称为准地转演变过程，或称为准地转运动。

2.4 非平衡流的诊断

从以往的很多研究来看,绝大多数中对大气中的平衡和非平衡问题的研究都是基于理论基础上的定性分析,而没有定量化的给出与实际天气过程相联系的非平衡流的一些具体表现特征。近年来,一些气象学者在研究非平衡气流问题时,利用了一些非平衡流的定量诊断工具对具体的天气过程进行分析,得到了不少有意义的结果。对这些文章中所使用的非平衡流的诊断工具进行总结来看,到目前为止,用于非平衡流问题诊断的物理量大约有5种,分别是拉格朗日 Rossby 数、PSI 矢量、Ω方程、PV反演以及非线性平衡方程(ΔNBE)。从使用频率来看,拉格朗日 Rossby 数以及非线性平衡方程(ΔNBE) 这两个量使用相对较多,且诊断效果较好。下面对这两个方法从理论上给予简要的介绍。

在不计摩擦的情况下,非地转平衡气流特征可以用拉格朗日罗斯贝数 Ro_L 来表示:

$$Ro_L = \frac{|d\boldsymbol{V}/dt|}{f|\boldsymbol{V}|} = \frac{|f\boldsymbol{V}_{ag} \times k|}{f|\boldsymbol{V}|} = \frac{|\boldsymbol{V}_{ag}|}{|\boldsymbol{V}|} \tag{2.38}$$

式中,$\boldsymbol{V}$ 代表实际风,f 代表科氏参数,$\boldsymbol{V}_{ag}$ 表示非地转风。Ro_L 是一个无量纲量,它表示的是气块加速度与地转偏向力加速度的相对大小,这种相对大小可以被近似的看作是对大气的非地转特征一种简单的量度。对于半地转系统来说,$Ro_L \ll 1$,它在半地转和准地转系统中的约束条件相比于我们常用的欧拉罗斯贝数(如式(2.39)所示,式中 f 为地转参数,L 为系统的水平尺度)的准地转平衡约束来说要宽泛得多。

$$Ro_L = V/fL \ll 1 \tag{2.39}$$

为了更易于使用,1988年由 Koch 和 Dorian 对 (2.38) 式所给出的 Rossby 数表达式进行了进一步的简化,得到了如下形式:

$$Ro_L \approx \frac{|\boldsymbol{V}_{ag}|^{\perp}}{|\boldsymbol{V}|} \tag{2.40}$$

式中,$|\boldsymbol{V}_{ag}|^{\perp}$ 为非地转风与流场的正交分量,它表示穿过等高线的横向非地转风分量。从它与急流的关系来看,在急流的出口处,$|\boldsymbol{V}_{ag}|^{\perp}$ 正交于非地转平衡流并且指向气旋方向的分量,因此它与实际风速的比值直接反映了此处气流的不平衡程度。

从数值大小与非地转平衡流的关系来看,Ro_L 越小表示气流运动越接近准地转运动,相反,Ro_L 越大表示气流运动越趋于非地转平衡运动状态。Uccellini 和 Jonhnson 在研究高空急流附近发生的大振幅中尺度重力波事件时,分析指出当 $Ro_L > 0.5$ 时,位于急流出口区附近的非地转平衡流就可能激发出大振幅的中尺度重力波。

除了拉格朗日罗斯贝数以外，另外一个应用最广泛且效果最好的非地转平衡流的诊断工具是非线性平衡方程的残差项(ΔNBE)。1988 年由 Ferretti 等人应用该方法对重力波发生区进行非平衡气流的诊断取得了较好的结果。1991 年 Davis 和 Emanuel 指出由于非线性平衡方程近似于梯度风平衡关系，因此它非常适用于诊断较短时间尺度的非地转平衡问题，而且它还对具有大曲率弯曲的气流中非地转平衡的诊断有很好的效果。非线性平衡方程 ΔNBE 的数学表达式如下：

$$\Delta\mathrm{NBE} = 2\left(\frac{\partial u}{\partial x}\frac{\partial v}{\partial y} - \frac{\partial v}{\partial x}\frac{\partial u}{\partial y}\right) - \nabla^2\Phi + f\zeta - \beta u \tag{2.41}$$

式中，Φ 为位势高度，∇^2 为二维拉普拉斯算子，f 为地转参数，u,v 为 x,y 方向的风速分量，ζ 为相对涡度项，$\beta = \partial f/\partial y$。

从含义上说，ΔNBE 常可以用来表征气流的平衡性。当 ΔNBE 有明显的非零值($10^{-8}\mathrm{s}^{-1}$)时，代表气流具有极大的不平衡性。在很多研究中发现这个值的变化以及它的位置常常和重力波等大气中小尺度扰动有关。

为了进一步理解 ΔNBE 的物理含义，可对公式(2.41)作进一步的简化和变形，得到：

$$\Delta\mathrm{NBE} = 2\left(\frac{\partial u}{\partial x}\frac{\partial v}{\partial y} - \frac{\partial v}{\partial x}\frac{\partial u}{\partial y}\right) + f\zeta_a \tag{2.42}$$

从(2.42)式的组成项来看，非线性平衡方程实际上是由非地转风涡度和地转涡度的乘积项 $f\zeta_a$、水平拉伸形变强迫项 $\frac{\partial u}{\partial x}\frac{\partial v}{\partial y}$ 和水平切变形变强迫项 $\frac{\partial v}{\partial x}\frac{\partial u}{\partial y}$ 构成的。

寿亦萱(2007)分析了一些高空急流过程中的 200 hPa 拉格朗日 Rossby 数以及 ΔNBE 的分布实例。指出在高空急流气旋性切变一侧靠近急流出口区的地方(即高空急流出口区左侧)有明显的 Rossby 数大值区。很多地区的 Ro_L 都超过了 0.5，个别地区的 Ro_L 还达到了 1.4 以上。在 ΔNBE 分布图上高空急流出口区左侧也对应于 ΔNBE 的大值区，这与拉格朗日 Rossby 数的分布特征是相一致的。说明在高空急流出口区左侧气流具有强烈的非地转平衡性。此处不仅与 $Ro_L > 0.5$ 的区域相对应，而且也是 ΔNBE 大值中心所在的地方。

2.5 准地转位势倾向方程和 ω 方程

如前所说，虽然中纬度大尺度大气运动基本上近似地转风平衡，但是经常发生地转偏差，从而使天气不断地发生变化。天气系统的发展过程可以被近似地看作是一连串的地转平衡状态的发展演变过程，这种大气运动变化过程称为准地转演变过程，或称为**准地转运动**。具体应用时一般是在大气运动方程中将实际风用地转风表示，但是却仍保留部分加速度，这种做法称为准地转近似。在大尺度天气分析工作中应用十分广泛的准地转位势倾向方程和 ω 方程就是在准地转近似假定下得到的两个重要方程。

2.5.1 位势倾向方程

以连续方程代入简化的涡度方程，并设大气为准地转的，可得：

$$\left(\nabla^2+\frac{f^2}{\sigma}\frac{\partial^2}{\partial p^2}\right)\frac{\partial \Phi}{\partial t}=-f\boldsymbol{V}_g\cdot\nabla(f+\zeta_g)+\frac{f^2}{\sigma}\frac{\partial}{\partial p}\left(-\boldsymbol{V}_g\cdot\nabla\frac{\partial \Phi}{\partial p}\right)-\frac{f^2}{\sigma}\frac{R}{c_p p}\frac{\partial}{\partial p}\frac{\mathrm{d}Q}{\mathrm{d}t} \tag{2.43}$$

如不考虑非绝热加热，则(2.43)式中右端第三项可略去，得：

$$\left(\nabla^2+\frac{f^2}{\sigma}\frac{\partial^2}{\partial p^2}\right)\frac{\partial \Phi}{\partial t}=-f\boldsymbol{V}_g\cdot\nabla(f+\zeta_g)+\frac{f^2}{\sigma}\frac{\partial}{\partial p}\left(-\boldsymbol{V}_g\cdot\nabla\frac{\partial \Phi}{\partial p}\right) \tag{2.44}$$

(2.43)及(2.44)式称为位势倾向方程。

(2.44)式左端：

$$\left(\nabla^2+\frac{f^2}{\sigma}\frac{\partial^2}{\partial p^2}\right)\frac{\partial \Phi}{\partial t}=-\left(k^2+l^2+\frac{(fm)^2}{\sigma^2}\right)\frac{\partial \Phi}{\partial t}\propto-\frac{\partial \Phi}{\partial t} \tag{2.45}$$

(2.44)式右端第一项，这项与地转风绝对涡度平流 $-\boldsymbol{V}_g\cdot\nabla(f+\zeta_g)$ 成正比，它又可分为两部分分别表示地转涡度平流和地转风相对涡度的平流，即

$$-\boldsymbol{V}_g\cdot\nabla(f+\zeta_g)=-\boldsymbol{V}_g\cdot\nabla f-\boldsymbol{V}_g\cdot\nabla\zeta_g \tag{2.46}$$

这两部分对于短波(波长大约 3000 km 以下)来说，上式右端第二项较大，因此地转风绝对涡度平流的强弱主要决定于地转风相对涡度平流。在等高线均匀分布的槽中(图 2.2)，由于有气旋性曲率，故 $\zeta_g>0$，在脊中则有 $\zeta_g<0$。因此，在槽前脊后沿气流方向相对涡度减少，为正涡度平流($-\boldsymbol{V}_g\cdot\nabla\zeta_g>0$)，等压面高度降低($\frac{\partial \Phi}{\partial t}<0$)，在槽后脊前沿气流方向相对涡度增加，为负涡度平流($-\boldsymbol{V}_g\cdot\nabla\zeta_g<0$)，等压面高度升高($\frac{\partial \Phi}{\partial t}>0$)，在槽线和脊线上，$\nabla\zeta_g=0$，所以涡度平流亦为零，等压面高度没变化，因而根据第一章所说的运动学原理，槽脊不会发展，而是向前移动。

(2.44)式右端第二项是厚度平流(或温度平流)随高度的变化项，若以静力方程 $\frac{\partial \Phi}{\partial p}=-\frac{RT}{p}$ 代入，则得：

$$-\boldsymbol{V}_g\cdot\nabla\frac{\partial \Phi}{\partial p}=\frac{R}{p}\boldsymbol{V}_g\cdot\nabla T\propto\boldsymbol{V}_g\cdot\nabla T \tag{2.47}$$

在暖平流区中，沿气流方向温度降低 $-\mathbf{V}_g \cdot \nabla T > 0$，因此当暖平流（绝对值）随高度减弱（随气压增强）时，$\frac{\partial}{\partial p}\left(-\mathbf{V}_g \cdot \nabla \frac{\partial \Phi}{\partial p}\right) < 0$，等压面高度升高 $\left(\frac{\partial \Phi}{\partial t} > 0\right)$；在冷平流区中，沿气流方向温度升高，因此当冷平流（绝对值）随高度减弱（随气压增加）时，$\frac{\partial}{\partial p}\left(-\mathbf{V}_g \cdot \nabla \frac{\partial \Phi}{\partial p}\right) > 0$，等压面高度降低 $\left(\frac{\partial \Phi}{\partial t} < 0\right)$。

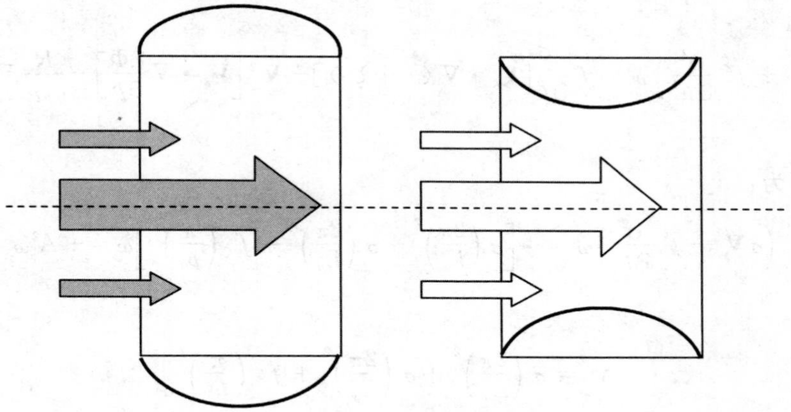

(a)有暖平流的情况　　　　(b)有冷平流的情况

图 2.2　暖平流(a)随高度减弱（增强）时，等压面高度升高（降低）；冷平流(b)随高度减弱（增强）时，等压面高度降低（升高）的示意图

（空心箭头和带阴影的箭头分别代表冷平流和暖平流，箭头大小表示平流强弱）

对流层自由大气中，一般来说温度平流总是随高度减弱的，因此对于对流层中上层的等压面来说，在其下层若有暖平流时，等压面将升高；若有冷平流时，等压面将降低。其定性作用是不难理解的。因若在某等压面以下有暖平流，将使气柱厚度增大，如此时地面没有补偿的气压降低，则此等压面必须升高。反之，若在某等压面以下有冷平流时，将使气柱厚度减小，如此时地面没有补偿的气压升高，则此等压面必须降低。

(2.43)式第三项是非绝热加热随高度的变化项。当非绝热加热随高度增加（随气压减小）时，$-\frac{\partial}{\partial p}\frac{\mathrm{d}Q}{\mathrm{d}t} > 0$，等压面高度将降低 $\left(\frac{\partial \Phi}{\partial t} < 0\right)$；反之，当绝热加热随高度减小（随气压增加）时，$-\frac{\partial}{\partial p}\frac{\mathrm{d}Q}{\mathrm{d}t} < 0$。等压面高度将升高 $\frac{\partial \Phi}{\partial t} > 0$。其定性作用与温度平流随高度变化项类似。

2.5.2 准地转 ω 方程

为了分析垂直运动发生发展的原因,还常引入准地转近似的 ω 方程:

$$\left(\sigma \nabla^2 + f^2 \frac{\partial^2}{\partial p^2}\right)\omega = f\frac{\partial}{\partial p}[\mathbf{V}_g \cdot \nabla (f+\zeta_g)] + \nabla^2[\mathbf{V}_g \cdot \nabla \alpha] - \frac{R}{c_p p}\nabla^2 \frac{\mathrm{d}Q}{\mathrm{d}t} \tag{2.48}$$

或

$$\left(\sigma \nabla^2 + f^2 \frac{\partial^2}{\partial p^2}\right)\omega = f\frac{\partial}{\partial p}[\mathbf{V}_g \cdot \nabla (f+\zeta_g)] - \nabla^2\left[\mathbf{V}_g \cdot \nabla \frac{\partial \Phi}{\partial p}\right] - \frac{R}{c_p p}\nabla^2 \frac{\mathrm{d}Q}{\mathrm{d}t} \tag{2.49}$$

左端可写为:

$$\left(\sigma \nabla^2 + f^2 \frac{\partial^2}{\partial p^2}\right)\omega = -\left[\sigma\left(\frac{2\pi}{L_x}\right)^2 + \sigma\left(\frac{2\pi}{L_y}\right)^2 + f^2\left(\frac{\pi}{p_0}\right)^2\right]\omega = -A^2\omega \tag{2.50}$$

这里

$$A^2 = \sigma\left(\frac{2\pi}{L_x}\right)^2 + \sigma\left(\frac{2\pi}{L_y}\right)^2 + f^2\left(\frac{\pi}{p_0}\right)^2 \tag{2.51}$$

(2.48)式只含有空间导数,因此,它是一个用瞬时 Φ 场表示的 ω 场的诊断方程。这个 ω 方程不像连续方程,它无需依赖风的精确观测值就能算出 ω 值。

(2.48)式右端第一项为涡度平流随高度变化项。当涡度平流随高度增加(随气压减小)时,有上升运动($\omega<0$);当涡度平流随高度减小(随气压增加)时,有下沉运动($\omega>0$)。在地面低压中心附近,涡度平流很小(图 2.3),而在其上空高空槽前为正涡度平流,于是在这地区涡度平流随高度增加,有上升运动。在地面高压中心,涡度平流也很小,而在其上空高空槽后为负涡度平流,于是在这地区涡度平流随高度减弱,有下沉运动。涡度平流随高度变化造成的垂直运动,其物理意义可以这样来理解:例如在地面低压中心 1000 hPa 上涡度平流很小,而上空 500 hPa 上为正涡度平流,气旋性涡度增加,使风压场不平衡,在地转偏向力作用下,必产生水平辐散,为保持质量连续,其下将出现补偿上升运动。

(2.48)式右端第二项是厚度平流(或温度平流)的拉普拉斯。与前类似,可以证明:

$$-\nabla^2\left[\mathbf{V}_g \cdot \nabla \frac{\partial \Phi}{\partial p}\right] \propto \mathbf{V}_g \cdot \nabla \frac{\partial \Phi}{\partial p} = -\frac{R}{p}\mathbf{V}_g \cdot \nabla T \tag{2.52}$$

所以,暖平流区($-\mathbf{V}_g \cdot \nabla T>0$),有上升运动($\omega<0$);冷平流区($-\mathbf{V}_g \cdot \nabla T<0$),有下沉运动($\omega>0$)。在地面低压中心和高压中心(图 2.4)之间的高空槽中,地转风随

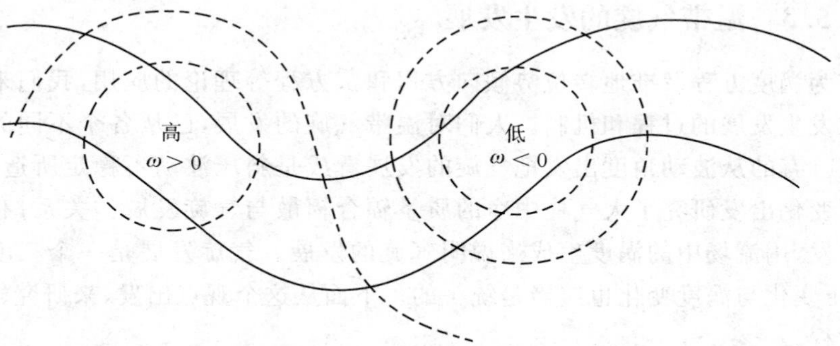

图 2.3　涡度平流随高度变化造成的垂直运动
（实线为 500 hPa 等高线，虚线为 1000 hPa 等高线）

高度逆转，为冷平流，应有下沉运动。在地面低压中心之前，高压中心之后，高空脊上，地转风随高度顺转，为暖平流，应有上升运动。其物理意义也易理解。例如暖平流使500 hPa 高脊区的 500～1000 hPa 厚度增加，500 hPa 等压面升高，使温压场不平衡，在气压梯度力作用下，必产生水平辐散，为保持质量连续，将产生补偿上升运动。同理，在 500 hPa 低槽区冷平流应有下沉运动。

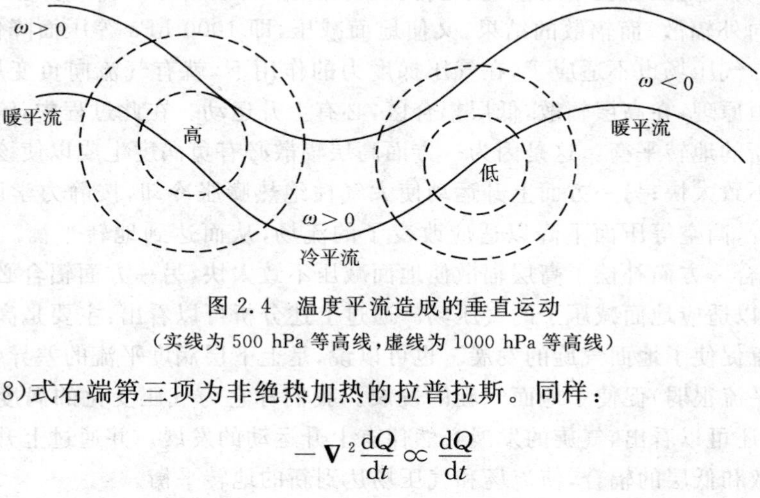

图 2.4　温度平流造成的垂直运动
（实线为 500 hPa 等高线，虚线为 1000 hPa 等高线）

(2.48)式右端第三项为非绝热加热的拉普拉斯。同样：

$$-\nabla^2\frac{dQ}{dt}\propto\frac{dQ}{dt}$$

所以在非绝热加热区（$\frac{dQ}{dt}>0$）有上升运动（$\omega<0$）；在非绝热冷却区（$\frac{dQ}{dt}<0$），有下沉运动（$\omega>0$）。例如在低压中有降水，释放凝结潜热时，将使上升运动加强。其物理意义与温度平流项类似。

2.5.3 温带气旋的发生发展

作为涡度方程及准地转位势倾向方程和 ω 方程等理论的应用,我们来分析温带气旋的发生发展的过程和机制。人们对温带气旋的发展,已从各个不同的角度进行了研究。有的从波动角度出发把气旋的发展看成是斜压波动不稳定所造成的;有的从气压变化出发研究了大气柱中净的质量辐合辐散与气旋发展的关系;有的从涡度变化出发,用流场中的涡度生成来说明气旋的发展。气旋发展是一个三度空间的现象,气压变化与涡度变化也应当是统一的。下面从这个观点出发,来研究气旋发展的物理过程。

温带气旋主要是在锋区上发展起来的,有很大的斜压性,在其发展过程中,温度场位相落后于气压场。从这种基本情况出发,我们先来研究一斜压系统发展的理想模式。设以虚线表示 500～1000 hPa 厚度线,即这两层之间的平均温度线,实线表示 500 hPa 等高线,高、低为地面气旋和反气旋中心。平均冷温度舌落后于高空槽,在这种温压场配置下,高空槽前地面应为气旋,槽后地面应为反气旋。

设开始时风压场是准地转的,即流场与气压场是地转适应的。过一段时间后,在高空槽前地面低压上空的地区,由于有正的涡度平流,按涡度方程,气旋性涡度应增加,这时流场与气压场就不适应,在地转偏向力的作用下,在这附加的气旋性流场中就有气流向外辐散,而辐散的结果,又使地面减压,即 1000 hPa 等压面降低。这时,地面流场与气压场也不适应了,在气压梯度力的作用下,就有气流向负变压区辐合。按质量守恒原理,在高层辐散,低层辐合区,必有上升运动。在此过程中,流场与气压场将达到新的地转平衡。这是因为一方面高层辐散必有负涡度生成以使该处气旋性涡度增加不致太快;另一方面上升运动使大气柱绝热膨胀冷却,按静力学原理,气柱厚度必减少,高空等压面下降以适应改变了的流场,从而达到地转平衡。对地面来说,气流辐合一方面补偿了高层辐散使地面减压不致太快,另一方面辐合必有气旋性涡度生成,以适应地面减压了的气压场。通过上述分析可以看出:主要是高空槽前的正涡度平流促使了地面气旋的发展。也可以说,是上下层涡度平流的差异(地面低压中心涡度平流很弱)促使了地面气旋的发展。我们称它为气压变化的涡度因子。从此过程中,还可以看出,气旋的发展必然伴有上升运动的发展。并通过上升运动及其高层的辐散和低层的辐合,使流场和气压场达到新的地转平衡。

同样的道理,在高空槽后,为负涡度平流区,在该处必有负涡度的增加,在地转偏向力作用下将产生辐合,从而使地面加压,又由于气压梯度力的作用,在加压区出现气流辐散。在高层辐合和低层辐散配置下,必有下沉运动。高层辐合有气旋性涡度生成,使负涡度增加不致太快,而下沉增温又使气柱增厚,高层等压面升高,使气压场与流场适应,达到新的地转平衡。地面辐散一方面补偿了高空的辐合,使地面气压增加不致太快，另一方面，辐散又会产生反气旋性涡度，以使流场与气压场相适应。由此可见，主要是高层负涡度平流（或涡度平流随高度减小）促使了地面反气旋的发展。下沉运动是伴随反气旋的发展而生成的，并是使气压场与流场相适应的必不可少的因子。

现在来看高空槽区的变化情形，这里的下部是冷平流区，大气柱冷却，按静力平衡原理，等压面之间的厚度必减小，高层等压面下降，高空槽加深。这时气压场与流场不适应，在附加的气压梯度力作用下，产生高层辐合气流。空气辐合及冷平流又使地面加压，这时地面气压场与流场也不适应了，在附加的气压梯度力的作用下，产生低层辐散气流。在这种高层辐合低层辐散的流场配置下必产生下沉运动。在此过程中，流场与气压场也将达到新的地转平衡。这是因为高层辐合必有气旋性涡度生成，而下沉运动绝热增温又部分抵消了冷平流的作用，使得高层减压不致太快，于是流场与气压场适应，达到新的地转平衡。从地面看，一方面低层辐散补偿了高层的辐合，下沉增温部分抵消了冷平流，使地面加压不致太快；另一方面低层辐散必有反气旋涡度生成，以使流场与气压场相适应，达到新的地转平衡。通过上述分析可以看出，冷平流使高空槽加深，同时使地面加压，而下沉运动则是在此过程中必然出现的现象。ω 方程中，冷平流造成下沉运动，其物理实质也就在于此。我们称这种产生气压变化的温度平流为气压变化的热力因子。

同样，在高空高压脊下部有暖平流，将使高层高压脊发展，并使地面减压和气旋涡度增加，同时伴有上升运动。

在地面气旋后部，反气旋前部为冷平流加压，气旋前部，反气旋后部为暖平流减压，分别使反气旋和气旋向前移动。在气旋和反气旋中心没有温度平流，热力因子不起作用，只是由于正、负涡度平流才使气旋和反气旋得以发展。而在高空则相反，冷平流使槽加深，暖平流使脊加强。涡度因子的作用很少，但槽前脊后的正涡度平流和槽后脊前的负涡度平流使得高空槽、脊向前移动。综上所述，在斜压扰动中，涡度因子主要使低层系统发展，高层系统移动，热力因子主要使高层系统发展，低层系统移动。但是当高层系统发展后，槽前脊后的正涡度平流及槽后脊前的负涡度平流也增大，又促进了地面系统的发展。所以热力因子对地面系统也有间接影响。

最后，再讨论一下非绝热加热因子对气旋发展的作用。在发展气旋的上升运动区中，如有足够的水汽，则将有水汽凝结、释放潜热，部分抵消了绝热膨胀冷却的作用，使气柱降温不致太快，高层减压变慢，因而使高层维持较强的辐散，低层减压增强，气旋得以更快地发展，同时上升运动也增强起来。

第 3 章　锋生和次级环流

大气锋是重要的天气系统，锋的生成或加强称为锋生，相反则称为锋消。很多严重天气过程都与锋生相联系。以现代天气学的观点，大气锋不仅仅是以温度梯度很大来表征的。完整地定义锋应该既包括温湿场特征，也包括风场特征。锋是一个具有较大水平温度梯度、较大静力稳定度（垂直温度梯度）、较大涡度和风速垂直切变的狭长地带。所以温度梯度和风速梯度的时间变化都会造成锋生或锋消，即运动学和动力学作用都可以引起锋的变化。水平温度梯度增大，即等温线密集，可以引起锋生。但水平温度梯度增大，使原先的热成风平衡破坏，从而地转平衡破坏，产生非地转偏差，并因而可以引起次级环流。这种随着运动学和热力学锋生而产生的非地转偏差和次级环流，反过来又会影响锋生锋消。这种锋生作用就是动力学锋生，也就是加速度所造成的锋生作用。因此完整的锋生函数，不仅包括温度场的锋生，而且还包括动量场的锋生。锋生作用以及次级环流对天气变化都会发生重要影响。本章将讨论运动学锋生、动力学锋生及锋—急流的横向次级环流。

3.1　运动学锋生

从大气的温湿梯度的大小可以得到气团和锋的概念。气团是大范围内气象要素分布均匀，即温湿梯度较小的空气块。而锋面则是两个温湿度不同的气团之间的分界面或过渡区，具有密度的不连续性及较大的温度和湿度水平梯度。从锋面的这一基本定义出发，"锋生"通常是指密度不连续性形成的一种过程，或是指已有的一条锋面，其温度（或位温）水平梯度加大的过程；锋消则是指作用相反的过程。

实际锋生和锋消是三维空间的现象。一般仅考虑平面图上（二维空间）的锋生与锋消。设在等压面图上某一带有一组等温线，其水平升度为 $T_n = \dfrac{\partial T}{\partial n}$，假如大气运动使 T_n 沿着这一带（或线）比其他部分增大得更迅速，那么这个带（线）称为锋生带（线），这种使 T_n 加大的过程称为锋生过程。以 F 表示锋生函数，$F = \dfrac{\delta}{\delta t}(T_n)$，$\dfrac{\delta}{\delta t}$ 表示与锋生带一起移动的坐标系里的局地微分。$F > 0$，表示有锋生作用，即温度水平梯度将加大；$F < 0$，表示有锋消作用，即温度水平梯度将减小。

在锋生带(线)要有锋面生成还必须满足以下两个条件:第一,在锋生带(线)里,有一个狭窄的区域,其锋生作用最强烈,即 $F>0$,$\frac{\partial F}{\partial n}=0$,$\frac{\partial^2 F}{\partial n^2}<0$,这样,锋生作用的结果,才能出现一个温度水平梯度比周围大得多的锋区,否则均匀的温度水平梯度加大是不可能形成锋面的;第二,锋生线必须是个物质线(或是近似物质线),也就是说在一定时段内,锋生作用应发生在同一的空气团上,否则虽然有锋生作用 $F>0$,但先后作用在不同的空气团上,等温线还是不能在某个地方特别密集起来,锋区也不会形成。锋生线是一条物质线,那么锋生函数就可以写为:$F=\frac{\mathrm{d}}{\mathrm{d}t}(T_n)$,称为个别锋生函数。锋面生成的条件是:$F>0$,$\frac{\partial F}{\partial n}=0$,$\frac{\partial^2 F}{\partial n^2}<0$;锋面消失的条件是:$F<0$,$\frac{\partial F}{\partial n}=0$,$\frac{\partial^2 F}{\partial n^2}>0$。在等压面图上等温线就是等位温线,在绝热过程中位温 θ 具有保守性,故以它作为锋生参数。等压面具有准水平特点,等压面上等位温线密集程度的变化可以看作水平面上的锋生。设 $|\nabla\theta|$ 表示位温水平梯度的绝对值,锋生强度 $F=\frac{\mathrm{d}}{\mathrm{d}t}|\nabla\theta|$。

$$|\nabla\theta|=\sqrt{\left(\frac{\partial\theta}{\partial x}\right)^2+\left(\frac{\partial\theta}{\partial y}\right)^2} \tag{3.1}$$

$$F=\frac{\mathrm{d}}{\mathrm{d}t}|\nabla\theta|=\frac{1}{|\nabla\theta|}\left[\frac{\partial\theta}{\partial x}\frac{\mathrm{d}}{\mathrm{d}t}\left(\frac{\partial\theta}{\partial x}\right)+\frac{\partial\theta}{\partial y}\frac{\mathrm{d}}{\mathrm{d}t}\left(\frac{\partial\theta}{\partial y}\right)\right] \tag{3.2}$$

假如不考虑垂直运动和非绝热加热作用,则上式可以简化成:

$$F\approx-\frac{1}{|\nabla\theta|}\left[\left(\frac{\partial\theta}{\partial x}\right)^2\frac{\partial u}{\partial x}+\left(\frac{\partial\theta}{\partial y}\right)^2\frac{\partial v}{\partial y}+\frac{\partial\theta}{\partial x}\frac{\partial\theta}{\partial y}\left(\frac{\partial u}{\partial x}+\frac{\partial v}{\partial y}\right)\right] \tag{3.3}$$

(3.3)式右边表示空气水平运动对锋生的作用。

设取 x 轴与等位温线平行,则 y 轴与位温梯度方向重合,则有 $\frac{\partial\theta}{\partial x}=0$,$\frac{\partial\theta}{\partial y}=|\nabla\theta|$,则 $F=-|\nabla\theta|\frac{\partial v}{\partial y}$,$v$ 为沿 y 方向的风分速,与等位温线垂直,当 v 沿位温梯度方向减小即 $\frac{\partial v}{\partial y}<0$,即 $F>0$ 有锋生作用;反之,当 v 沿位温梯度方向增大即 $\frac{\partial v}{\partial y}>0$,则 $F<0$。由此可知 F 的物理意义是说明等位温线在有速度辐合的水平流场作用下渐趋变密则为锋生作用,反之则为锋消作用。

有了锋生作用,要有锋生成,必须在锋生作用区中 F 有极大值。从(3.3)式得知温度场和风场不能同时为线性函数场。事实上,两个气团之间的过渡区内温度分布为非线性,在适当的流场配合下锋的生成就成为可能。为了简单起见,设风场为线性

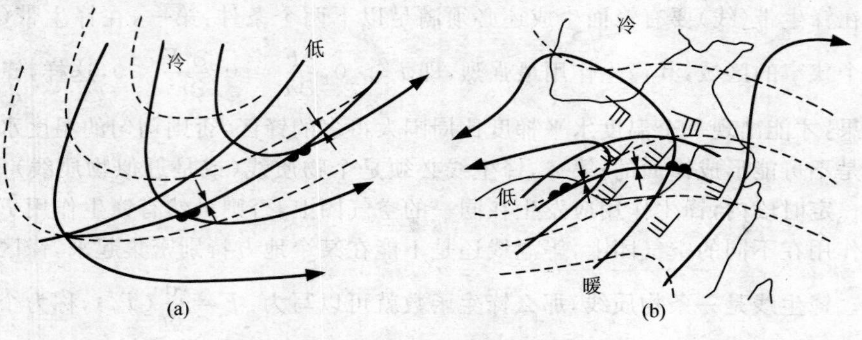

图 3.1 冷锋锋生(a)和暖锋锋生(b)

分布

$$u = u_0 + ax + bx - cy$$
$$v = v_0 - ay + by + cx \tag{3.4}$$

由(1.23)可知，$a = \frac{1}{2}\left(\frac{\partial u}{\partial x} - \frac{\partial v}{\partial y}\right)$；$b = \frac{1}{2}\left(\frac{\partial u}{\partial x} + \frac{\partial v}{\partial y}\right)$；$c = \frac{1}{2}\left(\frac{\partial v}{\partial x} - \frac{\partial u}{\partial y}\right)$，$a,b,c$ 分别称为变形系数、胀缩系数和旋转系数。在线性流场中 a,b,c 均为常数，从(3.4)式可以看出任何一种线性流场都可分解为平移场(u_0,v_0)、变形场、散度场和旋转场四种。选一个典型的变形场，并令 x 轴为变形场的膨胀轴(或称伸展轴)，y 为收缩轴。等位温线与 x 轴的夹角为 β，位温梯度 $\left(-\nabla\theta = -\frac{\partial\theta}{\partial y}\right)$ 与 x 轴的夹角为 $\alpha = 90° + \beta$。$\frac{\partial\theta}{\partial x} = \frac{\partial\theta}{\partial n}\sin\beta$，$\frac{\partial\theta}{\partial y} = -\frac{\partial\theta}{\partial n}\cos\beta$，把它们代入(3.4)，则得：

$$\begin{aligned}
F_1 &= -\frac{1}{|\nabla\theta|}\left[\left(\frac{\partial\theta}{\partial x}\right)^2\frac{\partial u}{\partial x} + \left(\frac{\partial\theta}{\partial y}\right)^2\frac{\partial v}{\partial y} + \frac{\partial\theta}{\partial x}\frac{\partial\theta}{\partial y}\left(\frac{\partial u}{\partial x} + \frac{\partial v}{\partial y}\right)\right] \\
&= -\frac{1}{\frac{\partial\theta}{\partial n}}\left[\left(\frac{\partial\theta}{\partial n}\right)^2\sin^2\beta\frac{\partial u}{\partial x} + \left(\frac{\partial\theta}{\partial n}\right)^2\cos^2\beta\frac{\partial v}{\partial y} - \left(\frac{\partial\theta}{\partial n}\right)^2\sin\beta\cos\beta\left(\frac{\partial u}{\partial x} + \frac{\partial v}{\partial y}\right)\right] \\
&= -\frac{\partial\theta}{\partial n}\left[\sin^2\beta(a+b) + \cos^2\beta(b-a) - \sin\beta\cos\beta\left(\frac{\partial u}{\partial x} + \frac{\partial v}{\partial y}\right)\right] \\
&= \frac{\partial\theta}{\partial n}(a\cos 2\beta - b) + \frac{\partial\theta}{\partial n}\sin\beta\cos\beta\left(\frac{\partial u}{\partial x} + \frac{\partial v}{\partial y}\right)
\end{aligned} \tag{3.5}$$

在一个典型的线性变形场中(图 3.2)，取 x 轴为膨胀轴，y 轴为收缩轴时，则 $\frac{\partial u}{\partial x} + \frac{\partial v}{\partial y} = 0$。那么，$F_1 = \frac{\partial\theta}{\partial n}(a\cos 2\beta - b)$。在大尺度的流场中散度场的胀缩系数

的数量级为 $10^{-5}\sim10^{-6}\,s^{-1}$，而变形系数的数量级达到 $10^{-4}\ s^{-1}$ 者甚为常见。因此我们略去散度场的作用，仅考虑变形场对锋生的作用。当 $\beta<45°$ 时 $F>0$ 有锋生作用（图 3.2a）；而当 $\beta=45°$ 时 $F=0$；但等位温线在变形场中将旋转变为 $\beta<45°$，即将转为锋生作用；反之，β 角大于 45°时，$F_1<0$，有锋消作用，然而等位温线与膨胀轴的交角将随变形流场旋转（与膨胀轴成正交的等位温线例外）逐渐趋向变为小于 45°，也就是向锋生作用转化。因此，变形流场是最有利的锋生流场的（图 3.2a，b）。

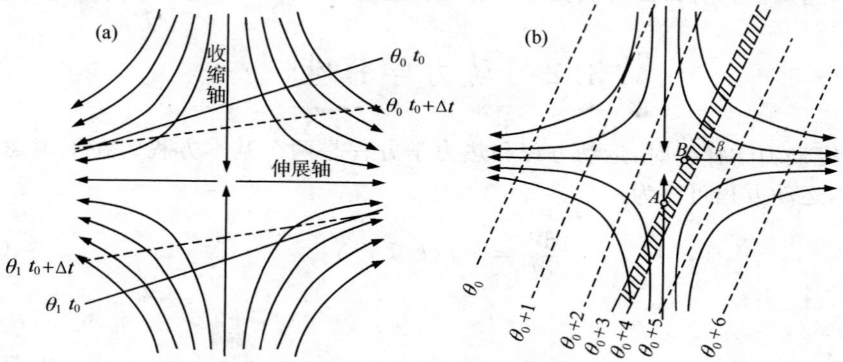

图 3.2　变形场中锋生(a)和锋消(b)　(Petterssen，1956)

在地面天气图上锋区的宽度比高空窄得多，所以常用密度（温度）的零级不连续面来模拟锋面。假定在锋面冷暖两侧的气压是连续的，即 $p_L=p_N$。若取随锋面移动的坐标系，y 轴平行锋面，x 轴与锋面正交并指向冷空气一侧，坐标系移速（即锋面移速）为 $\boldsymbol{C}_f$，则：

$$\frac{\delta}{\delta t}(P_L-P_N)=\frac{\partial}{\partial t}(P_L-P_N)+\boldsymbol{C}_f\cdot\boldsymbol{\nabla}(P_L-P_N)=0 \tag{3.6}$$

因为锋面沿 y 轴移速 $C_{fy}=0$，

所以
$$\boldsymbol{C}_f\cdot\boldsymbol{\nabla}(P_L-P_N)=C_{fx}\left(\frac{\partial P_L}{\partial x}-\frac{\partial P_N}{\partial x}\right)$$

$$C_{fx}=-\frac{\dfrac{\partial P_L}{\partial t}-\dfrac{\partial P_N}{\partial t}}{\dfrac{\partial P_L}{\partial x}-\dfrac{\partial P_N}{\partial x}} \tag{3.7}$$

再用锋面坡度公式：$\mathrm{tg}\alpha=\dfrac{\dfrac{\partial P_L}{\partial x}-\dfrac{\partial P_N}{\partial x}}{g(\rho_L-\rho_N)}$ 代入上式得：

$$C_{fx}=-\frac{\dfrac{\partial P_L}{\partial t}-\dfrac{\partial P_N}{\partial t}}{g(\rho_L-\rho_N)\mathrm{tg}\alpha} \tag{3.8}$$

对于暖锋来说，因 $\mathrm{tg}\alpha>0$，$\rho_L>\rho_N$，所以当暖锋前变压(代数值)小于锋后变压($\frac{\partial P_L}{\partial t}>\frac{\partial P_N}{\partial t}$)时，$C_{fx}>0$，即暖锋向前移动。而且锋前后变压差愈大，锋面移动速度也就越快。同理，对于冷锋来说，也有 $\mathrm{tg}\alpha>0$，$\rho_L>\rho_N$，当冷锋前变压(代数值)小于锋后变压(即 $\frac{\partial P_L}{\partial t}>\frac{\partial P_N}{\partial t}$)时，则 $C_{fx}<0$，即冷锋向前移动。锋前后变压差值愈大，锋面移速愈快。若锋面两侧变压没有什么差异时，冷锋减速并变为准静止锋。

3.2 动力学锋生

在研究动力学锋生时，运动方程和热力学方程是两个基本方程。在不考虑摩擦的条件下，运动方程可写为

$$\frac{\mathrm{d}\mathbf{V}}{\mathrm{d}t}=-f(\boldsymbol{k}\times\mathbf{V}_a) \tag{3.9}$$

其中

$$\frac{\mathrm{d}}{\mathrm{d}t}=\frac{\partial}{\partial t}+\mathbf{V}\cdot\nabla \tag{3.10}$$

$$\mathbf{V}=\mathbf{V}_g+\mathbf{V}_a \tag{3.11}$$

$\mathbf{V}_g$ 为地转风矢量，$\mathbf{V}_a$ 为非地转风(地转偏差)，矢量 $\boldsymbol{k}$ 为垂直方向单位矢量。

热力学方程为

$$\frac{\mathrm{d}\theta}{\mathrm{d}t}=H \tag{3.12}$$

H 为非绝热加热。

在处理运动方程和热力学方程时，常用的模式之一是准地转模式。

在准地转近似下，忽略了摩擦、β 效应和非绝热加热，但在运动方程中保留了 $\mathbf{V}_a$ 的作用，在热力学方程中保留了垂直平流项 $\omega(\partial\theta/\partial p)$ 的作用。因此运动方程和热力学方程分别为

$$\frac{D_g}{Dt}\mathbf{V}_g=-f_0(\boldsymbol{k}\times\mathbf{V}_a) \tag{3.13}$$

$$\left(\frac{D_g\theta}{Dt}\right)+\omega\frac{\partial\theta}{\partial p}=0 \tag{3.14}$$

其中

$$\frac{D_g}{Dt}=\frac{\partial}{\partial t}+\mathbf{V}_g\cdot\nabla \tag{3.15}$$

准地转模式已由许多人用来研究锋生，Hoskins 等(1972)总结了准地转锋生模式的缺点，主要是(1)地面锋生过程过分缓慢；(2)锋区不随高度倾斜(Williams，1967)因此把准地转锋称为“假锋”。

在处理运动方程和热力学方程时，另一种常用的模式是半地转模式。Hoskins(1975)指出，对时间尺度长于 $1/f$ 的情况，非黏性运动方程可以表达为

$$\frac{D\boldsymbol{V}_g}{Dt}=-f(\boldsymbol{k}\times\boldsymbol{V}_a) \tag{3.16}$$

其中

$$\frac{D}{Dt}=\frac{\partial}{\partial t}+(\boldsymbol{V}_g+\boldsymbol{V}_a)\cdot\boldsymbol{\nabla}_p+\omega\frac{\partial}{\partial p} \tag{3.17}$$

方程(3.16)类似于准地转运动方程(3.13)，不同的是保留了非地转和地转动量的垂直平流。同时，热力学方程可写为

$$\frac{D_p\theta}{Dt}+\omega\frac{\partial\theta}{\partial p}=0 \tag{3.18}$$

其中

$$\frac{D_p}{Dt}=\frac{\partial}{\partial t}+(\boldsymbol{V}_g+\boldsymbol{V}_a)\cdot\boldsymbol{\nabla}_p \tag{3.19}$$

(3.18)式和准地转近似的热力学方程(3.14)不同的是，其中保留了由非地转造成的和由风的垂直分量造成的温度平流。方程(3.16)和(3.18)式为半地转模式的动量方程和热力学方程。

设锋沿 x 方向，取地转动量近似即假定 $|u_a|\ll|u_g|$，$\left|\frac{\mathrm{d}u_a}{\mathrm{d}t}\right|\ll\left|\frac{\mathrm{d}u_g}{\mathrm{d}t}\right|$，$\left|\frac{\partial u_a}{\partial x}\right|\ll\left|\frac{\partial v_a}{\partial y}\right|=\left|\frac{\partial\omega}{\partial p}\right|$，略去沿锋的非地转平流，流体为 Boussinesq 流体，$f=$常数，锋是平直的 $(\partial u_g/\partial x=0)$，这时动力学方程组为

$$\frac{\partial u_g}{\partial t}+u_g\frac{\partial u_g}{\partial x}+(v_g+V_a)\frac{\partial u_g}{\partial y}+\omega\frac{\partial u_g}{\partial p}=-\frac{\partial\Phi}{\partial x}+fv \tag{3.20}$$

$$\frac{\partial v_g}{\partial t}+(v_g+V_a)\frac{\partial v_g}{\partial y}+\omega\frac{\partial v_g}{\partial p}=-fu_a\cong 0 \tag{3.21}$$

$$\frac{\partial\theta}{\partial t}+u_g\frac{\partial\theta}{\partial x}+(v_g+V_a)\frac{\partial\theta}{\partial y}+\omega\frac{\partial\theta}{\partial p}=H \tag{3.22}$$

将(3.20)和(3.22)式分别对 y 和 p 求偏导数，可得在地转动量近似下的对应于三维空气块轨迹的地转动量近似的二维锋生预报方程组

$$\frac{D}{Dt}\left(\frac{\partial M}{\partial y}\right)=J_{y,p}(M,\omega) \tag{3.23}$$

$$\frac{D}{Dt}\left(\frac{\partial M}{\partial p}\right)=-J_{y,p}(u_g,v_g)-J_{y,p}(M,v_a) \tag{3.24}$$

$$\frac{D}{Dt}\left(r\frac{\partial \theta}{\partial y}\right)=J_{y,p}(u_g,v_g)+rJ_{y,p}(\theta,\omega)+r\frac{\partial H}{\partial y} \tag{3.25}$$

$$\frac{D}{Dt}\left(\frac{\partial \theta}{\partial p}\right)=-J_{y,p}(\theta,v_a)+\frac{\partial H}{\partial p} \tag{3.26}$$

以上(3.23),(3.24)式中的 M 为西风绝对动量,$M=u_g-fy$。

将方程(3.24),(3.25)中包含非地转风的 Jacobi 算子展开,可得(3.24)和(3.25)式的另一种表示形式:

$$\frac{D}{Dt}\left(\frac{\partial M}{\partial p}\right)=-\left[J_{y,p}(u_g,v_g)-\frac{\partial M}{\partial p}\frac{\partial v_g}{\partial y}\right]-\frac{\partial M}{\partial y}\frac{\partial v_a}{\partial p} \tag{3.27}$$

$$\frac{D}{Dt}\left(r\frac{\partial \theta}{\partial y}\right)=\left[J_{y,p}(u_g,v_g)-\frac{\partial M}{\partial p}\frac{\partial v_a}{\partial p}\right]-r\frac{\partial \theta}{\partial p}\frac{\partial \omega}{\partial y}+r\frac{\partial H}{\partial y} \tag{3.28}$$

其中,

$$\frac{D}{Dt}=\frac{\partial}{\partial t}+u_g\frac{\partial}{\partial x}+(v_g+V_a)\frac{\partial}{\partial y}+\omega\frac{\partial}{\partial p} \tag{3.29}$$

根据考虑了非绝热作用的原始方程组,我们也可得到一个原始方程模式的二维锋生预报方程组:

$$\frac{\mathrm{d}}{\mathrm{d}t}\left(\frac{\partial M}{\partial y}\right)=J_{y,p}(M,\omega)-\frac{\mathrm{d}}{\mathrm{d}t}\frac{\partial u_a}{\partial y} \tag{3.30}$$

$$\frac{\mathrm{d}}{\mathrm{d}t}\left(\frac{\partial M}{\partial p}\right)=-J_{y,p}(u_g,v_g)-J_{y,p}(M,v_a)-\frac{\partial u_a}{\partial p}\frac{\partial u_g}{\partial x}-\frac{\partial v_g}{\partial p}\frac{\partial u_a}{\partial y}-\frac{\mathrm{d}}{\mathrm{d}t}\frac{\partial u_a}{\partial p} \tag{3.31}$$

$$\frac{\mathrm{d}}{\mathrm{d}t}\left(r\frac{\partial \theta}{\partial y}\right)=J_{y,p}(u_g,v_g)+rJ_{y,p}(\theta,\omega)-r\frac{\partial \theta}{\partial x}\frac{\partial u_a}{\partial y}+r\frac{\partial H}{\partial y} \tag{3.32}$$

$$\frac{\mathrm{d}}{\mathrm{d}t}\left(\frac{\partial \theta}{\partial p}\right)=-J_{y,p}(\theta,v_a)-\frac{\partial \theta}{\partial x}\frac{\partial u_a}{\partial p}+\frac{\partial H}{\partial y} \tag{3.33}$$

其中

$$\frac{\mathrm{d}}{\mathrm{d}t}=\frac{\partial}{\partial t}+(u_g+u_a)\frac{\partial}{\partial x}+(v_g+V_a)\frac{\partial}{\partial y}+\omega\frac{\partial}{\partial p} \tag{3.34}$$

由以上方程组可见,锋生主要由地转流场的水平形变、横向非地转流场的垂直形变、沿锋的非地转形变及垂直、水平动量梯度的个别变化和非绝热加热作用等因子所决定。

3.3 锋面横向次级环流

由准地转近似、半地转近似和原始方程模式锋生方程可以求得相应的锋面横向次级环流诊断方程。

准地转形式的锋面横向次级环流诊断方程为：

$$-r\frac{\partial\theta}{\partial p}\frac{\partial^2\Psi}{\partial y^2}+f\frac{\partial^2\Psi}{\partial p^2}=Q_g+Q_H \tag{3.35}$$

半地转近似下的锋面横向次级环流诊断方程为：

$$-r\frac{\partial\theta}{\partial p}\frac{\partial^2\Psi}{\partial y^2}+2\left(\frac{\partial M}{\partial p}\right)\frac{\partial^2\Psi}{\partial y\partial p}-\frac{\partial M}{\partial y}\frac{\partial^2\Psi}{\partial p^2}=Q_g+Q_H \tag{3.36}$$

原始方程模式下锋面横向次级环流的诊断方程为：

$$-r\frac{\partial\theta}{\partial p}\frac{\partial^2\Psi}{\partial y^2}+2\left(\frac{\partial M}{\partial p}\right)\frac{\partial^2\Psi}{\partial y\partial p}-\frac{\partial M}{\partial y}\frac{\partial^2\Psi}{\partial p^2}=Q_g+Q_{ag}+Q_H \tag{3.37}$$

这里

$$Q_g=-2J_{y,p}(u_g,v_g)=-2J_{x,y}(u_g,\theta) \tag{3.38}$$

$$Q_{ag}=-\frac{\partial}{\partial y}\frac{\partial u_a}{\partial p}+2r\frac{\partial\theta}{\partial x}\frac{\partial u_a}{\partial y}-\frac{\mathrm{d}}{\mathrm{d}t}\frac{\partial u_a}{\partial p} \tag{3.39}$$

$$Q_H=-r\frac{\partial H}{\partial y} \tag{3.40}$$

Q_g，Q_{ag} 和 Q_H 分别为流函数方程中地转强迫项、非地转强迫项和非绝热加热强迫项。

方程(3.35)为一个稳定的二阶椭圆型方程。方程(3.36)和(3.37)是含有二阶混合偏导项的线性二阶偏微分方程。应用系数判别式 $\Delta=B^2-AC$ 可确定方程的类型，其中 $B=\left(\frac{\partial M}{\partial p}\right)$ 为表征斜压性的参数，$A=-r\frac{\partial\theta}{\partial p}$ 相当于静力稳定度参数。$C=-\frac{\partial M}{\partial y}$ 为风的水平切变的惯性不稳定参数。代入判别式有

$$\Delta=\left(\frac{\partial M}{\partial p}\right)^2-r\frac{\partial\theta}{\partial p}\frac{\partial M}{\partial y}=\left(r\frac{\partial\theta}{\partial y}\right)\left(\frac{\partial M}{\partial p}\right)-r\frac{\partial\theta}{\partial p}\frac{\partial M}{\partial y}=rJ_{y,p}(\theta,M)=rP \tag{3.41}$$

其中 P 为位涡，表达式为

$$P=J_{y,p}(\theta,M)=-J_{y,p}(M,\theta)=-\left.\frac{\partial M}{\partial y}\right|_\theta\frac{\partial\theta}{\partial p} \tag{3.42}$$

这样，方程的类型可用位涡 P 来判别

$$P\begin{cases}<0 & \text{方程为椭圆型}\\=0 & \text{方程为抛物型}\\>0 & \text{方程为双曲型}\end{cases}$$

实际大气中，大气是处于惯性稳定 $\left.\frac{\partial M}{\partial y}\right|_{\theta}<0$ 和重力稳定 $\frac{\partial\theta}{\partial p}<0$ 的，所以，$P<0$，方程为椭圆方程。当大气处于动力不稳定时，$P>0$，方程为双曲型方程。事实上，双曲型方程的求解问题对于一般讨论锋生、锋消是无关紧要的因为摩擦和非绝热作用会使得动力不稳定大气回复到中性稳定状态。所以动力不稳定不是大气持久的特征。

由于所讨论的是一个椭圆型方程，当强迫项 Q 为正($Q>0$) 时，Ψ 有最小值，当右边强迫项 Q 为负($Q<0$) 时，Ψ 有最大值。Ψ 的最小值和最大值分别对应于正环流(热力直接环流) 和反环流(热力间接环流)。

由方程(3.37)可见，强迫锋面次级环流的因子有：(1)地转流场；(2)沿锋非地转运动；(3)非绝热加热。

3.4 高空急流附近的次级环流

在高空急流出口处有一个左侧上升、右侧下沉的横向次级环流，在入口处有一个右侧上升、左侧下沉的横向次级环流。这种次级环流的形成可以用下列无摩擦条件下的动能方程来解释

$$\frac{\mathrm{d}K}{\mathrm{d}t}=-\mathbf{V}\cdot\nabla\Phi \tag{3.43}$$

其中 $K=\frac{1}{2}(u^2+v^2)$ 为单位质量的空气动能，Φ 为位势。$\frac{\mathrm{d}K}{\mathrm{d}t}=-\mathbf{V}\cdot\nabla\Phi>0$，表示 $\mathbf{V}$ 偏向低压，即有指向低压一侧的非地转风分量。在直线西风急流中由于在急流入口区，空气质点沿流线方向加速，因此有偏南风非地转风，同时由于空气质点在急流轴附近动能增量最大，因此偏南向非地转风也最大，所以在高空急流入口区，急流轴右侧辐散，左侧辐合，因此在 $y—z$ 垂直平面上形成正环流。在出口区正相反，空气质点沿流线方向减速，因此产生偏北的非地转风分量。所以急流轴左侧辐散，右侧辐合。在 $y—z$ 垂直平面上形成反环流，即北侧上升，南侧下沉，由于西风急流左侧为冷空气，右侧为暖空气，因而在入口区为横向的直接热力环流，它使大气有效位能转变成动能，因而空气向急流中心加速。而在出口区有间接热力环流，它使动能转化为有效位能，使空气产生减速。

高空急流通常与高空锋区相联系。在急流入口区，由于 $\frac{\partial u_g}{\partial x}>0$，$\frac{\partial \theta}{\partial y}<0$，$\frac{\partial u_g}{\partial x}\frac{\partial \theta}{\partial y}<0$，所以地转拉伸形变强迫产生直接热力环流(冷侧下沉，暖侧上升)，而在出口区相反，$\frac{\partial u_g}{\partial x}\frac{\partial \theta}{\partial y}>0$，因此产生间接热力环流(冷侧上升，暖侧下沉。因此从锋生次级环流理论也可以解释急流附近的次级环流。

3.5 高低空急流的耦合

低空急流可分为大尺度低空急流、与扰动相联系的低空急流以及边界层急流三类。第一类是与对流层低层的行星尺度系统相联系的基本气流，例如东亚大陆夏季盛行的西南风急流就属此类，它是与季风相联系并随季节而移动的。边界层急流发生在大气边界层内，其特点是垂直切变强，但水平切变弱，而且有明显日变化。与扰动相联系的低空急流就是一般常说的低空急流。其中心高度在 850～700 hPa 附近。维持时间较长，日变化较小，它的形成与天气系统的发展相联系，Browning 等定义的暖输送带就属于这一类低空急流。

低空急流有很强的非地转性。它的形成有多种原因，近年来发现高低空急流经常是耦合出现的。

Uccellini 和 Johnson(1979)解释了高低空急流耦合的原因。如前所说，在急流入口处高空急流的高压侧辐散，导致低层降压 $\frac{\partial p}{\partial t}<0$，低压侧辐合，导致低层增压($\frac{\partial p}{\partial t}>0$)，由此引起低层地转风变化 $\frac{\partial \mathbf{V}_g}{\partial t}$ 与 $\mathbf{V}_g$ 方向相反。根据准地转假定的非地转风方程

$$\mathbf{V}_a=\frac{1}{f}\boldsymbol{k}\times\left(\frac{\partial \mathbf{V}_g}{\partial t}+\mathbf{V}_g\cdot\nabla\mathbf{V}_g\right) \tag{3.44}$$

在高空急流入口区低层，由 $\frac{\partial \mathbf{V}_g}{\partial t}$ 产生指向高空急流反气旋(高压)侧的横向风分量 $\mathbf{V}_a$。同理，在出口处，低层地转风变化 $\frac{\partial \mathbf{V}_g}{\partial t}$ 方向与地转风方向一致，因而由 $\frac{\partial \mathbf{V}_g}{\partial t}$ 产生指向高空急流低压侧的横向分量 $\mathbf{V}_a$。由于低层的 $\mathbf{V}_a$ 主要由变压梯度所引起，因此实际上是变压风。在高空急流中心出口区，低层的地转风在由高压指向低压的变压风的作用下，实测风将偏向低压一侧，这是 $\frac{\mathrm{d}K}{\mathrm{d}t}=-\mathbf{V}\cdot\nabla\Phi>0$ 的情况，低层空气动能增大使得低空急流形成。

高空急流中心的入口区和出口区都可以有高、低空急流的耦合，但耦合方式不同。在出口区，低空急流轴与高空急流轴相交；而在入口区，低空急流轴与高空急流轴相平行。出口区的低空急流是高空急流中心附近间接热力环流的组成部分，而入口区的低空急流则与高空急流分别在两个独立的次级环流中，但两个次级环流的上升支重合在一起，与低空急流相联系的次级环流的上升支都位于低空急流左侧，这是有利于强对流和暴雨发生的部位。

第 4 章　位涡理论及应用

自 20 世纪 80 年代前后以来，关于位涡的理论和应用的研究蓬勃发展。位涡理论被广泛地应用于天气分析预报和研究工作中。本章主要对位涡理论的一些要点，包括位涡的定义、特性、分析方法、位涡思想、位涡反演、湿位涡以及位涡理论的发展和应用等作一简要介绍。

4.1　位涡的概念

位涡是“位势涡度(potential vorticity)”的简称，通常写为 PV。早在 20 世纪 40 年代初，Rossby(1940)就提出了位涡的概念，他指出，在正压条件下，绝对涡度的垂直分量 ζ_a 与气柱的高度 h 之比值为一常数，即

$$\zeta_a / h = \text{常数} \tag{4.1}$$

这里，ζ_a/h 即为“位涡”最简单的表达形式，它表明位涡是一个既与大气的涡度(旋转性)有关，又与大气的位势(厚度或高度)有关的物理量。在天气学中常用 $\zeta_a/h =$ 常数，即位涡守恒的理论来解释低压(槽)上山时减弱，下山时加强的现象，这是位涡理论应用中最为人们熟悉的例子之一。

与 Rossby 同一时期，Ertel(1942)也提出了一个位涡的表达式：

$$q = \alpha \boldsymbol{\zeta}_a \cdot \nabla \theta \tag{4.2}$$

其中 θ 为位温，$\alpha(=\rho^{-1})$ 为比容，$\boldsymbol{\zeta}_a$ 为绝对涡度矢量，q 称为 Ertel 位涡，或称为广义位涡。Rossby 提出的位涡只是 Ertel 位涡的一个特例。广义位涡在绝热、无摩擦的干空气中具有严格的守恒性(即 $\mathrm{d}q/\mathrm{d}t=0$)。由(4.2)式可见，$q$ 是绝对涡度矢量与位温梯度矢量的点乘积。在静力平衡条件下，q 可以简化为绝对涡度垂直分量与静力稳定度的乘积：

$$q = (\zeta_\theta + f)\left(-g\frac{\partial \theta}{\partial p}\right) \tag{4.3}$$

其中，ζ_θ 为等熵面涡度垂直分量，f 是地转涡度的垂直分量，$\left(\dfrac{\partial \theta}{\partial p}\right)$ 为静力稳定度，g 为重力加速度。(4.3)式也可写为：

$$PV = \sigma^{-1}\zeta_{a\theta} \tag{4.4}$$

其中，

$$\sigma = -g^{-1}\partial p/\partial\theta > 0 \tag{4.5}$$

$$\zeta_{a\theta} = f + \zeta_{\theta} \tag{4.6}$$

σ为在$xy\theta$空间中的气块密度，θ为位温，g为重力加速度，$\zeta_{a\theta}$为等熵绝对涡度，在等熵面上的位涡称为等熵位涡(IPV)。

对于典型的中纬度天气尺度系统，$\zeta < f$，因此，(4.3)式可简化为：

$$q \approx -gf\frac{\partial\theta}{\partial p} \tag{4.7}$$

同时，$\partial\theta/\partial p \approx -10\ \mathrm{K}/100\ \mathrm{hPa}$。在北半球，$f>0$，因此通常$q$为正值，而且可以由下式估算其数量级：

$$\begin{aligned} q &= -(10\ \mathrm{m/s^2})(10^{-4}/\mathrm{s})\left[-\frac{10\ \mathrm{K}}{10\ \mathrm{kPa}}\right]\frac{1\ \mathrm{kPa}}{10^3\ \mathrm{kg\cdot m/(s^2\cdot m^2)}} \\ &= 10^{-6}\,\mathrm{m^2\cdot K\cdot s^{-1}\cdot kg^{-1}} = 1\ \mathrm{PVU} \end{aligned} \tag{4.8}$$

PVU 为“位涡单位”。

由(4.7)可见，位涡大小与f和$\left(\frac{\partial\theta}{\partial p}\right)$的大小成比例，而后二者又与纬度和高度相关，因此位涡的分布一般呈现由低纬向高纬和由低层向高层增大的现象。在对流层中位涡一般小于1.5 PVU，在对流层顶附近位涡突然增大至4 PVU，在平流层中位涡随高度迅速增大，通常称为“高位涡库”；在对流层低层赤道附近位涡近于0 PVU，中纬地区约0.3 PVU，在对流层高层中纬度地区位涡典型值为1.0 PVU。PV=2 PVU 的等值线通常代表来自低纬地区对流层的低位涡大气与来自高纬地区对流层高层及平流层的高位涡大气之间的边界。在副热带急流以北地区，PV=2 PVU的等位涡面接近于实际大气的对流层顶，一般称之为“动力对流层顶”。

4.2 位涡的守恒性

如上所说，位涡是绝对涡度与位温梯度的乘积。其中，位温是一个描述空气的热力状态的物理量，而涡度则是一个描述大气旋转性(包括旋转方向和强度)的物理量，因而位涡便是一个既包含热力因子又包含动力因子的综合的物理量。

涡度是一个三维矢量，通常主要关心其垂直分量。当大气运动是非地转的，即有辐合或辐散时，绝对涡度不是一个守恒量。由涡度方程可知，当有辐合时，涡度增大，辐散时，涡度减小。而且由大气连续方程可知，水平散度又是与垂直运动相联系的。

一个垂直气柱若保持质量不变，则当其水平方向收缩时，垂直方向便拉长；相反，当其水平方向扩大时，垂直方向便缩短。假设地面的垂直速度 $w_0 = 0$，则当对流层低层有水平辐合时，便有垂直上升运动产生；而当有水平辐散时，则有垂直下沉运动。所以当一个作气旋性旋转的气柱收缩（辐合）时，气柱拉长，涡度增大，旋转加快。绝对涡度包括相对涡度和地转涡度两部分，而对局地而言，地转涡度 f 为常数，所以绝对涡度增大也就是相对涡度增大；相反，当气柱扩大（辐散）时，气柱缩短，涡度减小，旋转变慢，局地相对涡度减小，或反气旋涡度增大。

由上分析可见，涡度大小与气柱长短成正比的关系，即气柱拉长时涡度增大，气柱缩短时涡度变小（图 4.1），涡度的垂直分量与气柱的高度之比值保持常数。而涡度大小与气柱长短两者的比值，就是 Rossby 所定义的位涡，说明它是一个守恒量。

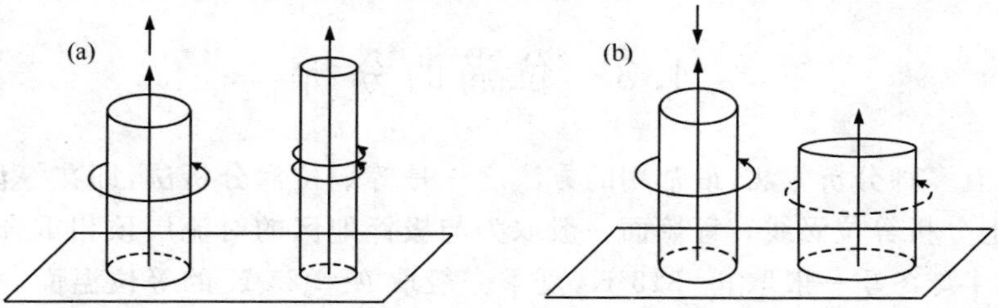

图 4.1　(a)对流层辐合上升、气柱拉长导致涡度增大；(b)对流层辐散下沉、气柱缩短导致涡度减小（Hoskins，1997）

现在再来看一个旋转的小气柱（涡柱）作等熵运动时涡度变化的情况。假定有一个旋转的小气柱，如图 4.2 所示，其底面位于位温为 θ 的等位温面上，顶面位于位温为 $\theta+\Delta\theta$ 的等位温面上，小气柱的上下界面之间的位温差为 $\Delta\theta$，气柱的厚度为 h。设小气柱在两个等位温面之间干绝热地作下降运动，并保持其质量不变，由于 $\Delta\theta$ 保持常数，则如果气柱厚度增大，θ 的垂直梯度便减小。另一方面，由于气柱拉长，产生上升运动，使水平辐合加大，气柱收缩，涡度增大，旋转加快。在这种变化过程中，随着气柱下降，气柱不断拉长，静力稳定度变得愈来愈小，但是涡度却变得愈来愈大，因而涡度垂直分量与静力稳定度两者的乘积，也就是由公式(4.3)所定义的小气柱的位涡 $q=(\zeta_\theta+f)\left(-g\dfrac{\partial\theta}{\partial p}\right)$，则始终是保持不变的，同样说明位涡的守恒性。由于在上面的讨论中设定 $\Delta\theta$ 为常数，所以在这种情况下，公式(4.3)中的 $(\zeta_\theta+f)\left(-g\dfrac{\partial\theta}{\partial p}\right)$ 与公式(4.1)中 ζ_a/h 两者是基本一致的，由此可见，正如前面所说，Rossby 提出的位涡只是 Ertel 位涡的一个特例。

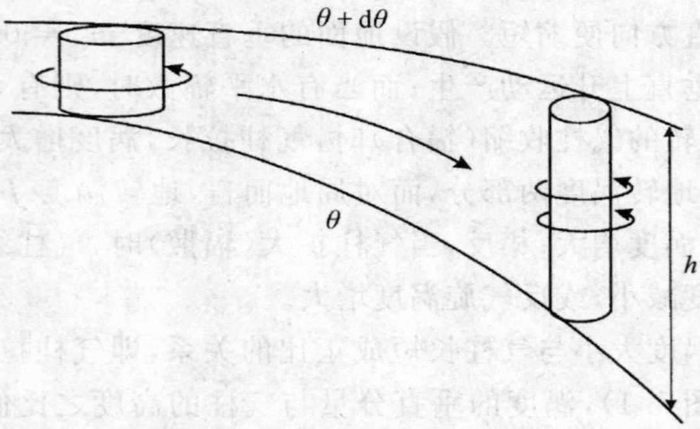

图 4.2 在涡柱沿着两个等熵面作绝热下沉运动时位涡守恒(Hoskins,1985)

4.3 位涡的分析

位涡有多种分析方法,最常用的方法之一是等熵位涡分析法,即在等位温面(即等熵面)上分析等位涡线。等熵面一般取为与极锋地区的对流层顶相重合的等位温面。在北半球冬季一般取 $\theta=315$ K,夏季一般取 $\theta=325$ K 的等位温面。由于如上所说,位涡具有守恒性,即在绝热、无摩擦条件下,运动大气的位涡保持不变。因此它是一个很好的示踪器。可以通过追踪位涡异常区(即位涡高值或低值区)来追踪大气扰动的演变情况。图 4.3 给出了一个例子,它显示了在 1982 年 9 月 20—25 日在 300 K等熵面图上,40°N—北极,120°W—0°,以 60°W 为中心经度的区域内等熵位涡高值区从西北向东南伸展并断裂的过程。通过 IPV 高值区的演变图的分析,我们可以很清楚地看到一个具有高 IPV 值的空气团的时空变化过程。

4.4 位涡思想

位涡具有两个重要特性,除了上面所说的守恒性以外,还具有可反演性。所谓"可反演性",即在给定位涡分布和边界条件,并假定运动是平衡(如地转风平衡、热成风平衡、梯度风平衡等)的情况下,可以反演出同一时刻的风、温度、位势高度等物理量的分布来。Hoskins 等(1985)利用位涡守恒性和可反演性的原理,通过等熵位涡分析很好地解释了准平衡运动的动力学特征,清楚地显示了高空位涡异常和低层位温异常所对应的高低空系统的结构特征和演变趋势。这种分析理论和方法称为位涡思想(PV thinking)。

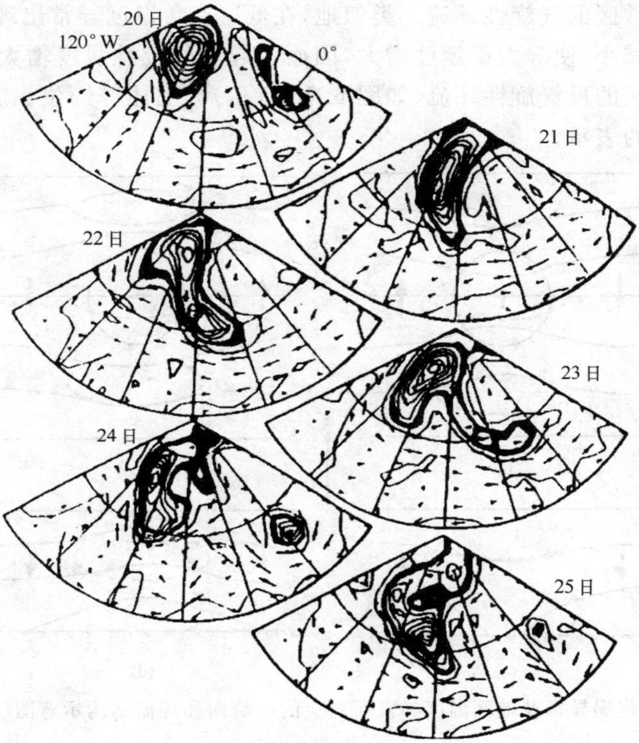

图 4.3　1982 年 9 月 20—25 日在 300 K 等熵面图上，40°N—北极，120°W—0°，以 60°W 为中心经度的区域内 IPV 高值区的演变图。等值线间隔为 0.5 PVU，涂黑区表示 IPV 值为 1.5～2.0 PVU 的地区，箭头表示该等熵面上的风矢量（Hoskins，1985）

图 4.4 为理想的高空正、负位涡异常区和低层正、负位温异常区所对应的高低空系统的结构特征的示意图。图 4.4a 表示在高空有正位涡异常区的情况下，由于在正位涡异常区内位涡比周围高，即是一个涡度和静力稳定度大值区，因此在正位涡异常区内等位温面向正位涡异常中心收拢，造成与在正位涡异常中心的上方和下方相邻的等熵面之间的距离拉大，致使那里的静力稳定度减小。由于位涡守恒性的作用，使气旋性涡度增大，结果便出现围绕正位涡异常区的气旋性环流。图 4.4b 表示在高空有负位涡异常区的情况下，与上述情况相反，由于在负位涡异常区内位涡比周围低，即为一个涡度和静力稳定度小值区，因此在负位涡异常区内等位温面向负位涡异常中心分开，造成与在负位涡异常中心的上方和下方相邻的等熵面之间的距离缩短，致使那里的静力稳定度增大，气旋性涡度减小，反气旋性增大，结果便出现围绕负位涡异常区的反气旋性环流。图 4.4c 表示在位涡均匀分布的低层有正温度异常出现的情况下，各等熵面间的间隔加大，使静力稳定度减小，因而气旋性涡度增大，结果便出

现围绕正温度异常区的气旋性环流。类似地，在低层有负温度异常出现的情况下，各等熵面间的间隔减小，使静力稳定度增大，因而引起反气旋性涡度增大，结果便出现围绕负温度异常区的反气旋性环流（如图 6.4d 所示）。上述等熵位涡思想也可通过图 4.5 得到清楚的表示。

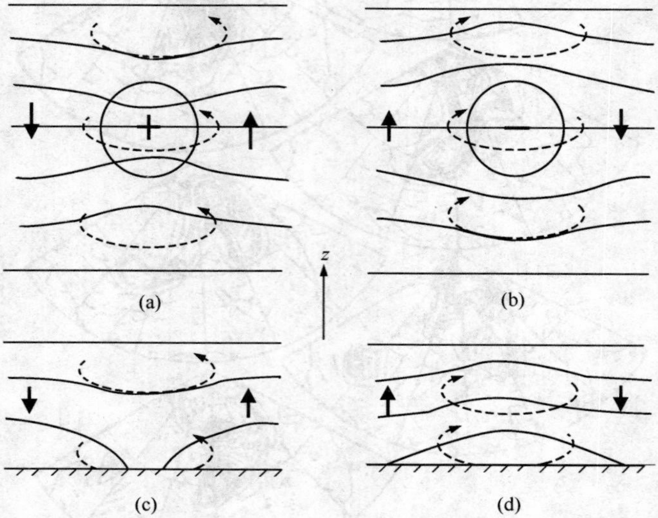

图 4.4　高空正、负位涡异常及地面温度异常所对应的等熵面和环流结构示意图（Hoskins，1997）

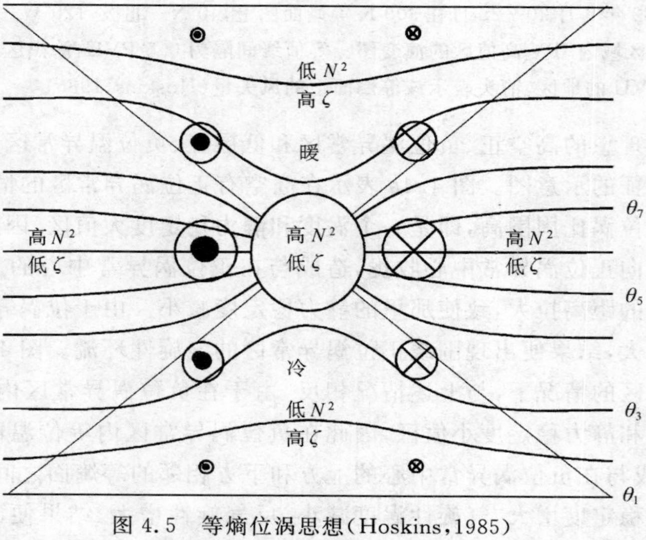

图 4.5　等熵位涡思想（Hoskins，1985）

⊙表示流出，⊗表示流入；高 N^2 表示大的静力稳定度（浮力频率）；低 ζ 表示小的涡度；θ 为位温，下标大小表示位温高低。

上述等熵位涡思想包含下列要点:(1)用涡度观点,我们通常将大气结构看成是由移动性的高空槽、脊叠加在地面气旋、反气旋之上所组成的。而用位涡思想则将大气结构看成是由高空位涡异常和低层位温异常相叠加而组成的;(2)围绕高空正、负位涡异常区,分别有气旋性和反气旋性环流出现;而近地面层的正、负温度异常区,也分别有气旋性和反气旋性环流相对应。上下层位涡和温度异常所诱生的风场之和便构成了总风场;(3)在绝热、无摩擦假定下等熵面上位涡平流引起位涡的局地变化;(4)位涡和温度异常所诱生的风场改变了等熵位涡的分布;(5)等熵位涡的分布又与新诱生的风场相联系。位涡和温度异常与诱生的风场的连续相互作用,造成"自我发展"(self development)过程,这种过程将一直延续到高低层异常区的轴线在同一垂直线上为止。

利用等熵位涡思想可以很好地解释地面气旋的发展过程。如图 4.6 所示,当高空有一正位涡异常区(与对流层顶下降相对应)东移叠加在低空原先存在的地面锋区上空时,在正位涡异常区可诱生出一个气旋性环流并向下伸展,(其垂直伸展的尺度 H_R 称为 Rossby 穿透高度,$H_R = f\dfrac{L}{N}$,其中 f, L, N 分别为地转参数、水平尺度和浮力频率)。气旋性环流与低层锋区作用造成冷暖平流。暖平流引起低空正位温异常,从而在原来的低空气旋性环流的前方诱生出附加的气旋性环流,它又使高层的气旋性环流加强,而高层的气旋性环流又促使低空的气旋性环流和温度平流加强,结果便造成地面气旋的发展。这种正反馈过程将一直延续至上下层的两个异常区的轴线在同一垂直线上时才会终止。

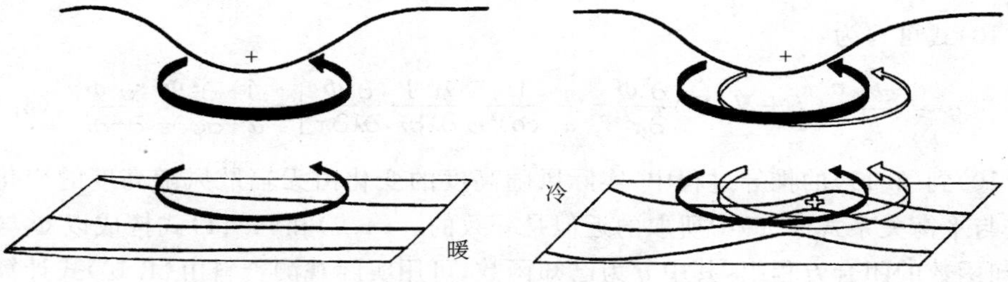

图 4.6　高空正位涡异常叠加在低空锋区之上所引起的的气旋发生发展的过程示意图(Hoskins 等,1985)(高空正位涡异常区用+号及下降的对流层顶表示;地面显示的是等位温线,箭头线表示环流)

4.5 位涡反演

如前所述,位涡具有守恒性和可反演性两个基本特性。根据位涡的可反演性,便可由给定位涡的分布及其变化,反演诊断出风、温度、位势高度等要素的分布及其变化。位涡反演理论最早由 Kleinschmidt(1955)在 20 世纪 50 年代时提出,然而他的观点太超前于当时的理论发展,而被人们忽视。后来 Hoskins(1985)再次提出位涡反演理论,位涡的反演才受到重视。下面是位涡反演理论的简介,这里仅给必要的三个方程:

在球坐标中大尺度运动平衡方程可写为:

$$\nabla^2\Phi = \nabla\cdot(f\nabla\Psi)+\frac{2}{a^4\cos^2\varphi}\frac{\partial(\partial\Psi/\partial\lambda,\partial\Psi/\partial\varphi)}{\partial(\lambda,\varphi)} \tag{4.9}$$

其中,Φ 为等压面位势,Ψ 为根据大尺度运动的准水平无辐散性而引入的流函数,λ,φ 为经纬度,其他符号为常用符号。对于大尺度运动,Ertel 位涡 q 在球坐标中可近似写为:

$$q=-\frac{gk\pi}{p}\left(\eta\frac{\partial\theta}{\partial\pi}-\frac{1}{a\cos\theta}\frac{\partial v}{\partial\pi}\frac{\partial\theta}{\partial\lambda}+\frac{1}{a}\frac{\partial u}{\partial\pi}\frac{\partial\theta}{\partial\varphi}\right) \tag{4.10}$$

η 为绝对涡度的铅直分量,$k=R_d/c_p$,$\pi=c_p(p/p_0)^k$ 为 Exner 函数,这里作为铅直坐标。取静力平衡近似与无辐散近似,即

$$\theta=-\frac{\partial\Phi}{\partial\pi},\ u=-\frac{\partial\Psi}{\partial y},\ v=-\frac{\partial\Psi}{\partial x}$$

则(4.10)式可写为:

$$q=\frac{gk\pi}{p}\left[(f+\nabla^2\Psi)\frac{\partial^2\Phi}{\partial\pi^2}-\frac{1}{a^2\cos^2\varphi}\frac{\partial^2\Psi}{\partial\lambda\partial\pi}\frac{\partial^2\Phi}{\partial\lambda\partial\pi}\right]-\frac{1}{a^2}\frac{\partial^2\Psi}{\partial\varphi\partial\pi}\frac{\partial^2\Phi}{\partial\varphi\partial\pi} \tag{4.11}$$

从(4.10)到(4.11)的推导过程中,实际风随高度的变化由无辐散风随高度的变化代替,这与平衡关系式(4.9)中所取的近似是一致的。(4.9)和(4.11)式构成以 Φ 与 Ψ 为未知函数的闭合方程组,其中 q 为已知函数,可用实际观测资料由(4.10)式计算得到,即已知位涡 q,求解诊断方程组(4.9)和(4.11),可得到位势 Φ 与流函数 Ψ,进而得到满足平衡关系的位势场和风场。从以上讨论可知,给定风、压、温度场,即可由(4.10)式计算出位涡,反过来若已知位涡分布,可通过(4.9)、(4.11)求解出风、压、温度场,这就是位涡反演诊断。

位涡反演原理的独到之处在于,它能定量诊断出与反映各种动力学过程的 PV 扰动相联系的位势扰动、温度扰动和风场扰动,通过分析这些扰动的强度及其相互作

用,不仅能诊断出决定系统发展的主要动力因子,而且能有效地揭示出系统发展演变的物理机制。

4.6 关于位涡及其反演的进一步研究

最近二三十年来,位涡的理论不断地得到发展,研究了位涡及其守恒性的不同的近似方法和简化模式,以及很多位涡反演理论和方法,这里仅作十分简要的介绍。

由于大气运动的复杂性,人们常常对其进行近似和简化,因而提出了不少近似方法和简化模式,如浅水模式、准地转模式、半地转模式等。在不同近似条件下位涡及其守恒性的表达式也有所不同,甚至单位也不尽一致。下面将常用模式作一简要介绍。

4.6.1 浅水模式

对于自由面高度为 h 的浅水模式,并考虑地形高度 η_b 的影响,位涡可表示为:

$$\Pi = (f + \boldsymbol{k} \cdot \nabla_h \times \boldsymbol{V}_2)/(h - \eta_b) \tag{4.12}$$

这里 ∇_h 为水平梯度算子,f 为科氏参数,$\boldsymbol{k}$ 为垂直方向上单位矢量,$\boldsymbol{V}_2$ 为二维风矢量。

位涡 Π 的守恒性表示为

$$\mathrm{D}\Pi/\mathrm{D}t = 0 \tag{4.13}$$

其中 $\mathrm{D}/\mathrm{D}t = \partial/\partial t + \boldsymbol{V}_2 \cdot \nabla_h$

Egger (1989)证明了仅从浅水模式位涡 Π 反演不出流场,必须附加另外的平衡条件;除一般准地转平衡外还要用水平风场中旋转风部分代替真实风场。引入旋转风流函数 Ψ,平衡方程可表示为:

$$g\nabla_h^2 h = \nabla_h \cdot (f\nabla_h \Psi) + 2(\Psi_{xx}\Psi_{yy} - \Psi_{xy}^2) \tag{4.14}$$

4.6.2 准地转模式

垂直方向选取气压对数坐标 z,并引入流函数 Ψ,准地转模式的位涡 q_g 可表示为:

$$q_g = f + \Psi_{xx} + \Psi_{yy} + \rho_0^{-1}\frac{\partial}{\partial z}\left[\frac{\rho_0 f_0^2}{N^2}\frac{\partial}{\partial z}\Psi\right] \tag{4.15}$$

这里 ρ_0,f_0,N 分别为参考状态大气的密度、科氏参数和浮力频率。位涡 q_g 的守恒性可表示为:

$$D_g q_g = 0 \tag{4.16}$$

其中，$D_g = \frac{\partial}{\partial t} + \boldsymbol{V}_g \cdot \boldsymbol{\nabla}_h$，$\boldsymbol{V}_g = (-\Psi_y, \Psi_x)$ 为地转风。值得注意的是:准地转模式位涡守恒公式中平流风场为二维地转风场，而非三维风场，因此人们习惯称准地转模式位涡为“伪位涡”(PPV)。

4.6.3 半地转模式

引入坐标变换$(X, Y, Z) = (x + vg/f,\ y - ug/f,\ z)$，则半地转模式的位涡为:

$$\boldsymbol{P}_h = \rho_s^{-1} \boldsymbol{\zeta}_a \partial\theta / \partial z \tag{4.17}$$

其中，ρ_s 为中性层结密度，位涡 $\boldsymbol{P}_h$ 的守恒的表达式为:

$$\left(\frac{\partial}{\partial t} + u_g \frac{\partial}{\partial x} + v_g \frac{\partial}{\partial y} + w \frac{\partial}{\partial z}\right) \boldsymbol{P}_h = 0 \tag{4.18}$$

4.6.4 流体静力原始方程模式

在流体静力平衡近似条件下，原始方程的位涡为

$$P = \rho^{-1} \boldsymbol{\zeta}_a \cdot \boldsymbol{\nabla}\theta, \tag{4.19}$$

这里 $\boldsymbol{\zeta}_a = f\boldsymbol{k} + \boldsymbol{\nabla} \times \boldsymbol{V}_2$。守恒性可表示为

$$DP/Dt = 0, \tag{4.20}$$

其中，$D/Dt = \partial/\partial t + \boldsymbol{V} \cdot \boldsymbol{\nabla}$。从上两式可以看出：绝对涡度 $\boldsymbol{\zeta}_a$ 是由二维水平风场定义的，而位涡的平流风场则是完整的三维风场。

若选取位温 θ 作为垂直坐标，则位涡及其守性表达式将大为简化:

$$P = -g(f + \boldsymbol{k} \cdot \boldsymbol{\nabla} \times \boldsymbol{V}_2) \partial\theta / \partial p \tag{4.21}$$

$$DP = 0, \tag{4.22}$$

这里$\boldsymbol{\nabla}$为 $xy\theta$ 空间的三维梯度算子，$D = \partial/\partial t + \boldsymbol{V}_2 \cdot \boldsymbol{\nabla}_2$。若把大气按 θ 不同分层，可以绘制不同 θ 层上的 PV 图(即 PV-θ 图或 IPV 图)。IPV 图有许多优点：(1)绝热、无摩擦时，PV 守恒可以作为“示踪物”来表示大气在不同时刻的运动轨迹，而位势高度场则不具有此优点；(2)一些大气现象及其过程很容易在 IPV 图上反映出来，如切断低压的演化过程。根据等熵面是否与对流层层顶相交，可把大气分为上、中、下三层，并用 PV-θ 图的观点考查中、下层大气环流。

4.6.5 非流体静力模式

Ertel(1942)用 θ 点乘绝对涡度方程消除斜压项，导出非流体静力平衡条件下位

涡所满足的方程，现在一般称其为 Ertel 位涡：

$$P_e = \rho^{-1}\boldsymbol{\zeta}_a \cdot \nabla\theta = \rho^{-1}(2\boldsymbol{\Omega} + \nabla\times\mathbf{V}) \cdot \nabla\theta \tag{4.23}$$

对绝热、无摩擦流动，Ertel 位涡守恒：

$$\left(\frac{\partial}{\partial t} + \mathbf{V}\cdot\nabla\right)P_e = 0 \tag{4.24}$$

Hoskins 等(1985)提出位涡反演理论后一个重要进展是 Haynes 等(1990)提出了“位涡物质(PV substance)”概念，位涡 P_e 表示“位涡物质”与空气的“混合比”，并且等熵面相当于半透明膜，一般空气物质可以自由通过等熵面，而“位涡物质”不能穿过等熵面，只能在各层等熵面内作准二维运动。另一个重要特性是“位涡物质”的守恒性，除非等熵面与边界面(如地面)相交，“位涡物质”像电荷一样不会自我毁灭，但可以被稀释或浓缩。以上两结论是在非流体静力、非绝热、甚至有摩擦存在的情况下导出的，具有广泛的适用性。例如，无论什么原因引起大气局部加热或冷却的热动力响应，用“位涡物质”的性质可以直观、形象地得到解释。

以上介绍了五种模式的位涡及其守恒表达式，除 Ertel 位涡外，其余四种模式位涡在垂直方向上都引入了流体静力平衡，所以在位涡反演时不需要再增加垂直方向上的平衡条件。准地转模式和半地转模式实际上已隐含水平方向上的平衡，所以对这两种模式的位涡反演不用附加平衡条件，只不过准地转位涡的反演方程为线性，而半地转位涡的反演方程为非线性。剩余三种模式的位涡反演必需附加水平方向上的平衡条件。不同模式的位涡适用范围与该模式原有的适用范围是一致的。例如，准地转模式的位涡主要用于小 Rossby 数运动，而对于像锋面和对流层顶大幅度变形或折迭等水平方向非均匀问题用半地转位涡比较合适。Ertel 位涡完全没有尺度限制，适用于任何流动。

上面介绍了位涡及其守恒性的模式，下面再来进一步地讨论位涡反演的理论和方法。

选取好模式大气及相应的平衡条件，就可以导出反演方程。根据位涡分布，并结合边界条件和参考状态就能求出相应的风场、压力场和温度场。反演理论及方法有多种，以下是几类常用的方法。

(1)具有圆形轴对称结构的孤立位涡反演

在理论研究中具有重要意义的一类反演问题是考查在层结稳定的参考大气中孤立位涡异常区(正或负)所具有的动力学特性。假设位涡异常区具有圆形轴对称结构，由于反演算子为光滑的拉普拉斯算子，可以假定流场也具有圆形轴对称结构。若选取柱坐标，速度只有沿切线方向，问题精确满足梯度风平衡。对位涡的选取，可根据具体问题选取不同近似条件下的位涡，如浅水模式、原始方程模式等。Kleischmidt 等(1951—1955)用流体静力原始方程模式位涡反演该问题得出如下的结论：

(i)高位涡区引起正环流,低位涡区引起负环流;

(ii)激发的流场向位涡异常区上、下扩展,扩展尺度由 Rossby 高度决定;

(iii)高位涡区内静力稳定度、绝对涡度都较大,低位涡区则相反;

(iv)高位涡区的上、下方静力稳定度都减小,低位涡区则相反。

(v)向前移动的高位涡对它下层大气像个“吸尘器”,吸进前缘处空气向上运动,并向后缘挤压产生下沉运动。

(2) 准地转位涡 q_g 的反演

准地转模式在大气科学理论研究和数值预报中占有非常重要的地位,所以准地转位涡的反演显得非常重要。通过引入地转流函数 Ψ,可以导出 Ψ 和 q_g 之间满足的方程:

$$\mathcal{L}_g \Psi = q_g f \tag{4.25}$$

这里$\mathcal{L}_g$ 为线性、椭圆算子。由于反演方程为线性的,准地转位涡 q_g 的反演在数学上较为简单(如线性叠加原理成立)便于理论研究。虽然准地转理论只是近似理论,但在很多情况下能对小 Rossby 数运动提供较为准确的解释。

(3)分段位涡反演 (piecewise PV inversion－PPVI)

大气运动是包含各种尺度的、非常复杂的非线性过程。分段位涡反演方法是一种具有丰富动力学内涵的诊断方法。它通过把复杂的现象“分解”成各种相对简单的现象,以便于研究天气现象间内在的“因—果”关系。

分段位涡反演方法的具体做法是,首先将整个位涡场人为地分成个别位涡异常区和周围环境场,然后逐个地反演位涡异常区,分析其对整个流场的贡献以及它们之间的相互作用。换句话说,若某一天气现象发生时会出现多个位涡异常,采用分段反演方法就能诊断出哪些位涡异常是产生该现象的主要原因,从而推断出该现象可能的动力学机制。

为了清楚起见,我们再稍为具体地描述一下分段位涡反演(PPVI)技术。设通过观测,已知在一个区域 D(如图 6.7 所示)中的流函数为 $\Psi_{ob}(x,y,z)$,相应的位涡为 q_{ob} 以及 q_{ob} 的异常为 q'_{ob}。假定在区域 D 中包含 D_1 和 D_2 两个区域,$D=D_1+D_2$。其中 D_2 区中的位涡扰动 $q'=0$,而 D_1 区中的位涡扰动 $q'=q'_{ob}$。D_2 区和 D_1 区的分界线为 S,在 S 线上 q'是不不连续的。然后通过反演 q 场,就可以获得流函数 $\Psi(x,y,z)$。例如,假定在 D_1 中有正的 PV 异常 Z_1,就可以通过 PPVI 来估计在 D_2 中引起的风,以及与这种风造成的在 D_2 中的 PV 异常 A_2。假定在区域 D 中包含多个位涡异常区,然后逐个地进行反演,这就是所谓的分段反演。根据位涡方程可知,有很多因子可能引起位涡非守恒过程,从而分别引起位涡异常,借助分段反演方法可以诊断出每种因子各自对风、压场变化的贡献,从而有助于理解天气系统演变的原因和本质。

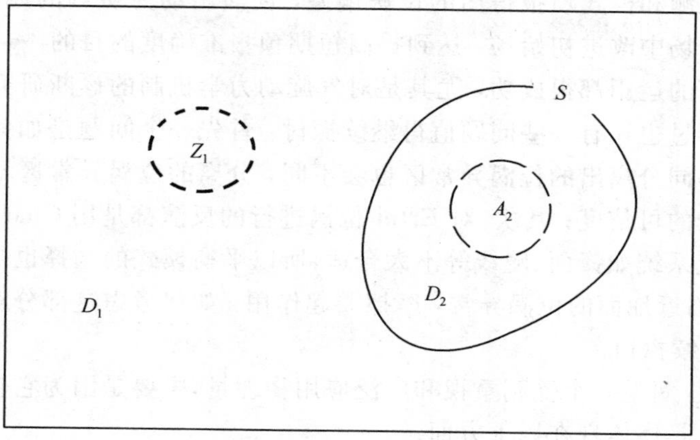

图 4.7　分段位涡反演示意图(Egger,2008)

但这里存在一个问题,即分段位涡反演的流场之和不一定等于整体反演的流场。用数学语言描述:若反演方程是线性微分方程(如准地转近似时),叠加原理成立,分部反演的流场之和等于整体反演的流场;若为非线性方程,不一定能保证分段反演的流场之和与整体反演的相等。因此除线性反演问题外,一般情形下不能称为精确的分段位涡反演。针对 Charney 平衡和流体静力平衡条件下 Ertel 位涡的非线性反演方程,Davis(1992)提出了四种分段反演方法:完整线性(FL)、截断线性(TL)、扣除法(ST)以及叠加法(AM),其中前两种方法属线性反演,后两种属非线性反演。非线性分部反演的缺点是分部反演解之和不等于整体位涡反演,但保留了反演方程中具有重要意义的非线性项。完整线性反演并不是准地转意义下严格地线性反演,这里"完整线性"指保留方程中所有项,把非线性项分散到线性项中,保证分部反演之和等于整体位涡反演,但是如何分配非线性项没有统一标准。截断线性反演则完全放弃方程中非线性项,因此分段反演之和一般不等于整体反演。

回顾历史,位涡反演理论的运用大致可以分成两个阶段:第一阶段始于 20 世纪 80 年代初,Hoskins 等(1985)提出了绝热无摩擦大气有沿等熵面做二维运动的趋势以及位涡所蕴藏的丰富动力学内涵(即位涡反演原理),因而等熵面位涡图是研究大气动力学过程一个非常有用的工具。运用上述理论,对切断低压、阻塞高压的空间结构、起源及维持,Rossby 波的传播,斜压、正压不稳定机制等给出明晰的物理图像和解释。第二阶段始于 90 年代初,Davis(1992)提出了分段位涡反演方法。利用位涡守恒性可以分离出主要由非守恒过程引起的位涡异常,借助分部反演方法可以诊断出各自对风、压场的贡献,从而推断出某些现象产生的原因和本质特征。这方面的研究工作主要用准地转位涡和 Ertel 位涡并且集中在以下两个领域:第一,利用观测资料和理论模型对气旋生成和锋面内次级环流等动力学机制进行定量化诊断研究；第二，利用观测和模式预报得出的位涡偏差，反演出动力协调的风、压、温度场，叠加到原来初始场中改进初始场，达到提高短期预报准确度的目的。

以上两方面的运用都很成功，尤其是对气旋动力学机制的诊断研究方面取的进展更为显著。不过也还有一些问题值得继续探讨：首先一个问题是如何定义位涡平均态？平均态不同分离出的位涡异常区也会不同，分离的位涡异常区不唯一将降低动力学诊断结论的可信度；其次，对 Ertel 位涡进行的反演都是用 Charney 平衡，但对于中尺度对流系统如锋面、飑线等不太合适，所以平衡模式的选择也是一个重要问题；第三，对于临近地面的位涡异常，摩擦要起作用，如何考虑这部分对位涡反演的影响？也值得继续探讨。

总的来说，位涡是一个受到重视和广泛应用物理量，主要是因为它包含许多深刻的动力学内涵。具体体现在以下方面：

(i)对于绝热无摩擦的大气运动位涡守恒，可以用等熵面上位涡演变表征复杂的非线性平流过程，并且具有准水平、准二维的优点。

(ii)反演方程为不包括压力项的椭圆型方程，而压力的非局地动力作用是通过反演方程必须在适当边界条件下才能求解体现的，因此反演方程比对局地和非局地项未加区分的原始方程简单。

(iii)位涡与正压流体的涡度具有相似的动力学内涵，都可以由它们的质量分布反演出各自对应的流场。这样，气象学家可以用被广泛研究的经典空气动力学中许多理论来解释分层斜压大气中出现的现象（如旋涡和气旋，卡门涡街和山脉岛屿背风面的流动等）。

张述文和王式功(2001)对位涡反演理论做了综合评述并且指出：从理论上讲，只要能用平衡理论近似描述的过程，不论尺度大小，线性或非线性，都可以引入位涡反演来诊断流场，反演精度与该平衡理论对问题的近似度一致。有些问题可以准确地用某种平衡理论描述（如圆形位涡分布引起的圆形轴对称流动，满足梯度风平衡），反演是精确的，但绝大多数情形下流动只能近似满足平衡条件，经常被引用的平衡条件有准地转平衡和 Charney 平衡。基于准地转平衡的准地转位涡反演由于其简单线性而被广泛地采用，缺点是 Rossby 数变大时会出现较大误差，不过此时仍能提供有用的定性信息；Ertel 位涡由于其守恒性不受尺度约束而优于其他位涡，可选用高精度平衡理论来反演，如 Charney 平衡。只要满足小 Froude 数条件，即使 Rossby 数大于 1，平衡方程仍能成立。分部位涡反演理论由于能定量地研究不同区域内位涡扰动或异常间的非线性作用以及探寻某些气象现象（如气旋等）与位涡异常间可能的“因—果”关系而越来越受到重视，美中不足的是非线性分部位涡反演存在不确定性，不过 Davis 提出的四种分部反演方法在位涡异常区反演的流场差别不大。当然位涡及其反演理论也有其局限性，如对赤道 Kelvin 波就无能为力。用

Thorpe 的话，“不容置疑，许多物理过程都可以用另外一种理论体系来描述。研究工作者的目标是尽量用简单理论对一些重要现象作解释”。“位涡理论恰恰满足这方面要求，消除人们对某些现象研究的误解”。如天气不必与地面气压变化相关联。可以肯定的是位涡及其反演理论不仅继续在探讨天气系统演变和发展的研究中扮演重要的角色，而且还会对现行业务天气预报系统补充新的内容，具体表现为以下两点：

(i)扩大对气旋的诊断范围，对各类气旋的生成、发展机制以及锋面内次级环流等动力学过程进行全面研究，揭示其与不同原因导致的位涡异常(如对流层顶下降、折迭，非绝热加热、冷却，近地层位温变化等)间关联。对热带气旋研究已有作者开始引入新的平衡条件，总体感觉平衡理论的研究应进一步加强。

(ii)随着观测网的加密以及资料同化技术的提高，完全可以制作高分辨率和动态连贯的 IPV 图。利用动态 IPV 图，借助人类高度发达的视觉系统以及人工智能技术可以对天气变化做出更加准确的预测。国内有不少利用位涡诊断气旋、台风暴雨等方面的文章，但位涡反演方面的研究工作尚未开展。

4.7　湿位涡的分析

在考虑降水特别是暴雨的生成机制时，必须考虑水汽的作用，从而出现了湿位涡概念。对潮湿大气，以相当位温 θ_e 代替位温 θ，则可得湿位涡 MPV 的表达式：

$$\mathrm{MPV} = \alpha \boldsymbol{\zeta}_a \cdot \nabla \theta_e \tag{4.26}$$

同样可给出湿位涡在等压坐标和等熵坐标中的简化表达式，分别为：

$$\mathrm{MPV} = -g(f\boldsymbol{k} + \nabla_p \times \mathbf{V}) \cdot \nabla_p \theta_e = -g\zeta_p \frac{\partial \theta_e}{\partial p} - g\boldsymbol{k} \times \frac{\partial \mathbf{V}}{\partial p} \cdot \nabla_p \theta_e \tag{4.27}$$

$$\mathrm{MPV} = -g\zeta_\theta \frac{\partial \theta_e}{\partial p} \tag{4.28}$$

其中，ζ_p 和 ζ_θ 为 $\boldsymbol{\zeta}_a$ 在垂直方向的投影。如果不计非绝热加热和摩擦效应，湿位涡同样具有守恒性。湿位涡这一物理量不仅表征了大气动力、热力属性，而且考虑了水汽的作用，所以对湿位涡进行诊断，可以寻求各热力和动力及水汽条件与降水的关系，从而揭示降水发生发展的物理机制。近年来湿位涡概念得到广泛的应用。

在(4.27)式右边有两项，由此可见，湿位涡可以分解为湿正压项(MPV1)和湿斜压项(MPV2)，即：MPV＝MPV1＋MPV2。其中 $\mathrm{MPV1} = -g(\zeta + f)\frac{\partial \theta_e}{\partial p}$，表示惯性稳定性$(\zeta + f)$和对流稳定性$\left(\frac{\partial \theta_e}{\partial p}\right)$的作用。当惯性稳定$(\zeta + f > 0)$和对流稳定

$\left(\frac{\partial\theta_e}{\partial p}<0\right)$时，MPV1>0。

$\mathrm{MPV2}=g\left(\frac{\partial v}{\partial p}\frac{\partial\theta_e}{\partial x}-\frac{\partial u}{\partial p}\frac{\partial\theta_e}{\partial y}\right)$，包含了湿斜压性（$\boldsymbol{\nabla}_p\theta_e$）和水平风垂直切变的贡献。将等压面位涡分解为正压部分和斜压部分，可以计算出（湿）斜压系统中（湿）斜压性相对于正压性的大小，从而反映（湿）斜压系统的结构特征。为更好地反映湿位涡与降水的关系，类似于相对涡度、牵连涡度的概念，也可以提出相对湿位涡和牵连湿位涡的概念，相对湿位涡的表达式为：

$$(\mathrm{MPV})_{re}=-g\zeta\frac{\partial\theta_e}{\partial p}+g\left(\frac{\partial v}{\partial p}\frac{\partial\theta_e}{\partial x}-\frac{\partial u}{\partial p}\frac{\partial\theta_e}{\partial y}\right)\tag{4.29}$$

牵连湿位涡即为大气静止时（$u=0,v=0$）的湿位涡，因此也可以说是大气的背景湿位涡，其表达式为：

$$(\mathrm{MPV})_{am}=-gf\frac{\partial\theta_e}{\partial p}\tag{4.30}$$

很明显，相对湿位涡相当于从湿位涡 MPV 中减去大气的背景位涡，因此可以称相对湿位涡为大气的扰动湿位涡。

将湿位涡分解为相对湿位涡和牵连湿位涡，则为在随地球旋转的坐标系中考察斜压涡旋的特征提供了方便，正是相对湿位涡这个物理量简明而定量地反映了强对流系统发展的动力学成因。

4.8　位涡理论的发展与应用

最近二三十年来，位涡理论和应用研究发展很快。回顾历史，其发展进程大致可以分成两个阶段：第一阶段始于 80 年代初，Hoskins 等(1985)提出了绝热无摩擦大气有沿等熵面做二维运动的趋势以及位涡所蕴藏的丰富动力学内涵（即位涡反演原理），因而等熵面位涡图是研究大气动力学过程一个非常有用的工具。运用上述理论，对切断低压、阻塞高压的空间结构、起源及维持，Rossby 波的传播，斜压、正压不稳定机制等给出明晰的物理图像和解释。第二阶段始于 90 年代初，Davis(1992)提出了分段位涡反演方法。利用位涡守恒性可以分离出主要由非守恒过程引起的位涡异常，借助分段反演方法可以诊断出各自对风、压场的贡献，从而推断出某些现象产生的原因和本质特征。这方面的研究工作主要用准地转位涡和 Ertel 位涡并且集中在以下两个领域：第一，利用观测资料和理论模型对气旋生成和锋面内次级环流等动力学机制进行定量化诊断研究；第二，利用观测和模式预报得出的位涡偏差，反演出动力协调的风、气压、温度场，叠加到原来初始场中改进初始场，达到提高短期预报准确度的目的。

位涡的理论及其应用研究还有更多方面的进展，以下仅对其中很少的一部分作一十分简要的介绍：

4.8.1 用以判定大气的对称不稳定性，解释锋面雨带的生成

位涡 q 的表达式也可以写成：

$$q = N^2F^2 - S^4 \tag{4.31}$$

其中，$N^2 = \dfrac{g}{\theta_0}\dfrac{\partial\theta}{\partial z}$，$F^2 = f(f+\zeta)$，$S^2 = f\dfrac{\partial \boldsymbol{V}}{\partial z}$ 分别表示静力稳定性、惯性稳定性和大气斜压性。所以位涡的大小和正负与大气的各种静力和动力稳定性紧密相关。

Bennets 和 Hoskins(1979)提出了条件性对称不稳定，即湿静力－惯性不稳定性的概念，并提出当湿位涡(q_W)为负值($q_W<0$)时就可能出现条件性对称不稳定。他们很好地解释了锋面中尺度雨带的发生和发展的原因。Xu(1992)研究了准地转位涡(GPV)与带状降水的关系，并用模式说明了出现单条雨带和多条雨带的不同情况以及它们形成、维持的机制。

4.8.2 分析有利于形成对称不稳定的天气形势

Bennetts 和 Hoskins(1979)还根据湿球位涡变化方程来讨论有利于形成对称不稳定的天气形势。他们指出在绝热、无摩擦情况下，湿球位涡 q_W 的倾向方程可简化为

$$\frac{\mathrm{d}q_W}{\mathrm{d}t} \approx = f(g^2/\theta_0^2)\boldsymbol{k}\cdot(\boldsymbol{\nabla}\theta_W \times \boldsymbol{\nabla}\theta) \tag{4.32}$$

当 $f(g^2/\theta_0^2)\boldsymbol{k}\cdot(\boldsymbol{\nabla}\theta_W \times \boldsymbol{\nabla}\theta)<0$ 时，$\dfrac{\mathrm{d}q_W}{\mathrm{d}t}<0$. 这说明当沿热成风方向湿度增大时，有利于形成条件性对称不稳定，从而很好地解释了锋面中尺度雨带的发生和发展的一种可能机制。同时 Bennets 和 Hoskins (1979)指出在初始为静(重)力稳定、惯性稳定(即 MPV1＞0)的情况下，只有当 MPV2＜0 时才可能出现对称不稳定，说明湿斜压性和水平风垂直切变对形成对称不稳定的重要作用。

4.8.3 “位涡下传”理论及对流层下部及地面的气旋发展

Hoskins 等论证了对流层的上部或平流层的位涡扰动下传，可以引起对流层下部及地面的气旋发展。高低层的位涡和温度扰动，以及它们诱发的环流共同作用的结果，便造成了低涡或气旋的发生和发展。并再次提出和讨论了 Kleinschmidt (1955)早在20世纪50年代就已提出的位涡反演理论及其意义。Davis 和 Rossa

(1998)提出可以将高层对流层锋视为等熵面上的 PV 梯度加强的过程。Davis 和 Emanuel(1992)提出了一个观点,认为高层位涡的发展强烈受到低层异常的影响。Molinari 等(1998)分析了热带风暴 Danny 与一个高层对流层正的 PV 异常间的相互作用,提出叠加原理,即小尺度的正的高层 PV 异常与低层热带气旋中心相叠加使得热带气旋加强,特别指出高层大尺度的 PV 扰动并不利于气旋生成。Molinari 等人(1998)的叠加原理发展和深化了 Hoskins 的位涡下传理论。吴国雄等(1995,1997)从原始方程出发,在导出湿位涡方程的基础上,证得绝热无摩擦的饱和大气具有湿位涡守恒的特性,并由此去研究湿斜压过程中涡旋垂直涡度的发展,提出倾斜涡度发展(SVD)理论,在暴雨等强天气研究中得到广泛应用。

4.8.4 干侵入理论的应用

干侵入(dry intrusion)指的是来自平流层下层和对流层中上层的以低相对湿度和高位涡表征的干燥下沉气流,它们可以与对流层低层暖湿空气相互作用。这种现象也称为高层高位涡侵入或对流层顶折叠。根据位涡守恒原理,来自高层稳定环境的高位涡气流到达低层不稳定环境后其涡度增大,于是便会促进气旋的发生和发展,有利于引起暴雨或强对流天气的形成。阎凤霞和寿绍文(2005)与姚秀萍等(2007)分析了干侵入对气旋发生发展以及暴雨过程的作用。

4.8.5 湿位涡物质不可渗透性理论及应用

自 Hoskins 等(1985)提出位涡反演理论后,又一个重要进展是 Haynes(1990)提出了"位涡物质(PV substance)"概念。所谓位涡物质,即具有一定位涡的空气物质,它们就像任何化学物质一样,可以被平流,它们具有保守性和不渗透性(impermeability)。等熵面是一个物质面,相当于一层半透明薄膜。一般空气物质可以自由通过等熵面,而"位涡物质"则不能穿过等熵面,只能在各层等熵面内作准二维运动。"位涡物质"具有守恒性,除非等熵面与边界面(如地面)相交,"位涡物质"像电荷一样不会自我毁灭,但可以被稀释或浓缩。以上两结论是在非流体静力、非绝热、甚至有摩擦存在的情况下导出的,具有广泛的适用性。

高守亭等(2002)还从由完全动力学方程推出的湿位涡方程得到湿位涡物质不可渗透性理论。由于位涡物质具有这些重要特性,因此位涡理论在天气系统移动和发展分析预报方面有着广泛的应用。特别是对大尺度运动来说,由于在直角坐标系中位温面与水平面是近似平行的,涡度矢量和位温梯度矢量的交角较小,两个矢量点乘的积是明显的。因此对许多中高纬度天气系统的发展和演变来说,位涡是一个非常有效的动力示踪工具。对中尺度系统的发展和演变的研究来说,位涡也有广泛的应用。但在深对流系统中,由于湿等熵面的倾斜,位温梯度矢量与涡度矢量的交角变大,极端时可接近垂直(～90°),因此两个矢量的点乘积变小,位涡变得较弱。针对这个问题,高守亭等(2003,2004,2005,2007)将位涡的定义广义化,引入了对流涡度矢量(**CVV**)和湿涡度矢量(**MVV**)这样两个新概念:

$$\mathbf{CVV} = (\boldsymbol{\zeta}_a \times \boldsymbol{\nabla}\theta_e)/\rho \tag{4.33}$$

$$\mathbf{MVV} = (\boldsymbol{\zeta}_a \times \boldsymbol{\nabla}q_v)/\rho \tag{4.34}$$

其中,$\boldsymbol{\zeta}_a$ 为绝对涡度矢量,θ_e 为相当位温,q_v 为比湿,ρ 为密度。他们把对流涡度矢量和湿涡度矢量这样两个新物理量应用在二维云分辨模式及三维云分辨模式中,来研究热带对流系统,得到了有意义的研究成果。特别指出 **CVV** 和 **MVV** 的垂直分量与热带对流密切相关,并且能把热带对流的中尺度动力过程和热力过程与云微物理过程密切联系起来。因此提出了一种很有应用潜力的诊断分析方法。

4.8.6　在天气诊断分析和预报中的应用

在国内,自 20 世纪 80 年代以来,位涡的研究主要是将 PV 作为一个诊断量用于对暴雨和其他天气系统的诊断。例如王永中和杨大升(1984)研究了暴雨与低层流场位涡的关系问题,发现暴雨区基本上和高值位涡区相重合或者靠的很近,并且二者的发展过程也比较一致。刘还珠和张绍晴(1996)通过一个强降水个例分析了湿位涡与锋面强降水天气的关系,指出可利用对流层低层湿位涡的符号与数值来判断强降水的落区。候定臣(1991)分析了夏季江淮气旋活动的等熵面位涡图和位涡垂直廓线,探讨了夏季江淮气旋发生发展的可能机制,提出夏季江淮地区气旋波活动的一个概念模式,即从高原一带东移的对流层中层弱的扰动在有利条件下引起江淮地区较强降水,中层潜热释放导致气旋性环流向下延伸,最终可在地面静止锋上形成波动。并指出,来自中高纬平流层下部的高位涡空气沿等熵面向南方下滑,是典型温带气旋区别于夏季江淮气旋的主要特征。陆尔和丁一汇(1994)应用位涡分析讨论了 1991 年江淮特大暴雨冷空气活动的特征,指出南下的冷空气在江淮一带被来自低纬西南暖气流和东南暖气流所切断,形成高位涡冷空气中心,它与两支暖气流相互作用,维持梅雨锋,从而形成持续暴雨。吴海英和寿绍文(2002)研究了在 1991 年 7 月 5—6 日的江淮暴雨过程中位涡扰动与气旋发展的关系,通过对等压面位涡的垂直结构演变的分析发现,高层位涡的下传,促进了对流层低层及地面的气旋发展(图 6.8)。寿绍文等(1993)和王淑云、寿绍文等(2005)分析了在层结对流性稳定条件下产生的暴雨过程,根据对称不稳定机制解释了暴雨的成因。由于暴雨和强对流天气的发生需要具备水汽、不稳定能量和动力抬升等条件,而从上面介绍的理论和应用实例可见,通过位涡分析可以全面地反映这些条件,因此位涡理论在暴雨和强对流等天气的诊断分析和预报中常常得到十分广泛的应用。

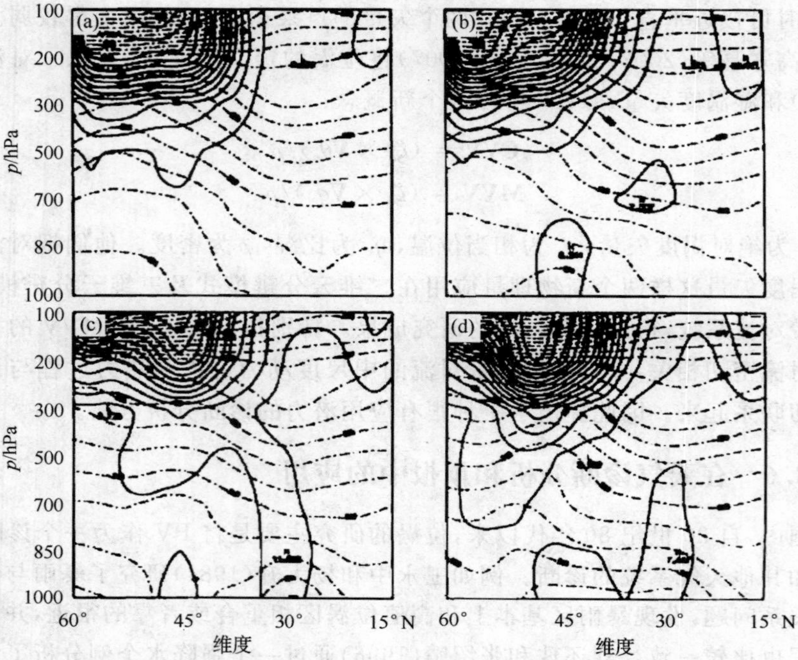

图 4.8　1991 年 7 月 5—6 日位涡分布的垂直剖面图(吴海英等,2002)

(图 a—d 中的时间分别为 5 日 08 时、5 日 20 时、6 日 08 时、6 日 20 时;剖面所沿的经度分别为 100°E,103°E,112°E,117°E,皆为地面气旋中心所在经度;实线为等位涡线,单位 0.1 PVU,虚线为等相当位温线,图 C 中的位涡柱所在下方正是地面气旋和暴雨强烈发展的地区;强降水发生在 30°N 附近。)

综上所述,位涡理论发展到今天,已成为天气动力学领域中的重要研究方法之一。位涡守恒性和可反演性成为利用位涡理论描述大气动力学过程的两个主要原理。等熵位涡(IPV)概念简捷地概述了通常以平流、辐散和垂直运动来描述的所有的平衡动力学,IPV 思想加深了我们对天气系统特征的理解。正如涡度在正压大气中的作用一样,位涡对于研究斜压大气中的天气现象来讲,是一个十分有用的工具。同时 PV 概念与理论在数值预报模式的发展和评估中,在大气模式的参数化方案的制定上,也是十分有价值的。特别是对暴雨、强对流等天气现象的物理机制的研究上位涡分析更是常用的重要工具之一。如前所述,无论是对干位涡、湿位涡或是更细致地对它们的组成部分的进一步分析,均有助于加深对暴雨等天气过程的发生、发展和演变规律的理解。

第5章 大气稳定性分析

大气的不稳定性或稳定性，是指处于某种平衡状态下的气流在受到一个扰动后，扰动将会增强或减弱的趋向。扰动随时间增强、减弱或不随时间变化分别称为不稳定、稳定或中性。很多大气对流现象都是与大气的不稳定性相联系的。例如，在对流层中常见的尺度为几千米至十几千米的小扰动或积云对流通常与重力不稳定或切变型(开尔文一亥姆霍兹)不稳定有关，而尺度为几十至几百千米的中尺度云团或雨带则可能与CISK和惯性一浮力不稳定(对称不稳定)等有关。本节中我们将概要地介绍一些与中尺度大气运动关系密切的大气不稳定性的概念、判据及应用。

5.1 位势不稳定

大气是层结流体，它的层结性可用参数 $\mathrm{d}\bar{\theta}/\mathrm{d}z$ 来表征 ($\bar{\theta}$ 为层结大气的位温)。现在我们来考察在具有不同层结性的大气中，一个受扰动气块的稳定性，假设在处于静力平衡的大气中，有一个气块受到扰动后产生了垂直位移 δz，若气块受到回复力又回到初始位置，则称为静力(或重力)稳定的；反之若气块受到负回复力，加速离开其初始位置，则称为静力(重力)不稳定的；而如果气块能在新位置上又达到静力平衡，则称为中性的。

设气块在运动中与环境没有热量、水分、质量及动量的交换，没有摩擦。同时假定满足准静态条件，则由垂直运动方程可得

$$\frac{\mathrm{d}w}{\mathrm{d}t}=g\left(\frac{\theta-\bar{\theta}}{\bar{\theta}}\right)=\frac{g}{\bar{\theta}}\left[\theta(z)-\bar{\theta}(z)\right] \tag{5.1}$$

上式中 $\bar{\theta}(z)$ 和 $\theta(z)$ 分别为 z 高度上环境及气块的位温。设在初始高度 $z_0=0$ 处 $\bar{\theta}_{z_0}=\theta_{z_0}=\theta_0$，$\frac{\mathrm{d}\bar{\theta}}{\mathrm{d}z}$ 和 $\frac{\mathrm{d}\theta}{\mathrm{d}z}$ 分别为环境和气块的位温垂直递减率，设在 $z=z_0+\delta z$ 高度上，环境的位温为：$\bar{\theta}(z)=\bar{\theta}(z_0+\delta z)=\bar{\theta}_{z_0}+\frac{\mathrm{d}\bar{\theta}}{\mathrm{d}z}\delta z$；气块的位温为：$\theta(z)=\theta(z_0+\delta z)=\theta_{z_0}+\frac{\mathrm{d}\theta}{\mathrm{d}z}\delta z$，则有

$$\frac{\mathrm{d}w}{\mathrm{d}t}=\frac{g}{\bar{\theta}}\left[\theta(z)-\bar{\theta}(z)\right]=\frac{g}{\bar{\theta}}\left(\frac{\mathrm{d}\theta}{\mathrm{d}z}-\frac{\mathrm{d}\bar{\theta}}{\mathrm{d}z}\right)\delta z \tag{5.2}$$

在干绝热条件下，位温守恒，即 $\frac{d\theta}{dz}=0$，因此

$$\frac{dw}{dt}=\frac{g}{\bar{\theta}}[\theta(z)-\bar{\theta}(z)]=-\frac{g}{\bar{\theta}}\frac{d\bar{\theta}}{dz}\delta z=-N^2\delta z \tag{5.3}$$

其中

$$N^2=\frac{g}{\bar{\theta}}\frac{d\bar{\theta}}{dz} \tag{5.4}$$

由(5.3)可得：

$$\frac{d\bar{\theta}}{dz}\begin{cases}>0 & 静力稳定\\=0 & 中性\\<0 & 静力不稳定\end{cases} \tag{5.5}$$

对于湿绝热运动，守恒量可采用相当位温 θ_e，它的表达式为

$$\theta_e\cong\theta\exp(L_c q_s/c_p T) \tag{5.6}$$

其中 L_c，q_s，c_p 及 T 分别为凝结潜热、饱和比湿、定压比热和实际气温，θ 为位温。对湿绝热运动，$d\ln\theta_e\cong0$，因此由(5.2)式可得：

$$\begin{aligned}\frac{dw}{dt}&=g\left(\frac{\theta-\bar{\theta}}{\bar{\theta}}\right)\cong-g\frac{d}{dz}[\ln\bar{\theta}+(L_c q_s/c_p T)]\delta z\\&=-g\frac{d\ln\bar{\theta}_e}{dz}\delta z=-\frac{g}{\theta_e}\frac{d\bar{\theta}_e}{dz}\delta z=-N_W^2\delta z\end{aligned} \tag{5.7}$$

这里 $N_W^2=\frac{g}{\theta_e}\frac{d\bar{\theta}_e}{dz}$，称为湿浮力频率，其中 $\bar{\theta}_e$ 为环境的相当位温，类似地可以得到下列判据

$$\frac{d\bar{\theta}_e}{dz}\begin{cases}>0 & 条件性稳定\\=0 & 条件性中性\\<0 & 条件性不稳定\end{cases} \tag{5.8}$$

对流天气一般发生在条件性不稳定的情况下。但有时在上干下湿的条件性稳定的层结的条件下，如果有较大的抬升运动，也可能产生对流天气。在这种情况下，可以发现原先为条件性稳定的层结经过抬升后变成条件性不稳定的了。由此可见，我们有必要考虑整层抬升运动对层结性的影响，一般把气层被整层抬升达到饱和时的不稳定度称为对流性稳定度。不论气层原先的层结性(气温垂直递减率)如何，在其被抬升达到饱和后，如果是稳定的，称为对流性稳定的，如果是不稳定的，则称为对流性不稳定的，如果是中性的，则称为对流性中性的，其判据与(5.8)式是相同的。

条件性不稳定和对流性不稳定是一种潜在的不稳定，所以也称为位势(或潜在)不稳定。很多强对流天气过程都发生在位势不稳定的情况下。例如 1974 年 6 月 17 日南京的飑线过程以及 1975 年 6 月 6 日安徽灵璧县的冰雹过程前期，当地都有很强

的对流性不稳定度。而且前者的对流性不稳定度比后者更大，因此天气也比后者更强烈。

设大气为不可压、非黏性流体。大气基本状态是静止的，扰动是在 x、z 平面中的二维运动。并且不考虑地球自转影响和忽略二阶小量，则通过运动方程组可以得到关于 w 的单一方程：

$$\frac{\partial^2 w}{\partial z^2}+k^2\left(\frac{g}{\sigma^2\bar{\rho}}\frac{\partial\bar{\rho}}{\partial z}-1\right)w=0 \tag{5.9}$$

如果我们规定 $\sigma_0^2=(g/\bar{\rho})(\partial\bar{\rho}/\partial z)$，并取 σ_0 为常数，则函数

$$w=w_0\sin(\pi z/h) \tag{5.10}$$

（其中 w_0 为常数）满足方程(5.9)。同时只要

$$\sigma^2=k^2\sigma_0^2/(k^2+\pi^2/h^2)=\sigma_0^2/[1+(\pi^2/h^2)/k^2] \tag{5.11}$$

便考虑在气层上下平面上 $w=0$。因此，当 $\partial\bar{\rho}/\partial z\propto\sigma_0^2>0$ 时，w 便指数增长。从上面的分析中，我们可以进一步得到扰动的最大生长率和雷暴的水平尺度。从图 5.1 可以看出，从运动方程组所得到的对流单体形式，单体宽为 $\lambda=2\pi/k$，深为 h。对给定的 h，若 $k^2\gg\pi^2/h^2$，即 k 很大时，生长率 $\sigma^2=\sigma_0^2$。而当 k 较小时，生长率 σ^2 随 k 线性增长。设当 $k^2/\pi^2/h^2\geqslant 1$，即 $k^2\geqslant\pi^2/h^2$ 时，σ^2 为最大，由于 $k=\frac{2\pi}{\lambda}$，因此便有 $\lambda\leqslant 2h$。由此可见，当扰动的水平尺度为垂直尺度的 2 倍以内时，扰动生长率最大。一般来说，不管初始扰动是什么形式，它的最后结果的型式必将采取最大生长率所决定的方式。由于雷暴的水平尺度为 $\lambda/2$，因此雷暴的水平尺度一般相当于对流不稳定层的深度，粗略地说约为 10 km 左右。

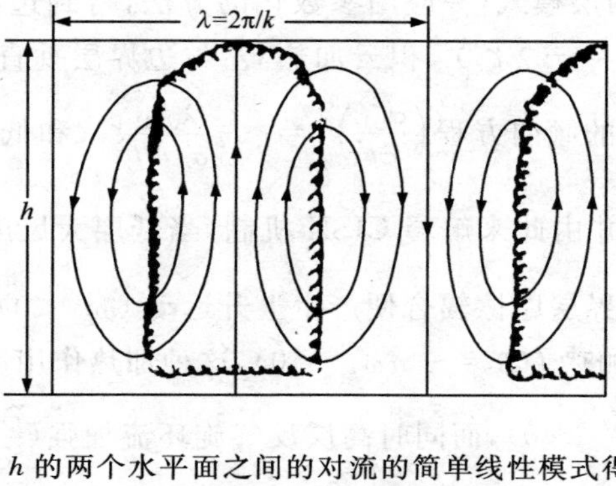

图 5.1　由间距为 h 的两个水平面之间的对流的简单线性模式得出的流线分布图 (Kessler, 1987)（阴影区表示积云）

5.2 第二类条件性不稳定(CISK)

单纯的条件性不稳定(第一类条件性不稳定)不能很好解释热带和中纬度地区的有组织的、水平尺度较大、时间尺度较长的对流云团。因为首先条件性不稳定不仅要求满足 $d\bar{\theta}_e/dz<0$,而且要求大气达到饱和状态。在大气不饱和情况下,就要求低层辐合强迫上升使湿空气块先达到饱和,才有可能出现条件性不稳定的对流状态。对热带大气而言,在热带对流圈低层一般满足 $d\bar{\theta}_e/dz<0$ 的条件,但是热带平均相对湿度低于 100%。因此热带中的积云对流并不总是发展旺盛的,只有在有辐合上升配合时才有旺盛的对流发生。这说明在热带地区形成旺盛的对流活动不能只依靠单纯的条件性不稳定的层结性,还必须有产生辐合上升运动的大尺度流场的配合。其次,第一类条件性不稳定所产生的不稳定波动的最大增长率只是单个积云尺度的运动。因此用单纯的条件性不稳定难以解释何以能产生巨大的对流云团。这就促使人们认识到,在对流发生后,小尺度对流加热对促使大尺度流场加强的作用。Charney 和 Eliassen(1964)以及 Ooyama 等人(1964)首先研究了这种小尺度对流与大尺度流场的相互作用,并将其归纳为下述过程。首先,大尺度流场通过摩擦边界层的抽吸(Ekman pumping)作用,为积云对流提供了必需的水汽辐合和上升运动,反过来积云对流凝结释放的潜热又成为驱动大尺度扰动所需要的能量,于是小尺度积云对流和大尺度流场通过相互作用,相辅相成地都得到了发展。这种通过不同尺度运动的相互作用使对流和大尺度流场不稳定增长的物理机制就称为"第二类条件性不稳定",简称 CISK。

Charney 等采取两层模式,并应用参数化的方法,得到边界层垂直运动 ω_E 与低层涡度 ζ_3 的关系 ($\omega_E=-\lambda'\zeta_3$),积云加热 Q_c 与边界层垂直运动 ω_E 的关系($Q_c=-\eta\omega_E$),高层涡度 ζ_1 的倾向方程 $\left(\frac{\partial\zeta_1}{\partial t}\right)_\eta=-\eta\frac{\lambda f_0}{\sigma_m\Delta p}\zeta_3$,和低层涡度 ζ_3 的倾向方程 $\left(\frac{\partial\zeta_3}{\partial t}\right)_\eta=\eta\frac{\lambda f_0}{\sigma_m\Delta p}\zeta_3$,并由此来解释 CISK 机制:当低层大尺度流场具有气旋性涡度(即 $\zeta_3>0$)时,由于边界层摩擦辐合便产生上升运动 ($\omega_E<0$),由于有上升运动便产生了小尺度积云对流加热 ($Q_c=-\eta\omega_E>0$),这种加热作用反过来促进了低层大尺度流场进一步加强($\frac{\partial\zeta_3}{\partial t}>0$),而同时高层反气旋环流加强($\frac{\partial\zeta_1}{\partial t}<0$),于是大尺度流场与小尺度积云对流加热互为因果,相辅相成,不断地发展加强。以上的分析表明,第二类条件性不稳定实际上是一种大尺度流场的自激(self-excited)不稳定,也是潜热反馈作用的一种具体形式。

第二类条件性不稳定最早是用来解释热带扰动的发展的。近年来也有人用它来解释中高纬度的中尺度对流系统的发展，例如，丹麦的 Rasmussen(1979)用 CISK 机制解释了极地低压的发展过程。在一个由某种初始扰动所引起的低空辐合区中，在条件性不稳定的未饱和的大气中，当空气质点被抬升到凝结高度后，便将发生积云对流。潜热加热场引起高层辐散、低层辐合。低层辐合除了导致边界层内水汽辐合外，还将引起初始扰动的正相对涡度的增大。正涡度增大将导致爱克曼层顶上垂直速度的增大。于是地面空气被抬升到抬升凝结高度，更多的水汽凝结并使新对流得到发展，这样就形成一个正反馈圈。所以一旦这些过程开始，对流的尺度和大尺度扰动(低压)都得到增强。Rasmussen 指出当波长为 400km 左右时，系统有最大的生长率(图 5.2)，这样就很好地解释了尺度很大的对流系统的发生发展机制。

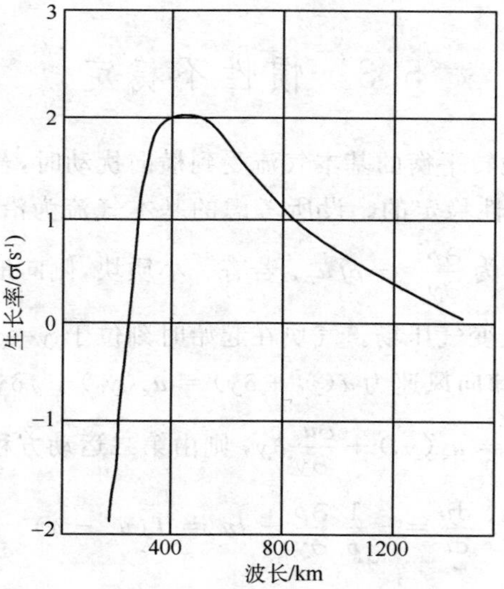

图 5.2　生长率与波长的关系(Rasmussen，1979)

在上述 CISK 机制中强调了边界层摩擦辐合的作用，这种机制称为经典的 CISK 机制。J. R. Bates(1973)同时考虑边界层摩擦辐合作用和变压风的辐合作用，对于这种机制，他称其为"广义的第二类条件性不稳定"(Generalization of CISK)。近年来，很多人注意到大气中的内波尤其是重力内波可以产生很强的低层水平辐合，因此在这种情况下，无需埃克曼抽吸作用便可产生 CISK 过程，Lindzen(1974)把由于重力内波引起的 CISK 过程称为波动型第二类条件性不稳定(Wave－CISK)。Raymond 等(1975，1976，1983)认为 Wave－CISK 特别适用于中纬度中尺度现象。例如，观测表明孤立的湿对流单体在没有外部强迫时是短命的(旋转的超级单体例外)，而对流单体群则比较持久，这种对流单体群或中尺度云团的发展可以看作是一种“对流自激过程”。具体来说就是，当对流产生后，在对流云顶砧部，即云顶外流层中便产生重力波。在重力波与地面相交的地方便产生辐合(散)。由波动产生的辐合引起低层空气的进一步抬升，从而使对流进一步发展，反过来，又产生更多的重力波。用 Wave—CISK 机制可以很好地模拟出中尺度对流系统。例如，Raymond(1984)成功地模拟了 1976 年 5 月 22 日发生在美国俄克拉荷马州的一次飑线过程。对于这次飑线过程，Ogura 和 Liou(1980)已经作过详细的中尺度分析。分析表明，在飑线经过前，测站的层结是条件性不稳定的。飑线从形成阶段到成熟阶段，对流单体有一个集结的过程。在成熟阶段，飑线内部有一个平均气流结构。Raymond 在给定了浮力频率(N)、湿静力能(S)和风速等参数的初始垂直分布后，得到的模拟结果，和实况是非常相似的。

5.3 惯性不稳定

在水平面上处于地转平衡的基本气流受到横向扰动时，若扰动被加速，称为惯性不稳定，反之则称为惯性稳定的。设所考虑的基本气流为沿 x 方向的地转西风，风速为 u_g。此时气压梯度为 $\frac{\partial p}{\partial y}=-\rho f u_g$。若有一小质块，侧向地穿越基本气流，并设其南北向的扰动位移不改变气压场。气块在起始时刻位于 $y=y_0$ 处，向北位移 δy，则可得在 $y=y_0+\delta y$ 处的纬向风速为 $u(y_0+\delta y)=u_g(y_0)+f\delta y$，在 $y_0+\delta y$ 处，环境的地转风为 $u_g(y_0+\delta y)=u_g(y_0)+\frac{\partial u_g}{\partial y}\delta y$，则由第二运动方程

$$\frac{\mathrm{d}v}{\mathrm{d}t}=-\frac{1}{\rho}\frac{\partial p}{\partial y}-fu=f(u_g-u) \tag{5.12}$$

可得：

$$\frac{\mathrm{d}v}{\mathrm{d}t}=-f\left(f-\frac{\partial u_g}{\partial y}\right)\delta y=-F^2\delta y \tag{5.13}$$

其中 $F^2=f\left(f-\frac{\partial u_g}{\partial y}\right)$ 为惯性振荡频率。现在再引进一个物理量 M

$$M=u-fy \tag{5.14}$$

M 称为单位质量空气的西风绝对动量。在忽略摩擦的条件下，M 是一个保守量，即

$$\frac{\mathrm{d}M}{\mathrm{d}t}=\frac{\mathrm{d}}{\mathrm{d}t}(u-fy)=\frac{\mathrm{d}u}{\mathrm{d}t}-fv=0 \tag{5.15}$$

由(5.13)式可知，当 $f\left(f-\frac{\partial u_g}{\partial y}\right)<0$ 时，为惯性不稳定，反之则为惯性稳定。在北半

球 $f>0$，所以 δy 的增大与减小只取决于 $f-\dfrac{\partial u_g}{\partial y}$ 的符号。因此便得到惯性不稳定的判据

$$f-\frac{\partial u_g}{\partial y}\begin{cases}>0 & \text{惯性稳定}\\ =0 & \text{中性}\\ <0 & \text{惯性不稳定}\end{cases} \tag{5.16}$$

由于 $\partial M/\partial y=\partial(u-fy)/\partial y=-(f-\partial u/\partial y)$。所以(5.16)式的判据也可写作

$$\frac{\partial M}{\partial y}\begin{cases}<0 & \text{惯性稳定}\\ =0 & \text{中性}\\ >0 & \text{惯性不稳定}\end{cases} \tag{5.17}$$

$(f-\partial u/\partial y)$ 即纬向切变气流的绝对涡度。对经向切变气流，绝对涡度则为 $f+\dfrac{\partial v}{\partial x}$。对二维的情况

$$\zeta_a=f+\frac{\partial v}{\partial x}-\frac{\partial u}{\partial y} \tag{5.18}$$

因此惯性稳定度的判据又可写为

$$\zeta_a\begin{cases}>0 & \text{惯性稳定}\\ =0 & \text{中性}\\ <0 & \text{惯性不稳定}\end{cases} \tag{5.19}$$

在北半球 $f>0$，所以上式也可写成

$$f\zeta_a\begin{cases}>0 & \text{惯性稳定}\\ =0 & \text{中性}\\ <0 & \text{惯性不稳定}\end{cases} \tag{5.20}$$

根据上述判据，可以对惯性不稳定的性质作以下讨论：

(i) 在北半球，$f>0$，所以 f 的作用总是使惯性稳定的。

(ii)在北半球，只有当处于地转平衡的基本气流具有水平切变，且 $\dfrac{\partial u_g}{\partial y}>0$ 时，才能产生惯性不稳定。在这种切变气流的背景下，一个穿越西风气流作横向(南北向)运动的初始地转平衡的气块，到了新的纬度时，由于惯性而保持其初始速度，结果造成与环境地转气流的偏差，气块便产生南北向的加速度，使气块横向扰动位移加大，造成惯性不稳定。

(iii)在大尺度切变气流中，即使是 $\dfrac{\partial u_g}{\partial y}>0$ 的，但由于切变涡度一般比地转涡度小一个量级，所以也难以产生惯性不稳定。不过当发生倾斜运动时，惯性稳定也可转变成惯性不稳定，这种情况将在下节中讨论。

(iv)当引进 M 后,方程(5.12)便可转变成

$$\frac{\mathrm{d}v}{\mathrm{d}t}=f(u_g-u)=f(\overline{M}-M) \tag{5.21}$$

当 $\overline{M}>M$ 时,便有 $\frac{\mathrm{d}v}{\mathrm{d}t}>0$(惯性不稳定)。在环境为 $\frac{\partial\overline{M}}{\partial y}>0$ 时,便会出现这种情况。

(v)上面讨论的是基本气流为沿 x 方向的地转西风的情况,对于基本气流为沿 y 方向的地转南风的情况,可以进行类似的讨论,设基本气流为地转南风,风速为 $\overline{V}_g$,此时,气压梯度为 $\frac{\partial\bar{p}}{\partial y}=0,\frac{\partial\bar{p}}{\partial x}=\bar{\rho}f\overline{V}_g$,设有一小质块,侧向地穿越基本气流,并设其东西向的扰动位移不改变气压场,即 $p=\bar{P},p'=0,\frac{\partial p'}{\partial x}=\frac{\partial p'}{\partial y}=0$。运动方程

$$\frac{\mathrm{d}u}{\mathrm{d}t}=-\frac{1}{\rho}\frac{\partial p}{\partial x}+fv=-f\overline{V}_g+fv=-f(\overline{V}_g-v)$$

可写成

$$\frac{\mathrm{d}u}{\mathrm{d}t}=\frac{\mathrm{d}^2(\delta x)}{\mathrm{d}t^2}=-f\left(f+\frac{\partial v_g}{\partial x}\right)\delta y=-F^2\delta x \tag{5.22}$$

其中

$$F^2=f\left(f+\frac{\partial v_g}{\partial x}\right) \tag{5.23}$$

令

$$M=f+\frac{\partial v}{\partial x} \tag{5.24}$$

因此,类似地可得

$$f+\frac{\partial v_g}{\partial x}\begin{cases}>0 & \text{惯性稳定}\\=0 & \text{中性}\\<0 & \text{惯性不稳定}\end{cases} \tag{5.25}$$

由于 $\partial M/\partial x=\partial(u-fy)/\partial y=-(f-\partial u/\partial y)$。所以(5.25)式的判据也可写作

$$\frac{\partial M}{\partial x}\begin{cases}>0 & \text{惯性稳定}\\=0 & \text{中性}\\<0 & \text{惯性不稳定}\end{cases} \tag{5.26}$$

$$f\zeta_a\begin{cases}>0 & \text{惯性稳定}\\=0 & \text{中性}\\<0 & \text{惯性不稳定}\end{cases} \tag{5.27}$$

5.4 对称不稳定

5.4.1 对称不稳定的概念和尺度

在具有风速切变并处于流体静力平衡、地转平衡的平均气流中，即使是重力稳定和惯性稳定的，但当浮力和旋转作用相结合时，可以导致新的浮力—惯性不稳定。由于这是一种轴对称扰动的不稳定性，因此叫做“对称不稳定”性。

在对称不稳定时，在等 $\bar{\theta}$ 面上 $\left.\frac{\partial \overline{M}}{\partial y}\right|_{\bar{\theta}}>0$，因此对称不稳定便成了等熵面上的惯性不稳定了，即 $f-\left(\left.\frac{\partial u}{\partial y}\right|_{\bar{\theta}}\right)<0$，或 $\delta y<\frac{\delta u}{\delta y}\cdot\frac{\delta z}{f}$，因此可得对称不稳定的水平尺度为

$$L<U_z\cdot D/f \tag{5.28}$$

其中 L，D 分别为水平和垂直尺度，U_z 为水平风速的垂直切变。而对称不稳定的时间尺度则为

$$\tau=L/U\sim U_z\cdot D/(fU)\sim 1/f \tag{5.29}$$

从上面的分析可见，对称不稳定具有与惯性不稳定相同的水平和时间尺度。由于$L=U_zD/f\sim U/f$，所以 $R_0=U/fL\sim 1$，可见对称不稳定是一种中尺度不稳定。

5.4.2 对称不稳定的判据

Hoskins (1979)在假设基本气流 $\overline{V}(x,z)$ 沿 y 方向，并与 y 无关，并设 $\overline{V}(x,z)$ 与位温分布 $\Theta(x,z)$ 处于热成风平衡的条件下，考虑一个沿(x,z)平面，而与 y 无关的扰动。并得到下列形式的 y 分量涡度方程

$$\frac{\partial}{\partial t}\left(\frac{\partial^2\Psi}{\partial x^2}+\frac{\partial^2\Psi}{\partial z^2}\right)=f\frac{\partial v'}{\partial z}-\left(\frac{g}{\theta_0}\right)\left(\frac{\partial\theta'}{\partial x}\right) \tag{5.30}$$

以及以下的流函数 Ψ 的波动方程

$$\frac{\partial^2}{\partial t^2}\left(\frac{\partial^2\Psi}{\partial x^2}+\frac{\partial^2\Psi}{\partial z^2}\right)=-N^2\frac{\partial^2\Psi}{\partial x^2}+2S^2\frac{\partial^2\Psi}{\partial x\partial z}-F^2\frac{\partial^2\Psi}{\partial z^2} \tag{5.31}$$

上式表示，当基本气流受到扰动后，热成风平衡破坏，在横截基本气流的 $x-z$ 平面上引起环流，这就是对称稳定性问题。在(5.31)式中，F，S，N 为基本气流频数

$$F^2=f\left(f+\frac{\partial\overline{V}}{\partial x}\right),\ S^2=f\frac{\partial\overline{V}}{\partial z}=\left(\frac{g}{\theta_0}\right)\left(\frac{\partial\Theta}{\partial x}\right),\ N^2=\left(\frac{g}{\theta_0}\right)\left(\frac{\partial\Theta}{\partial z}\right)$$

（大气的典型值为 $F\sim10^{-4}\text{s}^{-1}$，$S\sim0.5\times10^{-3}\text{s}^{-1}$，$N\sim10^{-2}\text{s}^{-1}$）。

在一个无界的区域里，我们可以求出方程（5.31）式的一个与 $\exp(i\sigma t)$

$\exp\{ix(x\sin\varphi + z\cos\varphi)\}$ 成正比的解。其中，φ 是扰动位移与水平位移之间的夹角，σ 为频率，可由下式给出：

$$\sigma^2 = N^2 \sin^2\varphi - 2S^2 \sin\varphi\cos\varphi + F^2 \cos^2\varphi \tag{5.32}$$

σ^2 的极小值 $\sigma^2_{\min}$ 表示为

$$2\,\sigma^2_{\min} = N^2 + F^2 - [(N^2 + F^2)^2 - 4q]^{1/2} \tag{5.33}$$

其中

$$q = F^2 N^2 - S^4 \tag{5.34}$$

q 与基本气流的 Ertel 位势涡度成正比（Eliassen, Kleinchmidt, 1957）。由(5.33)式可见，当且仅当 $N^2 + F^2 < 0$ 或 $q < 0$ 时，才有对称不稳定（$\sigma^2_{\min} < 0$）出现。这就是对称不稳定一种形式的判据。上述不稳定判据还可写成

$$\frac{1}{Ri} > 1 \tag{5.35}$$

其中 $Ri = F^2 N^2 / S^4$。所以对称不稳定的判据为

$$q < 0, \quad 或 \quad Ri < 1 \tag{5.36}$$

由于 $Ri = F^2 N^2 / S^4 = (F^2/S^2)/(S^2/N^2) < 1$，而 (F^2/S^2) 和 (S^2/N^2) 分别为等 $\overline{M}$ 面和等 $\bar{\theta}$ 面的斜率。因此对称不稳定的判据也可以表达为：当等 $\overline{M}$ 面斜率小于等 $\bar{\theta}$ 面的斜率时为对称不稳定，因此等 $\bar{\theta}$ 面斜率较大或 $\bar{\theta}$ 的水平梯度较大时有利于发生对称不稳定。

5.4.3 条件性对称不稳定的概念和判据

近年来，许多观测研究都注意到，锋面云和降水经常集中在与锋面相平行的地带中。这些雨带之间的距离的量级为 80～300 km，而雨带的长度则更长。这些雨带与等温线的交角很小。在理论上，形成这些雨带的原因可能有：锋区内爱克曼层的不稳定；锋上产生的重力波以及不同平流所引起的对流等。D. A. Bennetts 和 B. J. Hoskins 等(1979)则提出了另一种值得注意的可能原因。他们认为这些雨带可能是对称斜压不稳定的一种表现形式。上面已经讨论了对称不稳定的基本概念和判据。粗略地说，这种不稳定性的判据是水平温度梯度较大或里查逊数较小，或等位温面比等 M 面倾斜，或 $q < 0$ 等。

但是，在干空气情况下，对称不稳定条件($Ri < 1$)在 100 km 尺度的锋区内一般是难以满足的。在这种情况下，如果我们不考虑潜热释放的作用，则原来对称稳定的大气不可能变成对称不稳定的。为了说明这一点，现在我们来研究一个具有 N^2、F^2 和 Ertel 位势涡度 q 处处为正的初始对称稳定的大气。并且假设其在后来的运动中，摩擦效应、热源和热汇可以忽略不计。由于这些限制，在三维运动中，q 是保守的，因而处处为正。假设存在近似的热成风平衡（$S^2 = f\partial v/\partial z$），根据方程(5.34)，则有 $q < F^2 N^2$，因此 $F^2 N^2$ 也处处保持正值不变。因此大气必须保持 N^2，F^2 及 q 处

处为正的特性不变。这就是说在假设没有摩擦、热源和热汇以及在准地转的条件下，初始对称稳定的大气是不可能变为对称不稳定的。因此 Bennetts 和 Hoskins(1979)进一步研究了在有效静力稳定度减小的潮湿大气中对称不稳定的可能性。他们把一个粗略的潜热释放模式引入到对称不稳定理论中，从而引出了"条件性对称不稳定"(简写为 CSI)的概念。简单地说，当对称稳定的大气由于潜热释放的作用而变为对称不稳定时，便可以说这种大气是"条件性对称不稳定"的。

现在我们来考虑在假设为处处饱和的潮湿大气中的二维气流的对称不稳定的可能性。在这种情况下，我们可以用湿球位温 θ_W 代替位温 θ，并引进两个新的频数

$$N_W^2 = (g/\theta_0)(\partial\theta_W/\partial z) \tag{5.37}$$

$$S_W^2 = (g/\theta_0)(\partial\theta_W/\partial x) \tag{5.38}$$

用类似于对称稳定性判据的推导方法，可求得对于处处饱和的潮湿大气来说，对称不稳定的判据为

$$q_W < 0, \tag{5.39}$$

或

$$N_W^2F^2 - S_W^2S^2 < 0, \tag{5.40}$$

或

$$Ri = (N_W^2F^2)/(S_W^2S^2) = (F^2/S^2)/(S_W^2/N_W^2) < 1 \tag{5.41}$$

其中 q_W 为湿球位涡

$$q_W = N_W^2 F^2 - S_W^2 S^2 \tag{5.42}$$

由于(F^2/S^2)和(S_W^2/N_W^2)分别为等 M 面和等 θ_W 面的斜率，所以当等 θ_W 面斜率大于等 M 面的斜率时，$Ri<1$。同样由于条件性对称不稳定即等 θ_W 面上的惯性不稳定，因此上述判据也可写成

$$\left.\frac{\partial M}{\partial x}\right|_{\theta_W} < 0,\ 或\ f\left(f+\frac{\partial v}{\partial x}\right)\bigg|_{\theta_W} < 0,\ 或\ f\zeta_{\theta_W} < 0$$

以上讨论的是没有下沉补偿运动的无限潮湿大气的情况。在这种情况下，如果 θ_W 面比绝对涡度矢量更接近于垂直，则就有负的回复力，因而产生条件性对称不稳定。在有下沉补偿运动的有限大气中，不发生潜热释放的下沉运动的回复力是正值。所以二维气流的对称不稳定性要同时取决于上升气流和下沉气流的回复力。通过分析可得在有下沉补偿运动时对称不稳定的判据：

$$\alpha f\zeta_\theta + f\zeta_{\theta_W} < 0 \tag{5.43}$$

其中 $\alpha = (h_uL_l)/(h_lL_u)$；$L_u$，$h_u$ 分别为上升支的宽度和厚度；L_l，h_l 则分别为下沉支的宽度和厚度(图 5.3)。由上式可见，没有下沉补偿的无限潮湿和干燥大气的对称不稳定判据是上列判据的两种特殊情形。干对称不稳定(SI)的条件是由 $\alpha\to\infty$，而无限饱和大气的 CSI 条件则是通过设 $\alpha=0$ 而分别获得的。

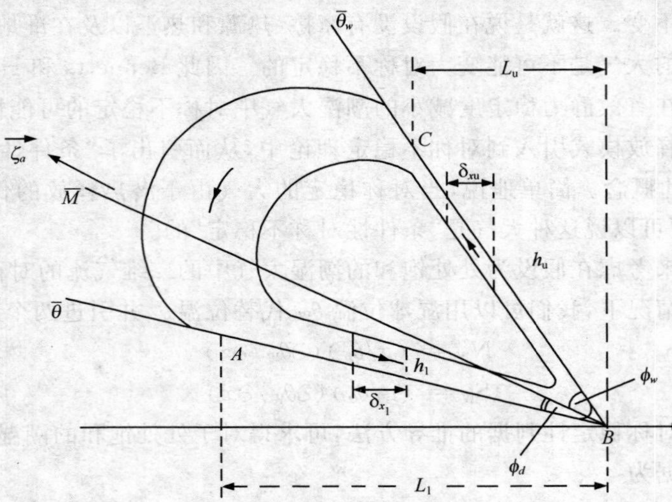

图 5.3 有下沉补偿运动的有限潮湿大气的条件性对称不稳定的图解

图中 $\bar{\theta}$,$\bar{\theta}_W$ 和 $\overline{M}$ 分别表示等位温面、等湿球位温面和等 $\overline{M}$ 面。等 $\overline{M}$ 面与绝对涡度矢量 ζ_a 相平行。环形流管上升支 BC 沿等 $\bar{\theta}_W$ 面,下沉支 AB 沿等 $\bar{\theta}$ 面(Bennetts 和 Hoskins,1979)。

5.4.4 导致条件性对称不稳定的有利形势

下面我们根据湿球位势涡度方程来讨论初始状态具有 $q_W>0$ 时,q_W 演变为负值($q_W<0$),从而产生条件性对称不稳定的可能性。湿球位势涡度方程可写成下列形式:

$$\frac{\mathrm{d}q_W}{\mathrm{d}t}=f(g^2/\theta_0^2)\boldsymbol{k}\cdot(\nabla\theta_W\times\nabla\theta)+f(g/\theta_0)\boldsymbol{\zeta}\cdot\nabla Q+f(g/\theta_0)\mathfrak{F}\cdot\nabla\theta_W \tag{5.44}$$

其中,右边第二、第三项分别为由于非绝热效应和摩擦效应引起的湿球位势涡度的变化。右边第一项则表示当水平方向上 θ 与 θ_W 面之间有角度时 q_W 的变化。当绝热、无摩擦时,$\mathrm{d}q_W/\mathrm{d}t$ 便只取决于右边第一项。如图 5.4 所示,如果在热成风方向上湿度增加,则按方程(5.44)可知,湿球位势涡度将减小(即 $\mathrm{d}q_W/\mathrm{d}t<0$)。在这种情况下,即使在初始时刻 $q_W>0$(即对称稳定),但是经过一段时间后,就可能出现 $q_W<0$(即对称不稳定)。诊断分析表明,如果在 θ 和 θ_W 面之间设置一个量级为 0.1°的交角,结果便在 1~2 天内,由于在方程(5.44)右边第一项的作用下,使流体质块产生了负的 q_W。由此可见,“在热成风方向上湿度增大”是导致条件性对称不稳定的一种有利形势,也是一条具有实际预报意义的判据。

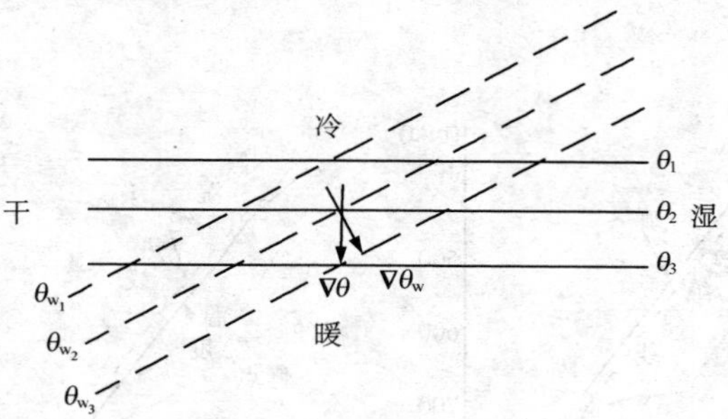

图 5.4　在水平面上可导致 $q_W<0$ 的一种 θ 和 θ_W 的分布(Bennetts 和 Hoskins,1979)

5.4.5　条件性对称不稳定的应用及实例

如上所述,对称不稳定,特别是条件性对称不稳定是倾斜对流发生发展的机制之一,而倾斜对流又与暴雨、强对流天气相联系。因此我们可以通过对条件性对称不稳定的判定及预报来预报对流性天气。这种方法比只用分析条件性不稳定判据要好。因为对流性天气的发生虽然与条件性不稳定有密切的关系,但是条件性不稳定并不是所有对流活动一开始就具有的特征。有时往往在对流前大气是条件性稳定的,在探空分析中,根本不存在正的不稳定能量。因此似乎不存在发生对流的可能。但是如果用条件性对称不稳定的判据来分析则可以发现,实际上大气为条件性对称不稳定的,具有条件性对称不稳定能量。因此可以判断具有发生对流的可能性。由于在条件性对称不稳定的情况下,在等 $\overline{M}$ 面上,$\left.\frac{\partial\bar{\theta}_e}{\partial z}\right|_{\overline{M}}<0$,因此当气块沿等 $\overline{M}$ 面上升时,条件性对称不稳定便成了等 $\overline{M}$ 面上的条件性不稳定。所以如果我们沿等 $\overline{M}$ 面作 T-ln$P$ 图分析,便可把气块沿等 $\overline{M}$ 面倾斜上升时所具有的条件性不稳定能量清楚地表现出来。

下面我们来看 Emanuel(1983)分析的一个例子。这是 1982 年 12 月 3 日发生在美国南部的一次对流性降水过程。图 5.5(a)是 Oklahoma City(俄克拉何马市)(OKC)在 12 月 3 日 00 世界时的探空分析图。由图可见,虽然在 750 hPa 有饱和层,但在 700 hPa 以上均为负不稳定能量面积。图5.6是 12 月 3 日 00 世界时沿着从 Texas(得克萨斯州)的 Amarillo(阿马里洛)(AMA)穿过 Oklahoma(俄克拉何马州)的 OKC 至 Alabama(亚拉巴马州)的 Centroyille(森特罗伊拉)(CKL)的西—东向基线的垂直剖面图。图 5.5(b)是沿着图 5.6 中 $M=50$ m/s 的等值面的探空。由图 5.5(b)可见,在 750 hPa 以上气层具有了条件性不稳定能量。

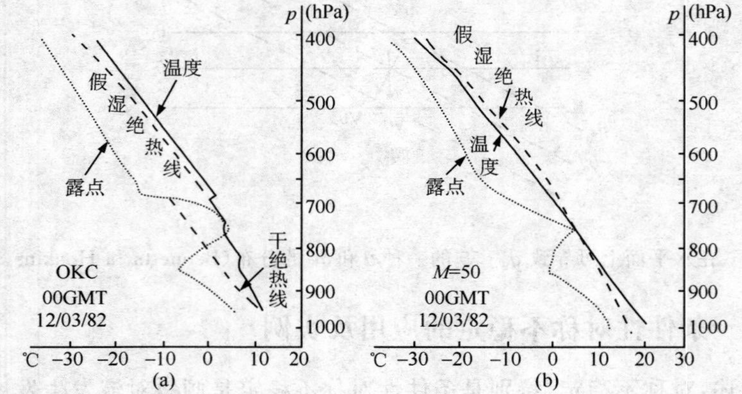

图 5.5　(a)1982 年 12 月 3 日 00 世界时，OKC 站的 T-ln$P$ 图；
(b)同一时刻沿图 5.6 中的 M=50 m/s 的等值面构作的 T-ln$P$ 图(Emanuel,1983)
图中实线为温度，点线为露点，虚线为假湿绝热线，带小圈点的虚线为干绝热线。

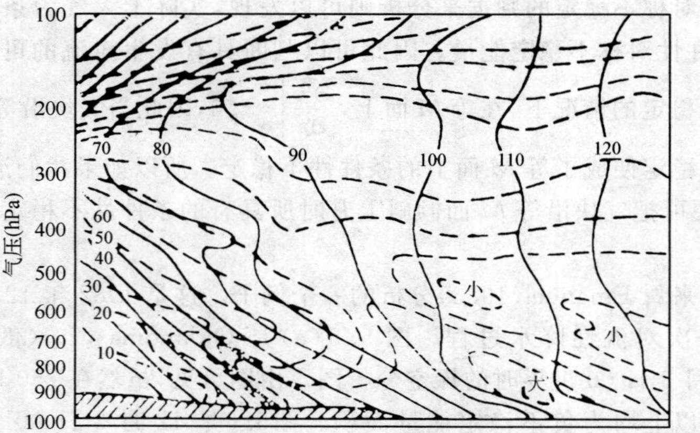

图 5.6　1982 年 12 月 3 日 00 世界时，由 AMA 至 CKL 的垂直截面图
虚线为等 θe 线(K)，实线为等 M 线(m/s)　(Emanuel,1983)

5.5　开尔文—亥姆霍兹不稳定

如果在一条速度不连续的切变线上涡度集中，则线性气流的不稳定性(即在某处有最大的切变涡度)可能变得特别显著。这种和不连续性相连系的不稳定性称为开尔文—亥姆霍兹不稳定(简称 K—H 不稳定)。

首先我们考虑一个不连续面。这个面分隔两部分均匀、不可压以及作二维平面运动的流体。设 S 线为不连续线。

开始时，假定 S 是直线(无限的定常滑动涡度线)，分隔两支均匀，反向气流。设沿 S 线有无限均匀的空间点，每组以速度 $\bar{\mathbf{V}}$ 移动。这些点把 S 分隔成具有同样涡旋强度 dc 的很多小段。

只要 S 是直线，则 $\bar{\mathbf{V}}$ 处处为 0，什么也不发生。现在我们引进扰动并让 S 具有小振幅的正弦曲线的形状，如图 5.7(a)所示。现在，在拐点(B 和 D 点)上，$\bar{\mathbf{V}}$ 仍然为 0。但在波槽中(A 点)，$\bar{\mathbf{V}}$ 指向右；而在波脊中(C 点)，$\bar{\mathbf{V}}$ 指向左。因此滑动涡旋沿 S 线迁移；它从 D 点移开，并围绕 B 点从两侧向 B 点集中，这个过程是不可逆的，并导致切变线围绕 B 点卷曲起来。而 B 点和 D 点一样，由于对称的缘故而保持静止。因此最终的结果是出现一组间隔相等的涡旋(图 5.7b)。然而这也是一种不稳定状态，它可能受到波长较长的波动的类似发展过程的支配。

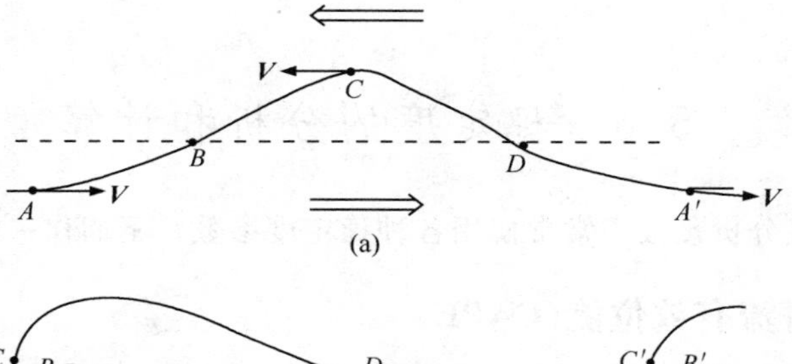

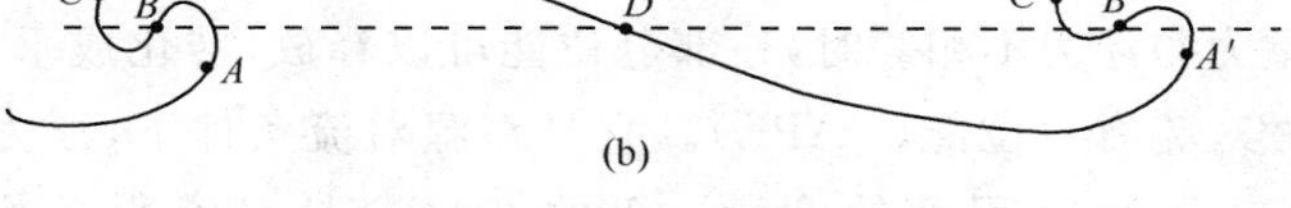

图 5.7　K—H 不稳定(Eliassen，1983)

在大气中，在一些线对流中往往会出现一些小涡旋。这也可能是由于开尔文—亥姆霍兹不稳定引起的。观测表明，有时在线对流的很长部位上可以稳定地保持切变气流。因而常常可以看到切变线部位上的雷达回波带是卷曲起来的，有时用多普勒雷达可以观测到线元上的小涡旋流场(如图 5.8、图 5.9 所示)。K. A. Browning

等认为水平切变得以破坏，造成涡旋的机制很可能是上面所说的开尔文—亥姆霍兹不稳定。理论分析表明，不稳定的必要条件为气流中某处 $Ri<\frac{1}{4}$。

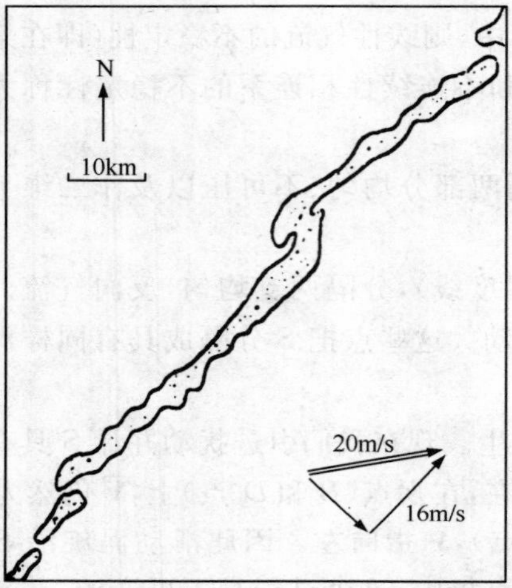

图 5.8　与线对流相对应的雷达 PPI 强回波的轮廓线。回波带的卷曲部分以 20 m/s 的速度从 260°相对于地面移动。(Browning 和 Harrold,1970)

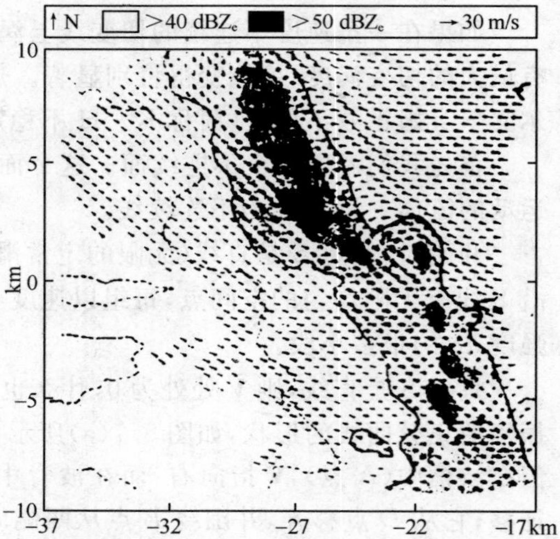

图 5.9　在线元一端的一个涡旋的平面图点区代表与线元内的强降水相联系的强雷达回波区。(Carbone,1982)

5.6　稳定度的分析和计算

在实际天气分析预报中常常使用各种稳定度参数。下面作一简要介绍：

5.6.1　对流有效位能(CAPE)

当气块的重力与浮力不相等时，一部分位能可以释放，转化成垂直运动的动能。这部分位能叫做对流有效位能(CAPE)。它是在湿对流条件下，浮力对上升气块所做的功，也是大气不稳定程度的度量。正的 CAPE 是对流所必须的。CAPE 定义为：

$$\text{CAPE}=g\int_{Z_{LFC}}^{Z_{EL}}\left(\frac{T_{vp}-T_{ve}}{T_{ve}}\right)\mathrm{d}z \tag{5.45}$$

其中 T_{vp} 与 T_{ve} 分别为气块与环境的虚温。Z_{LFC} 和 Z_{EL} 分别为自由对流高度和平衡高度。若考虑云中悬浮水滴的重力所产生的拖曳力，则可得修正的对流有效位能

MCAPE：

$$\mathrm{MCAPE}=g\int_{Z_{LFC}}^{Z_{EL}}\left(\frac{T_{vp}-T_{ve}}{T_{ve}}-l\right)\mathrm{d}z$$

或写成：

$$\mathrm{MCAPE}=g\int_{Z_{LFC}}^{Z_{EL}}\frac{1}{T_{ve}}[(T_{vp}-T_{ve})-T_{ve}\cdot(r_l-r_i)]\mathrm{d}z \tag{5.46}$$

其中，$l=r_l-r_i$，r_l 和 r_i 分别为液态水和冰的混合比。考虑到中值定理后，由(5.45)式可得：

$$\mathrm{CAPE}=\overline{\left(\frac{T_{vp}-T_{ve}}{T_{ve}}\right)}\times(Z_{EL}-Z_{LFC}) \tag{5.47}$$

其中，$Z_{EL}-Z_{LFC}=\Delta H_{FCL}$ 称为自由对流层厚度，$\overline{(\ )}$为对 ΔH_{FCL} 求出的算术平均。CAPE 正比于 T-ln$p$ 图上的正不稳定能量面积。CAPE 的大小取决于 ΔH_{FCL} 和该厚度内平均浮力的大小。在一定的条件下，若自由对流层厚度 ΔH_{FCL} 增大(减小)，则整个自由对流层内的平均浮力必然减小(增大)。因此在分析 CAPE 时，除了要考虑其数值外，还应考虑 T-ln$p$ 图上的正能量面积的纵横比(即高度与宽度之比)。具有相同 CAPE 值，但纵横比不同，其稳定度(例如 LI 指数)可以有较大的不同。为了消除 ΔH_{FCL} 的影响，突出平均浮力的作用 Blanchard(1998)引入了归一化对流有效位能 NCAPE 的概念。

$$\mathrm{NCAPE}=\mathrm{CAPE}/\Delta H_{FCL} \tag{5.48}$$

NCAPE 表示在自由对流层厚度 ΔH_{FCL} 内，当气块为单位质量时，气块的平均加速度或作用于它的平均浮力的大小。CAPE 的单位为 $\mathrm{J\cdot kg^{-1}}$ 或 $\mathrm{m^2\cdot s^{-2}}$。因此 NCAPE 的单位为 $\mathrm{J\cdot kg^{-1}\cdot m^{-1}}$ 或 $\mathrm{ms^{-1}}$。若用气压表示自由对流高度和平衡高度，则 NCAPE 可以写成：

$$\mathrm{NCAPE}=\mathrm{CAPE}/(P_{LFC}-P_{EL}) \tag{5.49}$$

其单位为 $\mathrm{J\cdot kg^{-1}\cdot hPa^{-1}}$。

5.6.2 对流抑制能量(CIN)

Colby(1984)提出对流抑制能量的概念。

$$\mathrm{CIN}=g\int_{Z_i}^{Z_{LFC}}\frac{T_e-T_p}{T_B}\mathrm{d}z \tag{5.50}$$

其中，T_e 和 T_p 分别表示环境和气块的温度。T_B 为稳定层的平均温度。Z_i 和 Z_{LFC} 分别为气块的起始高度和自由对流高度。CIN 表示当平均大气边界层气块通过稳定层达到自由对流高度 LFC 所做的负功。CIN 也表示气块获得对流潜势所必须超越的临界值。在 T-ln$p$ 图上，CIN 即自由对流高度以下的负能量面积 NA。所以(5.50)式也可写成

$$\mathrm{NA} = \mathrm{CIN} = -\int_{P_{LFC}}^{P_i} (T_{vp} - T_{ve}) R_d \frac{\mathrm{d}p}{p} \tag{5.51}$$

其中，T_{vp} 和 T_{ve} 分别为气块和环境的虚温，P_i 和 P_{LFC} 分别为气块的起始高度气压和自由对流高度气压。

Colby(1984)指出，为了使大气边界层气块穿过稳定层上升，该气块必须具有足够的单位质量动能或有一个向上冲击的垂直速度 W_{CIN}，它与 CIN 有下面的关系：

$$W_{\mathrm{CIN}} = \sqrt{2\mathrm{CIN}} \tag{5.52}$$

5.6.3 下沉对流有效位能(DCAPE)

由于液态水在未饱和空气中蒸发或固态水在融化层下面融化都会吸收热量，使空气冷却，造成下沉气流。这种下沉气流可能达到的强度与下沉对流有效位能(DCAPE)成比例。Emanuel(1994)给出 DCAPE 的表达式为：

$$\mathrm{DCAPE} = \int_{P_i}^{P_n} R_d (T_{\rho e} - T_{\rho p}) \mathrm{d}\ln P \tag{5.53}$$

其中 P_i 和 P_n 分别为气块下沉的起始高度气压和下沉气块到达中性浮力层或地面时的气压。$T_{\rho e}$ 和 $T_{\rho p}$ 分别为环境温度和气块密度温度。密度温度 T_ρ 指在相同的压力下，干空气密度等于湿空气和含液固态水空气的密度时，空气应有的温度为

$$T_\rho \equiv T \frac{1 + \gamma/\varepsilon}{1 + \gamma_T} \tag{5.54}$$

其中 T 为温度，γ_T 为水物质的混合比，$\gamma_T = \gamma + \gamma_l + \gamma_i$，$\gamma$、$\gamma_l$、$\gamma_i$ 分别为水汽、液态水和冰的混合比。ε 为干空气气体常数 R_d 与水汽气体常数 R_v 之比。当无水凝物时，$\gamma_T = \gamma$，则

$$T_\rho \equiv T \frac{1 + \gamma/\varepsilon}{1 + \gamma_T} = T \frac{1 + \gamma/\varepsilon}{1 + \gamma} \cong T \cdot (1 + 0.608\gamma) = T_v \tag{5.55}$$

这里 T_v 为虚温。所以 T_ρ 是 T_v 的推广，T_v 是 T_ρ 的特例，在湿大气对流理论中被广为应用。应用 T_ρ 可以得到：

$$\mathrm{CAPE} = g \int_{Z_{LFC}}^{Z_{EL}} \frac{1}{T_{\rho e}} (T_{\rho p} - T_{\rho e}) \mathrm{d}z \tag{5.56}$$

其中 $T_{\rho p}$ 和 $T_{\rho e}$ 分别为气块和环境的密度温度。

不考虑其他因素，若在下沉起点处垂直速度为 0，则在理论上，气块下沉达到中性浮力层或地面时，负浮力能引起的下沉垂直运动速度为：

$$-W_{\max} = \sqrt{2\mathrm{DCAPE}} \tag{5.57}$$

由于 DCAPE 值随初始状态相对湿度的降低而增大，因此中层入流空气越干冷，对流发展越强烈。

由于对流环流包括上升支和下降支，若忽略水汽对密度的影响，对于沿对流上升

气流，气块位移的对流有效位能 CAPE 和沿对流下沉气流，气块位移的下沉对流有效位能 DCAPE 分别为：

$$\mathrm{CAPE}=\int_{\mathrm{up}} g\,\frac{T_u-T_e}{T_e}\mathrm{d}z \tag{5.58}$$

$$\mathrm{DCAPE}=-\int_{\mathrm{down}} g\,\frac{T_d-T_e}{T_e}\mathrm{d}z \tag{5.59}$$

其中 T_u 和 T_d 分别为上升气块和下沉气块的温度，up 和 down 分别表示上升和下沉支。因此运动气块绕对流环流所做功的总量为：

$$\begin{aligned} W=\mathrm{CAPE}+\mathrm{DCAPE}&=\int_{Z_b}^{Z_t} g\left(\frac{T_u-T_d}{T_e}\right)\mathrm{d}z\approx-\int_{up}RT_u\,\mathrm{dln}P+\int_{down}RT_d\,\mathrm{dln}P \\ &\approx-RT\,\mathrm{dln}P\approx p\mathrm{d}\alpha\approx \mathrm{TCAPE} \end{aligned} \tag{5.60}$$

其中 Z_b 和 Z_t 分别称为对流层次的底部和顶部的高度，TCAPE 是可逆热机循环一周得到的总对流有效位能，此能量为有可能通过可逆热机转换成动能的能量。它包括通过上升气流和下沉气流转换成动能的有效能量。大的 TCAPE 值是维持强循环所必需的。

5.6.4　大气热力—动力稳定度组合参数

常常把大气热力稳定度参数与风垂直切变等动力参数组合起来形成一些具有天气动力学意义的新参数。以下介绍一些此类常用参数：

① 里查森数(Ri)

里查森数(Ri)是一个众所周知的表示乱流强度的无因次指标，可以表示为：

$$Ri=\frac{g}{T}\left(\frac{\Delta\theta}{\Delta z}\right)\Big/\left(\frac{\Delta U}{\Delta z}\right)^2 \tag{5.61}$$

Ri 数表示了静力稳定度与风速垂直切变之间的关系，实际上也表示了有效位能与有效动能之间的关系。当 Ri 数较小(如<0.25)时，会发生湍流运动，Fritschi 曾经分析了 Ri 数与天气的关系，发现 Ri 数对强对流天气有很好的指示性。他给出了下列判据：

$0.25\geqslant Ri\geqslant-1$	易发生中纬度系统性对流；
$Ri<-1$	易发生气团性雷暴；
$Ri<-2$	易发生热带性积雨云。

② 粗里查森数(BRN)

Weisman 和 Klemp(1982)引入了粗里查森数(Bulk Richardson Number)的概念，并用 R 或 BRN 表示它。

$$\mathrm{BRN}=\mathrm{CAPE}\Big/\left(\frac{1}{2}\overline{U_z^2}\right) \tag{5.62}$$

其中，$\overline{U}_z$ 是大气最低 6 km 中按密度权重得到的平均风速 $\overline{U}_{6000}$ 与大气最低 500 m 的平均风速 $\overline{U}_{500}$ 之差。

CAPE 与 BRN 之比称为粗里查森数切变（BRNSHR）。BRNSHR 表征了风暴相对地面风场的动能：

$$\text{BRNSHR} = \frac{1}{2}\,(u^2 + v^2)^{1/2} \tag{5.63}$$

其中 u,v 为 $[\,(u,v)_{0-6} - (u,v)_{0-0.5}\,]$；其中 $(u,v)_{0-6}$ 和 $(u,v)_{0-0.5}$ 分别为 0～6 km 的密度加权平均风速和 0～0.5 km 的密度加权平均风速的 u,v 分量。

③ 对流里查森数（CRN）

与以上的粗里查森数（BRN）形式相似的参数为对流里查森数（CRN）。对流里查森数（CRN）定义为对流有效位能 CAPE 与 ΔU（表示地面风速与对流风暴顶部高度上的风速之差）的平方的比值。

$$\text{CRN} = \text{CAPE}/\Delta U^2 \tag{5.64}$$

若用修正对流有效位能 MCAPE 与 ΔU 平方的比值，则称为修正的对流里查森数（MCRN）

$$\text{MCRN} = \text{MCAPE}/\Delta U^2 \tag{5.65}$$

④ 能量—螺旋度指数（EHI）

Hart 和 Korotky（1991），以及 Davis（1993）定义了能量—螺旋度指数（EHI）：

$$\text{EHI} = \frac{(\text{CAPE}) \cdot (\text{SRH})}{1.6 \times 10^5} \tag{5.66}$$

EHI 较大时，出现超级单体和龙卷风的可能性较大。

⑤ 涡生参数（VGP）

Rasmussen 与 Wilhelmson（1983）推出了下列表示由于扭转效应使得水平涡度转变为垂直涡度的转换率关系：

$$\left(\frac{\partial \zeta}{\partial t}\right)_{Twist} = \boldsymbol{\eta} \cdot \boldsymbol{\nabla} w \tag{5.67}$$

其中，ζ 为涡度的垂直分量，$\boldsymbol{\eta}$ 为水平涡度矢量，w 为垂直速度。在此基础上可以引入一个涡生参数 VGP：

$$\text{VGP} = S\,(\text{CAPE})^{\frac{1}{2}} \tag{5.68}$$

其中 S 为地面至高度 h 气层的平均切变：

$$S = \int_0^h \frac{\partial v}{\partial z}\mathrm{d}z \Big/ \int_0^h \mathrm{d}z \tag{5.69}$$

当 S 较大，CAPE 较大时，由于扭转效应而产生的涡度垂直分量增大较快。

5.6.5　条件性对称不稳定分析

有时大气对于单纯的垂直位移是重力稳定的，对于单纯的水平位移是惯性稳定的，但对于同时既具有垂直位移，又具有水平位移，即进行倾斜运动的时候，则可能产生重力—惯性不稳定。这种重力—惯性不稳定性称为对称不稳定。而对于干空气为对称稳定，对于潮湿饱和大气是对称不稳定的情况，便称为条件性对称不稳定。我们已对条件性对称不稳定的概念和判据作了介绍，这里再具体介绍其在日常业务工作中的一些常用的分析计算方法。

(1)用湿位涡分析条件性对称不稳定

常用湿位涡(MPV)来分析条件性对称不稳定(CSI)，当 MPV<0 时为对称不稳定，MPV>0 时为对称稳定。在等压面上 MPV 定义为：

$$\mathrm{MPV} = -\boldsymbol{\eta} \cdot \nabla \theta_e \tag{5.70}$$

式中 $\boldsymbol{\eta}$ 为 x,y,p 坐标系中的三维绝对涡度矢量，θ_e 为相当位温。将(5.70)式展开，并假定为地转气流，略去垂直运动 ω 以及包含相对 y 变化的项，则可得：

$$\mathrm{MPV} = g\left[\left(\frac{\partial M_g}{\partial p} \cdot \frac{\partial \theta_e}{\partial x}\right) - \left(\frac{\partial M_g}{\partial x} \cdot \frac{\partial \theta_e}{\partial p}\right)\right] \tag{5.71}$$

$$\mathrm{MPV} = \mathrm{MPV}_1 + \mathrm{MPV}_2 \tag{5.72}$$

(5.72)式中，MPV_1 和 MPV_2 分别等于(5.71)式右边的第一项和第二项，并分别表示湿位涡的水平分量和垂直分量。$M_g = V_g + fx$ 为绝对地转动量，才为相当位温。当 MPV<0，且大气是对流稳定的，则大气是条件性对称不稳定的。

条件性对称不稳定还可通过分析等熵面上的绝对涡度来判定。由(5.71)式可见，在等熵面上湿位涡为：

$$(\mathrm{MPV})_{\theta_e} = \left(\frac{\partial M_g}{\partial x}\right)_{\theta_e} \cdot \left(-\frac{\partial \theta_e}{\partial p}\right) \tag{5.73}$$

(5.73)式表明，在大气对流稳定的条件下，当 $\left(\frac{\partial M_g}{\partial x}\right)_{\theta_e} < 0$ 时，可满足 $(\mathrm{MPV})_{\theta_e} < 0$，说明在等熵面上绝对涡度为负值处为条件性对称不稳定区。

对于 M_g 和 θ_e 场对 MPV 的影响，还可以作以下的进一步分析。首先在 MPV_1 项中 $\frac{\partial M_g}{\partial p}$ 和 $\frac{\partial \theta_e}{\partial x}$ 分别表示风的垂直切变和大气的湿斜压性。设 x 指向暖空气一侧，则 $\frac{\partial \theta_e}{\partial x} > 0$。因此，当风速垂直切变增大时，$\mathrm{MPV}_1$ 负值增大，有利于产生对称不稳定。θ_e 的水平梯度愈大，即等 θ_e 面的斜率愈大，愈有利于产生对称不稳定；而风速垂直切变愈大表示等 Mg 面愈平缓，即斜率愈小，愈有利于产生对称不稳定；因此当等 θ_e 面的斜率愈大于等 Mg 面斜率时，愈有利于产生对称不稳定。

在 MPV_2 项中，$\frac{\partial M_g}{\partial x}$ 和 $\frac{\partial \theta_e}{\partial p}$ 分别表示绝对动量的水平变化和大气的对流稳定度。在北半球绝对涡度通常为正值，因此 $\frac{\partial M_g}{\partial x}$ 一般为正值。当 $\frac{\partial \theta_e}{\partial p} < 0$，即大气为对

流性稳定时，MPV_2 为正值，不利于对称不稳定性产生。当 $\frac{\partial\theta_e}{\partial p}=0$ 或 $\frac{\partial\theta_e}{\partial p}>0$，即大气为中性或对流性不稳定时，则有利于对称不稳定的产生。在 $\frac{\partial\theta_e}{\partial p}=0$ 的情况下，$MPV_2=0$，若 $MPV_1<0$，则 $MPV<0$，因而不妨碍对称不稳定的产生。在 $\frac{\partial\theta_e}{\partial p}>0$ 的情况下，$MPV_2<0$，若 $MPV_1<0$，则 $MPV<0$；若 $MPV_1>0$，但 $|MPV_2|>MPV_1$，则仍有 $MPV<0$，因而在这种情况下，既有对流不稳定，又有对称不稳定，即既可有垂直对流，又可有倾斜对流发生。但由于垂直对流有较快的增长率，对流不稳定将控制对称不稳定，因而大气运动更显示出时空尺度较短的特征。从以上分析可见，在中性或弱的对流稳定大气中，容易出现对称不稳定。这个结论与对称不稳定要求里查森数较小($Ri<1$)的条件是一致的。

(2)用等熵面上的绝对涡度来估算 CSI

前面已经指出，对称不稳定是在等熵面斜率大于等 M 面斜率的情况下发生的。在等熵面斜率大于等 M 面斜率的情况下，沿等熵面上升的气流是惯性不稳定的。因此对称不稳定即为等熵面上的惯性不稳定。所以 CSI 也可以通过计算等熵面上的绝对涡度来估算。在等熵面上绝对涡度为负值的地方是条件性对称不稳定的。

(3)用倾斜对流有效位能来估算 CSI

在等熵面斜率大于等 M 面斜率的情况下，沿等 M 面上升的气块是对流不稳定的，因此，对称不稳定即等 M 面上的对流不稳定。根据这一原理我们可以通过计算倾斜对流有效位能(SCAPE)来估算 CSI。SCAPE 即沿等 M 面上升气块的对流有效位能。它用沿等 M 面上升气块的虚位温与环境虚位温之间的正面积的总和来表示。在 $X-Y$ 平面上，用气块法得到的倾斜对流有效位能为：

$$\mathrm{SCAPE}=\int_{LFS}^{EL}\frac{g}{\theta_{v0}}(\theta_{vp}-\theta_{ve})\mathrm{d}z \tag{5.74}$$

其中，LFS 为自由倾斜对流高度，EL 为对流平衡高度，θ_v 为虚位温，θ_{v0}，θ_{vp}，θ_{ve} 分别为大气中 θ_v 的典型值以及气块和环境的 θ_v。积分是沿着环境的等绝对动量面进行的。当 SCAPE>0 时，表示大气是倾斜不稳定的。

利用单站探空资料可以估算 SCAPE，假定风是地转风、M 的水平梯度和垂直梯度以及绝对涡度的垂直分量均为常数，则 SCAPE 可由下式计算：

$$\mathrm{SCAPE}=\frac{1}{2}\frac{f}{\eta}(V_1-V_0)^2+\int_0^1\frac{g}{\theta_{v0}}(\theta_{vp}-\theta_{ve})\mathrm{d}z \tag{5.75}$$

V_0，V_1 分别为初始层和终点计算层的风速。上式右边第一项为风速垂直切变对 SCAPE 的贡献，第二项为浮力对 SCAPE 的贡献。

第 6 章　大气垂直运动的诊断

大气垂直运动是天气分析和预报中必须经常考虑的一个重要物理量，其重要作用主要表现在以下几个方面：(1)大气中的凝结和降水过程与上升运动有密切联系；(2)大气层结不稳定能量须在一定的上升运动条件下，才能释放出来，从而形成对流性天气；(3)垂直运动造成的水汽、热量、动量、涡度等物理量的垂直输送对天气系统的发展有很大的影响；(4)大气中的能量转换主要是通过垂直运动才得以实现的。垂直运动常被作为天气系统生成和发展的一个重要指标。因此分析垂直运动具有重要意义。

与水平风速相比，垂直速度是一个小量。对于典型的天气尺度系统来讲，其垂直速度的量级为几厘米/秒，对于中尺度系统而言，一般情况下也只有几十厘米/秒的量级。而目前探测仪器的探测精度为 1 m/s 左右。因此，垂直速度不是直接观测得到的物理量，它是通过间接计算而得到的。计算垂直速度的方法很多，从物理上可以分为热力学方法、运动学方法和动力学方法三类。常用的有个别变化法(又称绝热法)、运动学法、地转涡度求解法、通过降水量反算法、求解 ω 方程等。这些方法都各有利弊，下面进行具体介绍。

6.1　个别变化法

用个别变化法计算大气的垂直速度，都是假定在绝热条件下进行的，所以又称绝热法。

对任何一个气象要素的个别变化，可以写成：

$$\frac{\mathrm{d}}{\mathrm{d}t}=\frac{\partial}{\partial t}+V\cdot\nabla+w\frac{\partial}{\partial z}$$

求解 w，可以写成：

$$w=\left[\frac{\mathrm{d}}{\mathrm{d}t}-\left(\frac{\partial}{\partial t}+V\cdot\nabla\right)\Big/\frac{\partial}{\partial z}\right] \tag{6.1}$$

这种方法中，$\frac{\mathrm{d}}{\mathrm{d}t}$ 项不易确定。如果用比湿 q 来计算垂直速度时，设大气中没有蒸发、凝结过程，则 $\frac{\mathrm{d}q}{\mathrm{d}t}=0$，于是有：

$$w=\frac{-\left(\frac{\partial q}{\partial t}+\mathbf{V}\cdot\nabla q\right)}{\frac{\partial q}{\partial z}} \tag{6.2}$$

根据(6.2)式，已知比湿的局地变化、湿度的平流和比湿的垂直梯度，就可以计算出大气的垂直速度。但湿度变化比较大，计算也麻烦，一般常取温度的个别变化来计算大气中的垂直速度。根据热力学第一定律，当大气处于绝热状态时，可以写成：

$$\frac{\mathrm{d}T}{\mathrm{d}t}=\frac{RT}{pc_p}\frac{\mathrm{d}p}{\mathrm{d}t}$$

因为 $\frac{\mathrm{d}p}{\mathrm{d}t}=\omega$，于是有：

$$\frac{\mathrm{d}T}{\mathrm{d}t}=\frac{RT}{pc_p}\omega \tag{6.3}$$

已知，ω，w 是分别是 (x,y,p) 坐标系、(x,y,z) 坐标系的垂直速度，将 $\omega=-\rho g w$ 代入(6.3)式，可得：

$$\frac{\mathrm{d}T}{\mathrm{d}t}=-w\gamma_d \tag{6.4}$$

将(6.4)式展开，可以写成：

$$\frac{\partial T}{\partial t}+\mathbf{V}\cdot\nabla T+w\frac{\partial T}{\partial z}=-w\gamma_d$$

移项后，可得：

$$\frac{\partial T}{\partial t}+\mathbf{V}\cdot\nabla T=-w(\gamma_d-\gamma)$$

于是有：

$$w=\frac{-\left(\frac{\partial T}{\partial t}+\mathbf{V}\cdot\nabla T\right)}{\gamma_d-\gamma} \tag{6.5}$$

其中，$\gamma=-\frac{\partial T}{\partial z}$。

用(6.5)式计算大气垂直速度时，只要知道固定地点任一等压面上的温度局地变化 $\frac{\partial T}{\partial t}$，平流变化 $-\mathbf{V}\cdot\nabla T$，以及温度直减率 γ 和干绝热直减率 γ_d（当空气饱和时，则用湿绝热直减率 γ_s 代替），求得该等压面上的垂直速度（单位为 cm/s，正值为上升运动，负值为下沉运动）。

对于干空气来讲，位温具有保守性，它比温度属性更好。位温的个别变化为：

$$\frac{\mathrm{d}\theta}{\mathrm{d}t}=\frac{\partial\theta}{\partial t}+u\frac{\partial\theta}{\partial x}+v\frac{\partial\theta}{\partial y}+w\frac{\partial\theta}{\partial z}=0 \tag{6.6}$$

由（6.6）式可得：

$$w=\frac{-\left(\frac{\partial\theta}{\partial t}+u\frac{\partial\theta}{\partial x}+v\frac{\partial\theta}{\partial y}\right)}{\frac{\partial\theta}{\partial z}} \tag{6.7}$$

（6.7）式中 u,v 及 w 是风在分别沿 x,y 及 z 轴上的分量；$\frac{\partial\theta}{\partial x},\frac{\partial\theta}{\partial y}$ 及 $\frac{\partial\theta}{\partial z}$ 是 θ 分别在各坐标轴上的梯度。对于某一等压面来讲，$\theta=T\left(\frac{1000}{p}\right)^{\frac{R}{c_p}}$，可以写成 $\theta=T\cdot k_p$，因为 $p=$ 常数，位温就是温度的函数了。将 $\theta=T\cdot k_p$ 和 $\frac{\partial\theta}{\partial z}=\frac{\theta}{T}(\gamma_d-\gamma)$ 代入（6.7）式，则有：

$$w=\frac{-\left(\frac{\partial\theta}{\partial t}+\mathbf{V}\cdot\nabla\theta\right)}{k_p(\gamma_d-\gamma)}=\frac{-\left(\frac{\partial T}{\partial t}+\mathbf{V}\cdot\nabla T\right)}{\gamma_d-\gamma} \tag{6.8}$$

从（6.8）式可知，在等压面上计算垂直速度的公式与（6.5）式是一样的。

利用（6.7）式具体计算时，θ 的局地变化 $\frac{\partial\theta}{\partial t}$ 可用前后两个时刻的 θ 相减求得，$-\left(u\frac{\partial\theta}{\partial x}+v\frac{\partial\theta}{\partial y}\right)$ 用差分法求得，θ 随高度的变化 $\frac{\partial\theta}{\partial z}$ 用上、下两层的 θ 相减求得。将这些项代入（6.7）式后，即可计算出垂直速度。

用绝热法计算垂直速度时，也可用下列表达式：

$$\omega=-\left(\frac{\partial\theta}{\partial t}+\mathbf{V}\cdot\nabla\theta\right)\Big/\frac{\partial\theta}{\partial p} \tag{6.9}$$

（6.9）式是根据 $\frac{\mathrm{d}\theta}{\mathrm{d}t}=\frac{\partial\theta}{\partial t}+\mathbf{V}\cdot\nabla\theta+\omega\frac{\partial\theta}{\partial p}=0$ 的关系推出的。计算方法及步骤与（6.7）式类似。（6.9）式与（6.7）式的差异仅在于垂直坐标不同。

利用个别法（或绝热法）求取 ω，其优点是：(a)计算简单；(b)在对流层上层由于大气的物理过程基本上是绝热的，因此，求得的 ω 值与实际值相近，故一般情况下，对高层大气效果较好，且常常用这种方法来订正其他方法在上层求得的结果。其缺点是：(a)大气低层一般并不绝热，采用气温（或）位温变化的绝热假设有时不符合实际情况;(b)大气低层有时会出现 $\frac{\partial\theta}{\partial p}$(或 $\frac{\partial\theta}{\partial z}$)很小或接近于零的现象,或 $-\frac{\partial T}{\partial z}\approx\gamma_d$(即大气接近中性)的现象,这时 ω(或 w)将成为无穷大,这是绝热法难以处理的特殊情况,因此下层大气用这种方法求 ω 效果不好;(c)在求局地变化时,有时 θ 或 T 的变化趋势转折点不正好在观测时刻,而是处于两次观测时刻的中间,因此用两个观测时刻的 θ 或 T 相减就不能反映系统的发展情况。

垂直速度在 (x,y,p,t) 坐标系里为 $\omega(=\mathrm{d}p/\mathrm{d}t)$,在 (x,y,z,t) 坐标系里为 $w(=\mathrm{d}z/\mathrm{d}t)$,两者有以下的关系:

$$\omega=\frac{\mathrm{d}p}{\mathrm{d}t}=\frac{\partial p}{\partial t}+V\cdot\nabla p+w\frac{\partial p}{\partial z} \tag{6.10}$$

通常,(6.10)式的右边前二项之和很小,因此:

$$\omega=\frac{\mathrm{d}p}{\mathrm{d}t}\cong w\frac{\partial p}{\partial z} \tag{6.11}$$

代入静力学关系,则得:

$$\omega=\frac{\mathrm{d}p}{\mathrm{d}t}\cong-\rho g w \tag{6.12}$$

(6.12)式为 ω 与 w 的换算关系式。ω 与 w 符号相反,对于上升运动,$w>0,\omega<0$;下沉运动,$w<0,\omega>0$。通常情况下,ω 的单位多取百帕/秒(hPa/s),w 的单位多取厘米/秒(cm/s)。

6.2 运动学法

在暴雨的诊断分析中,由于暴雨过程中是非绝热的,故不能用绝热法求 ω,同时暴雨过程中也是非地转的,也不能用准地转涡度方程来求 ω。因此,只能用运动学法,或通过降水反查,或通过求解 ω 方程来求取 ω。下面介绍利用运动学法求取 ω 的具体过程。

所谓运动学法,就是从积分连续方程来求取垂直速度的方法。在 (x,y,p) 坐标系中,连续方程可写为:

$$\frac{\partial u}{\partial x}+\frac{\partial v}{\partial y}+\frac{\partial\omega}{\partial p}=0\ \text{或}\ \frac{\partial\omega}{\partial p}=-\left(\frac{\partial u}{\partial x}+\frac{\partial v}{\partial y}\right) \tag{6.13}$$

(6.13)式两端对 p 积分得:

$$\omega-\omega_{p_0}=-\int_{p_0}^{p}\left(\frac{\partial u}{\partial x}+\frac{\partial v}{\partial y}\right)\mathrm{d}p=\overline{\left(\frac{\partial u}{\partial x}+\frac{\partial v}{\partial y}\right)}(p_0-p) \tag{6.14}$$

令 $\overline{D}=\overline{\left(\frac{\partial u}{\partial x}+\frac{\partial v}{\partial y}\right)}$ 为 p_0 和 p 两层之间的平均散度，则(6.14)式可改写成：

$$\omega=\omega_0+\overline{D}(p_0-p) \tag{6.15}$$

(6.15)式中 ω 和 ω_0 分别是 p 和 p_0 高度的垂直速度，单位是百帕/秒(hPa/s)，正值为下沉运动，负值为上升运动。若平均散度 $\overline{D}$ 在 p_0 和 p 两层之间的变化是线性的，即 $\overline{D}=\frac{1}{2}(D_0+D)$，那么，根据(6.15)式便可在求得各层散度之后，自下而上一层一层地算出各层的垂直速度来。

原则上，可以用这种方法计算出任意层次的 ω。但在实际上，用这种方法来计算高层的 ω 常常很不准确。原因是风在高层观测的精确度较低，同时在作散度计算时，又有风的分析方面的误差或计算方面的误差，这些误差都随高度升高而有积累，从而导致 ω 的计算值的精确度随高度升高而不断下降。结果到了气柱的顶部，ω 的值往往不能满足 $\omega_{上界}=0$ 的边界条件，这就违背了"补偿原理"。因此，需要对上述运动学方法进行修订。

6.3　地转涡度求解法

由 p 坐标系中的运动方程组可得涡度方程：

$$\frac{\partial \xi}{\partial t}+(\xi+f)D+\mathbf{V}\cdot\nabla\xi+\omega\frac{\partial \xi}{\partial p}+u\frac{\partial f}{\partial x}+v\frac{\partial f}{\partial y}+\left(\frac{\partial \omega}{\partial x}\frac{\partial v}{\partial p}-\frac{\partial \omega}{\partial y}\frac{\partial u}{\partial p}\right)=0 \tag{6.16}$$

其中，地转涡度 $f=2\Omega\sin\varphi$ 和 x 无关，即 $\frac{\partial f}{\partial x}=0$，而 $\frac{\partial f}{\partial y}=\frac{\partial f}{a\partial\varphi}=\frac{2\Omega}{a}\cos\varphi$，这里 a 是地球半径。因此涡度方程可以写成：

$$\frac{\partial \xi}{\partial t}=-(\xi+f)D-\mathbf{V}\cdot\nabla\xi-\omega\frac{\partial \xi}{\partial p}-\frac{2\Omega v}{a}\cos\varphi+\left(\frac{\partial \omega}{\partial y}\frac{\partial u}{\partial p}-\frac{\partial \omega}{\partial x}\frac{\partial v}{\partial p}\right) \tag{6.17}$$

方程(6.17)左端是相对涡度的局地变化；右端第一项是绝对涡度的散度项，第二项是相对涡度平流，第三项是相对涡度的垂直输送，第四项是地转涡度平流，第五项是扭转项。在方程(6.17)中：涡度的垂直输送项很小，可以略去；对辐散项有 $fD\gg\xi D$，因此 $(\xi+f)D\approx fD$；扭转项也很小，可以略去。经过这样的简化以后，涡度方程变为：

$$\frac{\partial \xi}{\partial t}=-fD-\mathbf{V}\cdot\nabla\xi-\frac{2\Omega v}{a}\cos\varphi \tag{6.18}$$

利用连续方程 $D=-\dfrac{\partial\omega}{\partial p}$ 消去(6.18)式中的散度项，得到：

$$\frac{\partial\xi}{\partial t}=f\frac{\partial\omega}{\partial p}-\boldsymbol{V}\cdot\nabla\xi-\frac{2\Omega v}{a}\cos\varphi \tag{6.19}$$

利用地转风代替实测风，(6.19)式可写成：

$$\frac{\partial\xi_g}{\partial t}=f\frac{\partial\omega}{\partial p}-\boldsymbol{V}_g\cdot\nabla\xi_g-\frac{2\Omega v_g}{a}\cos\varphi \tag{6.20}$$

将(6.20)式移项，并对 p 积分，可得：

$$\omega=\omega_0+\frac{1}{f}\int_{p_0}^{p}\left(\frac{\partial\xi_g}{\partial t}+\boldsymbol{V}_g\cdot\nabla\xi_g+\frac{2\Omega}{a}v_g\cos\varphi\right)\mathrm{d}p \tag{6.21}$$

(6.21)式中

$$u_g=-\frac{1}{f}\frac{\partial\Phi}{\partial y},\ v_g=\frac{1}{f}\frac{\partial\Phi}{\partial x},\ \xi_g=\frac{\partial v_g}{\partial x}-\frac{\partial u_g}{\partial y}=\frac{1}{f}\nabla^2\Phi。$$

可见，由各层的位势高度 Φ 可以求得地转风 u_g，v_g 及地转风涡度 ξ_g，再由 ω_0 便可求出 ω 值来。用准地转涡度方程求 ω 效果较好，与未经修正的运动学方法相比要准确些。

6.4 通过降水量反算 ω 的方法

有时为了分析的需要，要求由降水量推算大气的垂直速度。下面介绍一个简便的方法。

以静力方程 $\mathrm{d}p=-\rho g\,\mathrm{d}z$ 及关系式 $\dfrac{\mathrm{d}q_s}{\mathrm{d}t}=\dfrac{\mathrm{d}q_s}{\mathrm{d}p}\dfrac{\mathrm{d}p}{\mathrm{d}t}=\omega\dfrac{\mathrm{d}q_s}{\mathrm{d}p}$（其中 q_s 为饱和比湿），代入 $I=-\int_0^\infty\rho\dfrac{\mathrm{d}q_s}{\mathrm{d}t}\mathrm{d}z$（其中，$I$ 为单位时间内降在单位面积上的总降水量，即"降水率"或"降水强度"），则得：

$$I=\frac{1}{g}\int_{p_0}^{0}\omega\frac{\mathrm{d}q_s}{\mathrm{d}p}\mathrm{d}p \tag{6.22}$$

或

$$I=\frac{1}{g}\int_{q_{s_0}}^{0}\omega\,\mathrm{d}q_s \tag{6.23}$$

其中，q_{s_0} 为地面饱和比湿。

或

$$I = -\frac{1}{g}\overline{\omega} q_{s_0} \tag{6.24}$$

于是有：

$$\overline{\omega} = -\frac{I}{q_{s_0}} g \tag{6.25}$$

由(6.25)式可知，整层平均垂直速度 $(\overline{\omega})$ 与降水率成正比，而与地面饱和比湿成反比。这是因为降水时，假设整层大气饱和，温度按湿绝热直减率递减，整层大气的湿度成为地面饱和比湿的函数。故用地面的饱和比湿即可表示整层的比湿。

设无辐散层在 $p_0/2$ 处，最大垂直速度为 ω_a，ω 随高度按正弦式分布(图 6.1)，

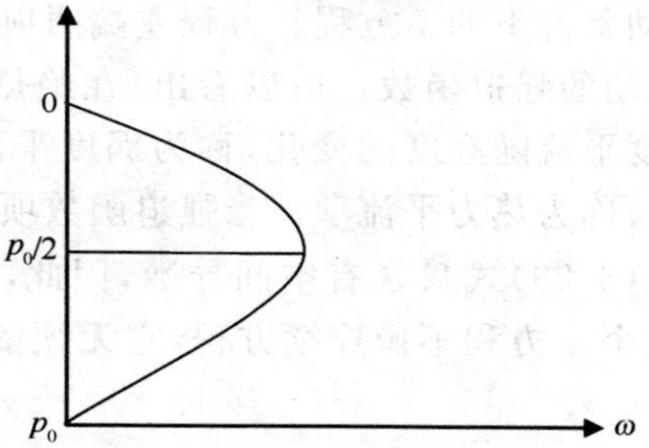

图 6.1

$$\omega = \omega_a \sin\frac{\pi p}{p_0} \tag{6.26}$$

则有

$$\overline{\omega} = \frac{1}{p_0}\int_0^{p_0} \omega \mathrm{d}p = \frac{\omega_a}{p_0}\int_0^{p_0} \sin\frac{\pi p}{p_0}\mathrm{d}p = -\frac{\omega_a}{\pi}\cos\frac{\pi p}{p_0}\bigg|_0^{p_0} = 2\frac{\omega_a}{\pi} \tag{6.27}$$

因此，最大垂直速度为：

$$\omega_a = \frac{\pi}{2}\overline{\omega} = -\frac{\pi}{2} g \frac{I}{q_{s0}} \tag{6.28}$$

由(6.27)式及(6.28)式可以求得整层平均垂直速度和最大垂直速度。当然，反过来由 ω_a 和 q_{s0} 也可以求得降水率 I。若 500 hPa 为无辐散层，则由 500 hPa 上的垂直速度和地面饱和比湿即可求出降水率。

6.5　求解准地转 ω 方程

用绝热法、运动学法、积分准地转涡度方程以及通过降水量反算求得的 ω 都是一

定空间 $(\Delta x,\Delta y,\Delta p)$ 或一定空间、一定时间 $(\Delta t,\Delta x,\Delta y,\Delta p)$ 范围内的平均 ω 值，其量纲都是百帕/秒。这些方法的共同缺点是不能区分产生垂直运动的各个因子的贡献大小，就需要直接解 ω 方程。通过求解 ω 方程计算垂直速度的最大优点，在于能够区分出产生垂直运动的各个因子的贡献大小。因而有助于了解形成天气过程的主要和次要因子。

决定垂直运动的 ω 方程可以从涡度方程和热流入量方程求得：

$$\sigma\nabla^2\omega+f^2\frac{\partial^2\omega}{\partial p^2}=f\frac{\partial}{\partial p}[V_g\cdot\nabla(\xi_g+f)]+\nabla^2\left[V_g\cdot\nabla\left(-\frac{\partial\Phi}{\partial p}\right)\right] \tag{6.29}$$

(6.29)式即为绝热、准地转条件下的 ω 方程。在推导过程中由于运用了准地转近似，因此，这是一个准地转运动条件下的 ω 方程。方程左端两项是 ω 的空间分布，右端两项可以看成是产生垂直运动的强迫函数。可以看出，在绝热大气中产生垂直运动的因子有两个：一是绝对涡度平流随高度的变化，称为涡度平流微差项；二是厚度平流(温度平流)的拉普拉斯项，称为热力平流项。当强迫函数项给出后，在一定的条件下可以解出 ω 的空间分布。(6.29)式只含有空间导数，因此，它是一个用瞬时 Φ 场表示的 ω 场的诊断方程。这个 ω 方程不像连续方程，它无须依赖风的精确观测值就能算出 ω 值。

6.6 求解修改的准地转 ω 方程

准地转 ω 方程是在绝热的假定下得到的，同时也未考虑近地层的摩擦影响。然而非绝热因子和摩擦作用对垂直运动的影响也很重要，尤其是降水发生的潜热释放对垂直运动的影响很大，这就是所谓暴雨的反馈作用。因此，有人对准地转 ω 方程进行了修改，考虑非绝热加热和摩擦的作用，得到修改的准地转 ω 方程。

6.6.1 方程推导

p 坐标系中考虑摩擦的运动方程组为：

$$\frac{\partial u}{\partial t}+u\frac{\partial u}{\partial x}+v\frac{\partial u}{\partial y}+\omega\frac{\partial u}{\partial p}=-\frac{1}{\rho}\frac{\partial p}{\partial x}+fv+F_x \tag{6.30}$$

$$\frac{\partial v}{\partial t}+u\frac{\partial v}{\partial x}+v\frac{\partial v}{\partial y}+\omega\frac{\partial v}{\partial p}=-\frac{1}{\rho}\frac{\partial p}{\partial y}-fu+F_y \tag{6.31}$$

由(6.30)式、(6.31)式可以导出含有摩擦力影响的涡度方程为：

$$\frac{\partial\xi}{\partial t}=-\mathbf{V}\cdot\nabla(\xi+f)-(\xi+f)D-\omega\frac{\partial\xi}{\partial p}+\left(\frac{\partial\omega}{\partial y}\frac{\partial u}{\partial p}-\frac{\partial\omega}{\partial x}\frac{\partial v}{\partial p}\right)+\nabla\times\boldsymbol{F} \tag{6.32}$$

其中，$\nabla\times\boldsymbol{F}=\frac{\partial F_y}{\partial x}-\frac{\partial F_x}{\partial y}$，为由摩擦力产生的涡度在垂直方向的分量。

将 p 坐标系中的连续方程 $D=-\frac{\partial\omega}{\partial p}$ 代入(6.32)式，并用地转风代替实测风，则得：

$$\frac{1}{f}\frac{\partial}{\partial t}(\nabla^2\Phi)=-\boldsymbol{V}_g\cdot\nabla(\xi_g+f)+(\xi_g+f)\frac{\partial\omega}{\partial p}$$
$$-\omega\frac{\partial\xi_g}{\partial p}+\left(\frac{\partial\omega}{\partial y}\frac{\partial u_g}{\partial p}-\frac{\partial\omega}{\partial x}\frac{\partial v_g}{\partial p}\right)+(\nabla\times\boldsymbol{F}) \tag{6.33}$$

令 $\varepsilon=\frac{\mathrm{d}Q}{\mathrm{d}t}$，则热流量方程可以写成：

$$\frac{\partial T}{\partial t}=-\left(u_g\frac{\partial T}{\partial x}+v_g\frac{\partial T}{\partial y}\right)-\omega\frac{\partial T}{\partial p}+\frac{\varepsilon}{c_p}+\frac{RT}{pc_p}\omega \tag{6.34}$$

将 $T=\frac{p}{\rho R}=-\frac{p}{R}\frac{\partial\Phi}{\partial p}$ 代入(6.34)式左端，并采用类似准地转 ω 方程的推导，可得：

$$\frac{\partial^2\Phi}{\partial t\partial p}=\frac{R}{p}\left(\boldsymbol{V}_g\cdot\nabla T-\frac{\varepsilon}{c_p}\right)+\frac{R\omega}{p}\left(\frac{\partial T}{\partial p}-\frac{RT}{pc_p}\right) \tag{6.35}$$

将 θ 取对数，再对 p 求偏导，可得：

$$\frac{1}{\theta}\frac{\partial\theta}{\partial p}=\frac{1}{T}\frac{\partial T}{\partial p}-\frac{R}{pc_p} \tag{6.36}$$

将(6.36)式代入(6.35)式，可得：

$$\frac{\partial^2\Phi}{\partial t\partial p}=\frac{R}{p}\left(\boldsymbol{V}_g\cdot\nabla T-\frac{\varepsilon}{c_p}\right)+\frac{R\omega T}{p\theta}\frac{\partial\theta}{\partial p} \tag{6.37}$$

将(6.37)式施以 ∇^2 运算，同时将(6.35)式对 p 求偏导，然后二者相减，于是可得：

$$\frac{R}{p}\nabla^2(\boldsymbol{V}_g\cdot\nabla T)-\frac{R}{pc_p}\nabla^2\varepsilon+\frac{R}{p}\nabla^2\left(\frac{T\omega}{\theta}\frac{\partial\theta}{\partial p}\right)+$$
$$\frac{\partial}{\partial p}[f\boldsymbol{V}_g\cdot\nabla(\xi_g+f)]-\frac{\partial}{\partial p}\left[f(\xi_g+f)\frac{\partial\omega}{\partial p}\right]+ \tag{6.38}$$
$$\frac{\partial}{\partial p}\left(f\omega\frac{\partial\xi_g}{\partial p}\right)-\frac{\partial}{\partial p}\left[f\left(\frac{\partial\omega}{\partial y}\frac{\partial u_g}{\partial p}-\frac{\partial\omega}{\partial x}\frac{\partial v_g}{\partial p}\right)\right]-\frac{\partial}{\partial p}[f(\nabla\times\boldsymbol{F})]=0$$

(6.38)式就是修改的准地转 ω 方程。这个方程可作如下简化：

(a)涡度的扭转项 $\frac{\partial}{\partial p}\left[f\left(\frac{\partial u_g}{\partial p}\frac{\partial\omega}{\partial y}-\frac{\partial v_g}{\partial p}\frac{\partial\omega}{\partial x}\right)\right]$ 和垂直输送项 $\frac{\partial}{\partial p}\left(f\omega\frac{\partial\xi_g}{\partial p}\right)$ 量级都很小，而且两项符号经常相反，相互抵消，故可略去。

(b)由于 $f \gg \xi_g$，因此有 $f(\xi_g + f)\dfrac{\partial\omega}{\partial p} \approx f^2 \dfrac{\partial\omega}{\partial p}$

(c)在等压面上 $\dfrac{\partial\theta}{\partial x} = \left(\dfrac{p_0}{p}\right)^{\frac{R}{c_p}} \dfrac{\partial T}{\partial x}, \dfrac{\partial\theta}{\partial y} = \left(\dfrac{p_0}{p}\right)^{\frac{R}{c_p}} \dfrac{\partial T}{\partial y}$，故有：

$$\frac{R}{p}\boldsymbol{\nabla}^2(\boldsymbol{V}_g \cdot \boldsymbol{\nabla}T) = \frac{R}{p}\left(\frac{p}{p_0}\right)^{\frac{R}{c_p}} \boldsymbol{\nabla}^2(V_g \cdot \boldsymbol{\nabla}\theta) \tag{6.39}$$

其中，$p_0 = 1000$ hPa。

令

$$B = \frac{R}{p}\left(\frac{p}{p_0}\right)^{\frac{R}{c_p}} \tag{6.40}$$

则(6.39)式变为：

$$\frac{R}{p}\boldsymbol{\nabla}^2(V_g \cdot \boldsymbol{\nabla}T) = B\boldsymbol{\nabla}^2(V_g \cdot \boldsymbol{\nabla}\theta) \tag{6.41}$$

类似地有：

$$\frac{R}{p}\boldsymbol{\nabla}^2\left(\frac{T\omega}{\theta}\frac{\partial\theta}{\partial p}\right) = B\boldsymbol{\nabla}^2\left(\omega\frac{\partial\theta}{\partial p}\right) \tag{6.42}$$

经过上述简化后，修改的 ω 方程(6.38)式可写为：

$$B\boldsymbol{\nabla}^2(\boldsymbol{V}_g \cdot \boldsymbol{\nabla}\theta) - \frac{R}{pc_p}\boldsymbol{\nabla}^2\varepsilon + B\boldsymbol{\nabla}^2\left(\omega\frac{\partial\theta}{\partial p}\right) + \frac{\partial}{\partial p}[fV_g \cdot \boldsymbol{\nabla}(\xi_g + f)] - \frac{\partial}{\partial p}\left(f^2\frac{\partial\omega}{\partial p}\right) - \frac{\partial}{\partial p}[f(\boldsymbol{\nabla}\times\boldsymbol{F})] = 0 \tag{6.43}$$

$$\sigma = -B\frac{\partial\theta}{\partial p} \tag{6.44}$$

将(6.44)式代入(6.42)式，则得：

$$\boldsymbol{\nabla}^2(\sigma\omega) + \frac{\partial}{\partial p}\left(f^2\frac{\partial\omega}{\partial p}\right) = B\boldsymbol{\nabla}^2(V_g \cdot \boldsymbol{\nabla}\theta) - \frac{R}{pc_p}\boldsymbol{\nabla}^2\varepsilon + \frac{\partial}{\partial p}[fV_g \cdot \boldsymbol{\nabla}(\xi_g + f)] - \frac{\partial}{\partial p}[f(\boldsymbol{\nabla}\times\boldsymbol{F})] \tag{6.45}$$

采取 $\boldsymbol{\nabla}^2(\sigma\omega) \approx \sigma\boldsymbol{\nabla}^2\omega$ 近似处理，并代入(6.45)式，同时认为 f 与 p 无关，则(6.45)可写为：

$$\left(\sigma\boldsymbol{\nabla}^2 + f^2\frac{\partial^2}{\partial p^2}\right)\omega = B\boldsymbol{\nabla}^2(V_g \cdot \boldsymbol{\nabla}\theta) + f\frac{\partial\theta}{\partial p}[V_g \cdot \boldsymbol{\nabla}(\xi_g + f)] - f\frac{\partial}{\partial p}(\boldsymbol{\nabla}\times\boldsymbol{F}) - \frac{R}{pc_p}\boldsymbol{\nabla}^2\varepsilon \tag{6.46}$$

(6.46)式左端第一项是 ω 水平分布的拉普拉斯，第二项是 ω 垂直分布的二阶导数；右端四项是线性迭加的强迫函数，它们是产生垂直运动的四个重要因子：第一个因子是位温平流的拉普拉斯，第二个因子是绝对涡度平流随 p 的变化，第三个因子是摩擦效应，第四个因子是非绝热加热。

6.6.2 修改的准地转 ω 方程的特点分析

修改的准地转 ω 方程具有以下一些特点（这些特点在求解时是很重要的）：

(a)方程中不含有 ω 对时间 t 的微商项，因此它是一个诊断方程，通过求解可以给出三度空间各点上 ω 的数值。

(b)方程左端是 ω 的空间分布，右端各项不含有未知量 ω，且都是可求的量。因此，这是一个线性方程，可以将右端四项分别看成是对 ω 的各项而各自求解，即：

热力平流的水平分布产生的垂直速度 ω_1：

$$\left(\sigma \nabla^2 + f^2 \frac{\partial^2}{\partial p^2}\right)\omega_1 = B\nabla^2(\mathbf{V}_g \cdot \nabla\theta) \tag{6.47}$$

绝对涡度平流的垂直分布产生的垂直速度 ω_2：

$$\left(\sigma \nabla^2 + f^2 \frac{\partial^2}{\partial p^2}\right)\omega_2 = f\frac{\partial}{\partial p}[\mathbf{V}_g \cdot \nabla(\xi_g + f)] \tag{6.48}$$

摩擦项产生的垂直速度 ω_3：

$$\left(\sigma \nabla^2 + f^2 \frac{\partial^2}{\partial p^2}\right)\omega_3 = -f\frac{\partial}{\partial p}(\nabla \times \boldsymbol{F}) \tag{6.49}$$

非绝热项产生的垂直速度 ω_4：

$$\left(\sigma \nabla^2 + f^2 \frac{\partial^2}{\partial p^2}\right)\omega_4 = -\frac{R}{pc_p}(\nabla^2 \varepsilon) \tag{6.50}$$

解出 ω_1，ω_2，ω_3 和 ω_4 后，便得：

$$\omega = \omega_1 + \omega_2 + \omega_3 + \omega_4 \tag{6.51}$$

(c)这是一个常系数的二阶偏微分方程（σ 和 f 看成是常数），由于 f 总大于 0，因此，方程的类型完全由 σ 决定。当 $\sigma > 0$ 时，是一个椭圆型方程，可以求数值解；当 $\sigma < 0$ 时，不能求数值解，这时通常用参数化的办法来达到求解的目的。

6.6.3 修改的准地转 ω 方程求解问题的讨论

对于 ω_1 和 ω_2 的求解不涉及到水汽的变化，是干绝热的。一般情况下大气是稳定的，$\frac{\partial\theta}{\partial p} < 0$，因此，$\sigma = -B\frac{\partial\theta}{\partial p} > 0$，$\omega_1$ 和 ω_2 可求。为了防止出现 $\sigma < 0$ 的情况，可

取 σ 为固定常数；或将 σ 看成仅仅是高度坐标 p 的函数，即将 σ 取为某个等压面上各点的平均值，例如，取

$$\bar{\sigma}(k)=\frac{1}{M\cdot N}\sum_{j=1}^{N}\sum_{i=1}^{M}\sigma(i,j,k) \tag{6.52}$$

其中，M、N 是计算网格的列、行总数，k 为等压面层数。

ω_3 是摩擦力的影响。摩擦效应可以分为两部分，即内摩擦和外摩擦。内摩擦是运动着的空气质点彼此之间的摩擦，这部分摩擦的影响很小，可以忽略；外摩擦是空气质点和外界（地面）之间的摩擦，这部分摩擦是主要的。若考虑外摩擦，则摩擦效应可以和地形效应一并考虑，作为下边界条件处理。

在摩擦层内气压梯度力 $\dfrac{\partial p}{\partial n}$、科氏力 fV_n 和湍流黏性力（摩擦力）$g\dfrac{\partial F_{zn}}{\partial p}$ 三者平衡，运动方程为：

$$-\frac{\partial \Phi}{\partial x}+fv-g\frac{\partial F_{zx}}{\partial p}=0 \tag{6.53}$$

$$-\frac{\partial \Phi}{\partial y}-fu-g\frac{\partial F_{zy}}{\partial p}=0 \tag{6.54}$$

(6.53)式中 F_{zx} 和(6.54)式中 F_{zy} 分别为垂直于高度轴 z 的摩擦力分别在 x 方向和 y 方向的分量。其表达式分别为：

$$F_{zx}=-\rho\overline{\omega' u'} \tag{6.55}$$

$$F_{zy}=-\rho\overline{\omega' v'} \tag{6.56}$$

即为垂直方向的脉动 ω' 分别对 x 方向和 y 方向脉动动量的输送量。

将(6.54)式对 x 微分，(6.53)式对 y 微分，然后相减，并利用连续方程，则可得：

$$f\frac{\partial \omega}{\partial p}=-g\frac{\partial}{\partial p}\left(\frac{\partial F_{zx}}{\partial y}-\frac{\partial F_{zy}}{\partial x}\right) \tag{6.57}$$

从地面到摩擦层顶对 p 积分，则得：

$$\omega_B=\omega_0-\frac{g}{f}\left(\frac{\partial F_{zx}}{\partial y}-\frac{\partial F_{zy}}{\partial x}\right)\Bigg|_{p_0}^{p_B} \tag{6.58}$$

其中，ω_B 是摩擦顶的垂直速度；ω_0 是地形的影响部分，$-\dfrac{g}{f}\left(\dfrac{\partial F_{zx}}{\partial y}-\dfrac{\partial F_{zy}}{\partial x}\right)\Bigg|_{p_0}^{p_B}$ 就是由于摩擦效应对垂直速度的贡献。但 $\left(\dfrac{\partial F_{zx}}{\partial y}-\dfrac{\partial F_{zy}}{\partial x}\right)$ 是一个虚应力，无法得到其解析式，只有通过参数化的办法求得经验表达式。理论分析表明，$\left(\dfrac{\partial F_{zx}}{\partial y}-\dfrac{\partial F_{zy}}{\partial x}\right)$ 和摩

擦层顶的相对涡度 ξ_B 有关，和贴地层的空气密度 ρ_0 有关，和地面风与等压线的交角 ν 有关。其经验公式之一是：

$$\omega_3 = -\frac{g}{f}\left(\frac{\partial F_{zx}}{\partial y} - \frac{\partial F_{zy}}{\partial x}\right)\Bigg|_{p_0}^{p_B} = -\rho_0 g \xi_B \sqrt{\frac{K}{2f}} \sin(2\nu) \tag{6.59}$$

其中，比例系数 K 称为湍流黏性系数。

关于非绝热项影响部分 ω_4 的求解。非绝热变化来源于三个方面，一是感热；二是潜热；另一是辐射及其他因子的作用。作为一种近似，短期天气过程可以不考虑辐射的影响。感热是很难准确计算的，在陆地上由于土壤的热容量较小，地表面与大气之间的温差是很小的，因此，感热对大陆上天气系统的发生、发展影响很小，通常也不考虑；在大洋上，洋面和大气之间虽有一定的热交换，但根据计算，洋面上的感热输送只相当于几毫米降水的潜热释放量，这比起具有强烈降水的潜热加热来仍然是一个次要因子。因此，对非绝热加热常常只考虑潜热的影响。潜热项包括大尺度过程的凝结热和对流单体的凝结热。积云对流可以在四周空气未达到饱和时产生，在低纬度地区经常出现，我国盛夏暴雨系统里也很常见。积云对流尺度的凝结加热是一个很复杂的问题，目前是通过参数化的办法解决。为了使问题简化，有时只考虑大尺度天气过程的凝结热对 ω 的贡献。

有凝结现象发生的大气物理过程是假湿绝热过程，在假湿绝热过程中 θ 为 θ_{se} 代替，即 B 为 $B_e = \frac{RT}{p\theta_{se}}$ 代替，σ 为 $\sigma_e = -\frac{RT}{p\theta_{se}}\frac{\partial \theta_{se}}{\partial p}$ 代替。将 $\theta_{se} = \theta e^{\frac{Lq_s}{c_p T}}$（相当湿球位温）取对数后再对 p 求偏导数，则得：

$$\frac{1}{\theta_{se}}\frac{\partial \theta_{se}}{\partial p} = \frac{1}{\theta}\frac{\partial \theta}{\partial p} + \frac{L}{c_p T}\frac{\partial q_s}{\partial p} \tag{6.60}$$

其中，T 按照定义是凝结高度上的温度，将(6.60)式代入到 σ_e 的表达式中，则有：

$$\sigma_e = \sigma - \frac{RL}{pc_p}\frac{\partial q_s}{\partial p} \tag{6.61}$$

其中，σ 叫干空气稳定度参数；σ_e 叫做湿空气稳定度参数；q_s 是饱和比湿。(6.61)式表明，由于凝结潜热的释放，σ_e 的数值将减小。这时，当 $\sigma > 0$ 时有两种可能：一种可能是 $\sigma_e > 0$，即凝结热还不足以抵消 σ 的影响，大气是绝对稳定的，则(6.50)式可解，并有：

$$\nabla^2 \varepsilon = -\nabla^2\left(L\omega\frac{\partial q_s}{\partial p}\right) \tag{6.62}$$

因而有

$$\left(\sigma_e \nabla^2 + f^2 \frac{\partial^2}{\partial p^2}\right)\omega_4 = \frac{RL}{pc_p}\nabla^2\left(\omega_l \frac{\partial q_s}{\partial p}\right) \tag{6.63}$$

其中，$\omega_l = \omega_1 + \omega_2 + \omega_3$。

另一种可能是 $\sigma_e < 0$，即凝结热已抵消了 σ 的影响，大气是条件性不稳定的，则(6.50)式无法直接求解，需要用参数化的办法解决。参数化处理后方程的形式为：

$$\left(\sigma \nabla^2 + f^2 \frac{\partial^2}{\partial p^2}\right)\omega_4 = \frac{RLg}{pc_p}\nabla^2\left(\frac{AI}{q_{sB}} \frac{\partial q_s}{\partial p}\right) \tag{6.64}$$

其中，A 是无量纲系数，由经验或实验确定，常取为 0.2；q_{sB} 是摩擦层顶的饱和比湿，并且

$$I = \frac{1}{g}\int_{p_B}^{0} \nabla \cdot (\mathbf{V}q)\mathrm{d}p - \frac{1}{g}q_B\omega_B \tag{6.65}$$

其中，带下标 B 的量都是摩擦层顶的值。

这样在不修改资料的情况下，仍可保证(6.64)式在形式上的椭圆性。

现在设 $\sigma_e > 0$，则可求解(6.64)式，方法与干的情况相同。唯一的差别是现在以 σ_e 代替 σ，并且 σ_e 是在 $\omega < 0$ 和 $q \approx q_s$ 的所有点上逐个计算出来的。在没有大尺度凝结的格点上，仍用干静力稳定度 σ 求解。

6.6.4 解修改的准地转 ω 方程所得 ω 的特点分析

用解修改的准地转 ω 方程来求 ω 的最大好处是可以了解各因子对 ω 的贡献，即可以了解天气过程发生、发展的不同阶段各个因子的不同作用及其变化，了解天气过程不同阶段的主要和次要成因。但是，这个方法也存在不少缺点，一是计算的手续繁多，工作量很大；二是 V 和 θ（或 T）的资料同时使用，没有动力学上的限制条件，由于它们的观测误差将会产生相互矛盾的结果，从而使计算误差加大；三是摩擦和非绝热加热十分复杂，对它们的计算不易准确，这直接影响到 ω 的计算结果，因此，只能比较好的求得 ω_1 和 ω_2。

6.6.5 修改的准地转 ω 方程的计算数学表达式

修改的准地转 ω 方程既比较简单，又有实用价值。下面将给出它的计算方案。由于数学物理方程的复杂性，不易求出它们的解析解。因此目前常用求数值解的方法。在用电子计算机求解方程时，一般用差分法。其基本做法是将方程的微分表达式换成差分表达式。如果采用中央差分和正方形网格，网格距为 d；另外，i 代表 x 方向列数，且由西到东；j 代表 y 方向行数，且由南到北；k 代表垂直方向层数，且由低到高，同时假定相邻上下两层之间的垂直间隔均为 Δp（正值），则物理量 A 在水平方向上的一阶微分和二阶微分可表达为：

$$\frac{\partial A}{\partial x} \cong \left(\frac{\Delta A}{\Delta x}\right)_{i,j} = \frac{1}{2d}(A_{i+1,j} - A_{i-1,j})$$

$$\frac{\partial A}{\partial y} \cong \left(\frac{\Delta A}{\Delta y}\right)_{i,j} = \frac{1}{2d}(A_{i,j+1} - A_{i,j-1})$$

$$\left(\frac{\partial^2 A}{\partial x^2}\right)_{i,j} \cong \frac{1}{d^2}(A_{i+1,j} - 2A_{i,j} + A_{i-1,j})$$

$$\left(\frac{\partial^2 A}{\partial y^2}\right)_{i,j} \cong \frac{1}{d^2}(A_{i,j+1} - 2A_{i,j} + A_{i,j-1})$$

$$(\nabla^2 A)_{i,j} \cong \frac{1}{d^2}(A_{i+1,j} + A_{i-1,j} + A_{i,j+1} + A_{i,j-1} - 4A_{i,j})$$

垂直方向微分的差分表达式为：

$$\left(\frac{\partial A}{\partial p}\right)_k \cong -\frac{1}{2\Delta p}(A_{k+1} - A_k)$$

$$\left(\frac{\partial^2 A}{\partial p^2}\right)_k \cong \frac{1}{(\Delta p)^2}(A_{k+1} - 2A_k + A_{k-1})$$

(1) B 和 σ 以及 f^2 的计算

将(6.40)式写在第 k 层等压面上，得 $B_k = \frac{R}{p_k}\left(\frac{p_k}{p_0}\right)^{\frac{R}{c_p}}$，可见 B_k 只是 p_k 的函数。

将(6.44)式写在第 k 层上，则有 $\sigma_{i,j,k} = -B_k\left(\frac{\partial \theta}{\partial p}\right)_{i,j,k}$。

由于 $\left(\frac{\partial \theta}{\partial p}\right)_{i,j,k} \cong \frac{\theta_{i,j,k-1} - \theta_{i,j,k+1}}{2\Delta p}$，故有 $\sigma_{i,j,k} = -\frac{B_k}{2\Delta p}(\theta_{i,j,k-1} - \theta_{i,j,k+1})$。

如前所述，求解 ω 方程时为了防止在某些格点上可能出现$\sigma_{i,j,k} < 0$ 的情况，通常取每一层所有格点上 $\sigma_{i,j,k}$ 的平均值$\bar{\sigma}_k$ 作为该层各格点共同的稳定度参数。因此，对固定的某一层，$\bar{\sigma}_k$ 是一个常数。

$f = 2\Omega\sin\varphi$，其中，$\Omega = 7.29 \times 10^{-5}$/秒 为地球自转速度，$\varphi$ 为纬度。但在求解 ω 方程时，为了使问题简化，一般也是求一个等压面上的平均值 $\bar{f}$ 来取代各网格点上的值，$\bar{f} = \frac{1}{M \cdot N}\sum_{j=1}^{N}\sum_{i=1}^{M} f_{i,j}$，其中，$M, N$ 是计算网格的列、行总数，且 $\bar{f}^2 = \bar{f} \times \bar{f}$，于是 f 就是一个固定的常数。

(2) $\nabla^2\omega$ 和 $\frac{\partial^2 \omega}{\partial p^2}$ 的表达式

由于 $\left(\frac{\partial^2 \omega}{\partial x^2}\right)_{i,j,k} \cong \frac{1}{d^2}(\omega_{i+1,j,k} - 2\omega_{i,j,k} + \omega_{i-1,j,k})$ 及 $\left(\frac{\partial^2 \omega}{\partial y^2}\right)_{i,j,k}$

$$\cong \frac{1}{d^2}(\omega_{i,j+1,k} - 2\omega_{i,j,k} + \omega_{i,j-1,k}),$$

故有：
$$(\nabla^2\omega)_{i,j,k} \cong \frac{1}{d^2}(\omega_{i+1,j,k}+\omega_{i-1,j,k}+\omega_{i,j+1,k}+\omega_{i,j-1,k}-4\omega_{i,j,k}) \tag{6.66}$$

又：
$$\left(\frac{\partial^2\omega}{\partial p^2}\right)_{i,j,k} \cong \frac{1}{(\Delta p)^2}(\omega_{i,j,k+1}-2\omega_{i,j,k}+\omega_{i,j,k-1}) \tag{6.67}$$

将(6.66)式、(6.67)式代入到(6.46)式左端，则得：

$$\left(\sigma\nabla^2\omega+f^2\frac{\partial^2\omega}{\partial p^2}\right)_{i,j,k} = \frac{\bar{\sigma}(k)}{d^2}(\omega_{i+1,j,k}+\omega_{i-1,j,k}+\omega_{i,j+1,k}+\omega_{i,j-1,k}) - \left(\frac{4\bar{\sigma}(k)}{d^2}+\frac{2f^2}{(\Delta p)^2}\right)\omega_{i,j,k}+\frac{2f^2}{(\Delta p)^2}(\omega_{i,j,k-1}+\omega_{i,j,k+1}) \tag{6.68}$$

其中，$\bar{\sigma}(k)=\bar{\sigma}_k$。

令 $A_{i,j,k}=\frac{4\bar{\sigma}(k)}{d^2}$，$H=\frac{2f^2}{(\Delta p)^2}$，且 H 为常数，则(6.68)式可写为：

$$\left(\sigma\nabla^2\omega+f^2\frac{\partial^2\omega}{\partial p^2}\right)_{i,j,k} = A_{i,j,k}(\omega_{i+1,j,k}+\omega_{i-1,j,k}+\omega_{i,j-1,k}+\omega_{i,j+1,k}) - (4A_{i,j,k}+2H)\omega_{i,j,k}+H(\omega_{i,j,k-1}+\omega_{i,j,k+1}) \tag{6.69}$$

(3)强迫函数 $F_1=B\nabla^2(\mathbf{V}_g\cdot\nabla\theta)$ 和 $F_2=f\frac{\partial}{\partial p}[\mathbf{V}_g\cdot\nabla(\xi_g+f)]$ 的计算数学表达式

由于 $R_\theta=-\mathbf{V}_g\cdot\nabla\theta$ 为位温平流，故有：

$$F_1=-B\nabla^2(-\mathbf{V}_g\cdot\nabla\theta)=-B\left(\frac{\partial^2R_\theta}{\partial x^2}+\frac{\partial^2R_\theta}{\partial y^2}\right) \tag{6.70}$$

而 $\left(\frac{\partial^2R_\theta}{\partial x^2}+\frac{\partial^2R_\theta}{\partial y^2}\right)\cong\frac{1}{d^2}[(R_\theta)_{i+1,j,k}+(R_\theta)_{i-1,j,k}+(R_\theta)_{i,j+1,k}+(R_\theta)_{i,j-1,k}-4(R_\theta)_{i,j,k}]$，将其代入(6.70)式，可得：

$$(F_1)_{j,i,k}=-\frac{B(k)}{d^2}[(R_\theta)_{i+1,j,k}+(R_\theta)_{i-1,j,k}+(R_\theta)_{i,j+1,k}+(R_\theta)_{i,j-1,k}-4(R_\theta)_{i,j,k}] \tag{6.71}$$

其中，$B_k=B(k)$。

将(6.69)式和(6.71)式代入(6.47)式，则得到求解 ω_1 的计算数学表达式：

$$A_{i,j,k}[(\omega_1)_{i+1,j,k}+(\omega_1)_{i-1,j,k}+(\omega_1)_{i,j+1,k}+(\omega_1)_{i,j-1,k}]-[4A_{i,j,k}+2H](\omega_1)_{i,j,k}+H[(\omega_1)_{i,j,k-1}+(\omega_1)_{i,j,k+1}]=\frac{B(k)}{d^2}[(R_\theta)_{i+1,j,k}+(R_\theta)_{i-1,j,k}+(R_\theta)_{i,j+1,k}+(R_\theta)_{i,j-1,k}-4(R_\theta)_{i,j,k}] \tag{6.72}$$

由于 $R_{(\xi+f)}=-\mathbf{V}_g\cdot\nabla(\xi_g+f)$ 为绝对涡度平流，若以 $\overline{f}$ 取代 $f(i,j)$，那么 $F_2=f\dfrac{\partial}{\partial p}[\mathbf{V}_g\cdot\nabla(\xi_g+f)]$ 就可以表示为：

$$(F_2)_{i,j,k}=-\frac{\overline{f}}{2\Delta p}[(R_{\xi_g})_{i,j,k-1}-(R_{\xi_g})_{i,j,k+1}] \tag{6.73}$$

其中，R_{ξ_g} 是地转涡度平流，其表达式是：

$$(R_{\xi_g})_{i,j,k}=-\frac{1}{2d}\{(u_g)_{i,j,k}[(\xi_g)_{i+1,j,k}-(\xi_g)_{i-1,j,k}]+(v_g)_{i,j,k}[(\xi_g)_{i,j+1,k}-(\xi_g)_{i,j-1,k})]\} \tag{6.74}$$

将(6.69)式和(6.73)式代入(6.48)式，则得到求解 ω_2 的计算数学表达式：

$$A_{i,j,k}[(\omega_2)_{i+1,j,k}+(\omega_2)_{i-1,j,k}+(\omega_2)_{i,j+1,k}+(\omega_2)_{i,j-1,k}]-[4A_{i,j,k}+2H](\omega_2)_{i,j,k}+ H[(\omega_2)_{i,j,k-1}+(\omega_2)_{i,j,k+1}]=-\frac{\overline{f}}{2\Delta p}[(R_{\xi_g})_{i,j,k-1}-(R_{\xi_g})_{i,j,k+1}] \tag{6.75}$$

(4)地形和外摩擦效应所产生的 ω_3 的下边界条件以及强迫函数 $F_4=-\dfrac{R}{pc_p}\nabla^2\varepsilon$ 的计算数学表达式

若只考虑外摩擦，则可以将摩擦效应和地形效应一并考虑，看成是求解 ω_3 的下边界条件，而将强迫函数 F_3 看成是零，求解 ω_3 的(6.49)式就简化为：

$$\sigma\nabla^2\omega_3+f^2\frac{\partial^2\omega_3}{\partial p^2}=0 \tag{6.76}$$

这样求解 ω_3，实质上就是考察下边界条件以上述方程所遵守的规律向空间扩散(或传递)。

外摩擦效应所产生的下边界上的垂直速度，由经验公式(6.59)给出：

$$\omega_f=-\rho_0 g\xi_B\sqrt{\frac{K}{2f}}\sin(2\nu) \tag{6.77}$$

这里的 ω_f 就是(6.59)式中的 ω_3。(6.77)式中 $K=15\ \mathrm{cm^2/s}$；ν 的取值规定为：地形高度 $h>0$ 时，$\nu=22.5^\circ$；地形高度 $h=0$ 时，$\nu=15^\circ$。

下边界取定后，ξ_B 值便可求得。例如，下边界取为 1000 hPa 时，$\xi_B=\xi(i,j,1)$，若下边界取为 900 hPa，则 $\xi_B=\xi(i,j,2)$。因此 ω_f 可求。

地形效应是指流动着的空气遇到地形坡度时所产生的强迫抬升。在 z 坐标系中，地形所产生的上升速度是：

$$w_h=\frac{\mathrm{d}h}{\mathrm{d}t} \tag{6.78}$$

由于地形高度 h 仅仅是 x 和 y 的函数，因此，$\frac{\mathrm{d}h}{\mathrm{d}t}$ 这个微分具有特殊形式：

$$\frac{\mathrm{d}h}{\mathrm{d}t}=u\frac{\partial h}{\partial x}+v\frac{\partial h}{\partial y}，即：$$

$$w_h=\boldsymbol{V}_0\cdot\nabla h \tag{6.79}$$

其中，$\boldsymbol{V}_0$ 是地面的水平风矢量，将高度坐标换算成 p，则得：

$$\omega=\frac{\mathrm{d}p}{\mathrm{d}t}=\frac{\partial p}{\partial t}+u\frac{\partial p}{\partial x}+v\frac{\partial p}{\partial y}+w\frac{\partial p}{\partial z} \tag{6.80}$$

(6.80)式中右端各项的量级分别为：

$$\frac{\partial p}{\partial t}\sim 10\ \mathrm{hPa/h}$$

$$u\frac{\partial p}{\partial x}+v\frac{\partial p}{\partial y}\sim 1\ \mathrm{hPa/h}$$

$$w\frac{\partial p}{\partial z}\sim 100\ \mathrm{hPa/h}$$

因此，有

$$\omega_h\cong w_h\frac{\partial p_0}{\partial z}=-\rho_0 g w_h \tag{6.81}$$

将(6.79)式代入(6.81)式，则得到 p 坐标系里的地形效应为：

$$\omega_h=-\rho_0 g\boldsymbol{V}_0\cdot\nabla h \tag{6.82}$$

(6.82)式的计算表达式为：

$$\omega_h=-\frac{\rho_0 g}{2d}[u_0(h_{i+1,j}-h_{i-1,j})+v_0(h_{i,j+1}-h_{i,j-1})] \tag{6.83}$$

综上所述，则得到地形和外摩擦效应所产生的 ω_3 的下边界条件是：

$$\omega_B=\omega_f+\omega_h \tag{6.84}$$

其中，ω_B 就是摩擦层顶的垂直速度。以 ω_B 为下边界条件，求解以下 ω_3 的方程：

$$\begin{aligned}&A_{i,j,k}[(\omega_3)_{i+1,j,k}+(\omega_3)_{i-1,j,k}+(\omega_3)_{i,j-1,k}+(\omega_3)_{i,j+1,k}]-\\&(4A_{i,j,k}+2H)(\omega_3)_{i,j,k}+H[(\omega_3)_{i,j,k-1}+(\omega_3)_{i,j,k+1}]=0\end{aligned} \tag{6.85}$$

对于非绝热项 F_4，只考虑大尺度过程凝结热的影响，大尺度凝结现象是在四周大气达到饱和时由大尺度垂直上升运动造成的。

对绝对稳定的大气 $(\sigma>0,\sigma_e>0)$，由(6.82)式有：

$$F_4=-\frac{R}{pc_p}\nabla^2\varepsilon=-\frac{R}{pc_p}\nabla^2 H_L=\frac{R}{pc_p}\nabla^2\left(L\omega_l\frac{\partial q_s}{\partial p}\right) \tag{6.86}$$

其中，$H_L = -L\omega_l \dfrac{\partial q_s}{\partial p}$。(6.86)式的计算数学表达式如下：

$$(F_4)_{i,j,k} = -\frac{R}{p(k)c_p d^2}[(H_L)_{i+1,j,k} + (H_L)_{i-1,j,k} + (H_L)_{i,j+1,k} + (H_L)_{i,j-1,k} - 4(H_L)_{i,j,k}] \tag{6.87}$$

(6.87)式成立的条件是：

(a) $\omega_l = \omega_1 + \omega_2 + \omega_3 < 0$，是上升运动区；

(b)对上一层（$k+1$ 层）和下一层（$k-1$ 层）的相对湿度要求为：

$(RH)_{i,j,k+1} = \dfrac{(q)_{i,j,k+1}}{(q_s)_{i,j,k+1}} \geqslant 80\%$，且$(RH)_{i,j,k-1} \geqslant 70\%$，即上、下层是准饱和的。

若上述任一条不满足时，则 $F_4 = 0$。

在中高纬度地区，尤其是冬半年，当强烈冷空气向南爆发时，大气通常是绝对稳定的。而夏季，中纬度的大部分地区对流层中下层受热带或副热带暖湿空气控制，大气是条件不稳定的（$\sigma > 0$，$\sigma_e < 0$），由(6.64)式，则有：

$$F_4 = -\frac{R}{pc_p}\nabla^2\varepsilon = -\frac{R}{pc_p}\nabla^2 Q_L = \frac{R}{pc_p}\nabla^2\left(\frac{Lg}{q_{sB}}\frac{\partial q_s}{\partial p}AI\right) \tag{6.88}$$

其中，$A = 0.2$，且(6.88)式的计算数学式如下：

$$(F_4)_{j,i,k} = -\frac{R}{pc_p}\nabla^2\varepsilon = -\frac{R}{p(k)c_p d^2}[(Q_L)_{i+1,j,k} + (Q_L)_{i-1,j,k} + (Q_L)_{i,j+1,k} + (Q_L)_{i,j-1,k} - 4(Q_L)_{i,j,k}] \tag{6.89}$$

其中，Q_L 是条件性不稳定大气的大尺度潜热加热函数，其计算数学表达式为：

$$Q_L = \frac{Lg}{(q_s)_{900}}\frac{\partial q_s}{\partial p}AI = \frac{Lg}{(q_s)_{900}}\frac{[(q_s)_{i,j,k-1} - (q_s)_{i,j,k+1}]I}{2\Delta p} \tag{6.90}$$

其中，$I = -\left[I_A + \dfrac{(\omega q)_{900}}{g}\right]$，且$-I_A$是侧向辐合进入气柱的水汽量，$\left[-\dfrac{(\omega q)_{900}}{g}\right]$是由摩擦层顶向上输送进入气柱的水汽量。(6.89)式成立的条件是：

(a) $\omega_l = \omega_1 + \omega_2 + \omega_3 < 0$，是上升运动区；

(b) $I > 0$，气柱内有净水汽辐合；

(c) $(T - T_d)_{700} \leqslant 4$℃，中下层空气达到饱和。

上述三条件中任何一条不满足时，则 $F_4 = 0$。

将(6.69)式和(6.89)式代入(6.51)式便可得到求解 ω_4 的计算数学表达式。

(5) ω 方程的数值解

综上，则(6.47)式—(6.50)式的计算数学表达式可以归纳如下：

$A_{i,j,k}(\omega_{i+1,j,k}+\omega_{i-1,j,k}+\omega_{i,j+1,k}+\omega_{i,j-1,k})-(4A_{i,j,k}+2H)\omega_{i,j,k}+H(\omega_{i,j,k-1}+\omega_{i,j,k+1})=F_{i,j,k}$ 用迭代法实现求解。迭代求解时，各层的初值均取为零，即令 $\omega^{(0)}=0$。

设迭代 m 次得到的解 $\omega_{i,j,k}^{(m)}$ 和真解 $\omega_{i,j,k}$ 之间有余差 $R_{i,j,k}^{(m)}$，而 $m+1$ 次迭代的解 $\omega_{i,j,k}^{(m+1)}$ 就是真解 $\omega_{i,j,k}$，则有：

$$A_{i,j,k}[\omega_{i+1,j,k}^{(m)}+\omega_{i-1,j,k}^{(m)}+\omega_{i,j+1,k}^{(m)}+\omega_{i,j+1,k}^{(m)}]-(4A_{i,j,k}+2H)\omega_{i,j,k}^{(m)}+ H[\omega_{i,j,k-1}^{(m)}+\omega_{i,j,k+1}^{(m)}]-F_{i,j,k}=R_{i,j,k}^{(m)} \tag{6.91}$$

$$A_{i,j,k}[\omega_{i+1,j,k}^{(m)}+\omega_{i-1,j,k}^{(m)}+\omega_{i,j+1,k}^{(m)}+\omega_{i,j+1,k}^{(m)}]-(4A_{i,j,k}+2H)\omega_{i,j,k}^{(m+1)}+ H[\omega_{i,j,k-1}^{(m)}+\omega_{i,j,k+1}^{(m)}]-F_{i,j,k}=0 \tag{6.92}$$

(6.91)式与(6.92)式相减，则得到迭代公式为：

$$\omega_{i,j,k}^{(m+1)}=\omega_{i,j,k}^{(m)}+\frac{R_{i,j,k}^{(m)}}{4A_{i,j,k}+2H} \tag{6.93}$$

可见，第 $m+1$ 次迭代值为 m 次迭代值与其余差的 $\frac{1}{4A_{i,j,k}+2H}$ 倍的和。因此，每一次迭代时必须首先算出余差 $R_{i,j,k}^{(m)}$，具体步骤如下：

第一步，由(6.91)式求 m 次迭代的余差；

第二步，由(6.93)式求 $m+1$ 次迭代值；

第三步，求 $m+1$ 次迭代的余差

$$R_{i,j,k}^{(m+1)}=A_{i,j,k}[\omega_{i+1,j,k}^{(m+1)}+\omega_{i-1,j,k}^{(m+1)}+\omega_{i,j+1,k}^{(m+1)}+\omega_{i,j-1,k}^{(m+1)}]-(4A_{i,j,k}+2H)\omega_{i,j,k}^{(m+1)}+ H[\omega_{i,j,k-1}^{(m+1)}+\omega_{i,j,k+1}^{(m+1)}]-F_{i,j,k} \tag{6.94}$$

第四步，审查 $\frac{R_{i,j,k}^{(m+1)}}{4A_{i,j,k}+2H}$ 是否在给定的误差 μ 范围之内：

(a)若 97%以上的格点均有 $\frac{R_{i,j,k}^{(m+1)}}{4A_{i,j,k}+2H}\leqslant\mu$，则 $\omega_{i,j,k}^{(m+1)}$ 就是最后的解；

(b)若有 3%以上的格点出现 $\frac{R_{i,j,k}^{(m+1)}}{4A_{i,j,k}+2H}>\mu$，则必须继续迭代下去，直到满足要求时为止。

实际计算时，为了加快收敛速度，常采取以下两项措施：

(a)将余差扩大 1.6 倍进行迭代，即：$\omega_{i,j,k}^{(m+1)}=\omega_{i,j,k}^{(m)}+\frac{1.6R_{i,j,k}^{(m)}}{4A_{i,j,k}+2H}$

(b)将余差公式中所有 $j-1,\ i-1,\ k-1$ 格点上的 $\omega^{(m)}$ 均用 $\omega^{(m+1)}$ 替换，即：

$$R_{i,j,k}^{(m)}=A_{i,j,k}[\omega_{i+1,j,k}^{(m)}+\omega_{i-1,j,k}^{(m+1)}+\omega_{i,j+1,kk}^{(m+1)}+\omega_{i,j-1,k}^{(m)}]-(4A_{i,j,k}+2H)\omega_{i,j,k}^{(m)}+ H[\omega_{i,j,k-1}^{(m+1)}+\omega_{i,j,k+1}^{(m)}]-F_{i,j,k}$$

6.7　平衡模式 ω 方程

准地转 ω 方程和修改的准地转 ω 方程都是在地转假设的条件下得到的，地转假定是对大气运动的最粗略的近似，在 ω 方程中略去了许多引起垂直运动的次要因子。然而这些次要因子在不同的天气形势下，会变得重要起来而不宜略去。例如，由于大气中存在着质量的辐合辐散，必然会产生补偿的垂直运动，上述 ω 方程在很大程度上忽略掉了这部分垂直运动；又如，在降水过程中由于潜热的释放也会使上升运动进一步增大，这就是降水的反馈作用，据计算，这部分上升运动的量值是很大的，ω 方程也未能将这部分影响全部考虑进去，1968 年，Krishnamurti(1968)提出了关于平衡模式 ω 方程。

6.7.1　方程的推导

p 坐标系中的运动方程组为：

$$\frac{\partial \boldsymbol{V}}{\partial t}+(\boldsymbol{V}\cdot\nabla)\boldsymbol{V}+\omega\frac{\partial \boldsymbol{V}}{\partial p}-f\boldsymbol{V}\times\boldsymbol{k}=-g\nabla z+\boldsymbol{F} \tag{6.95}$$

$$\frac{R}{p}\theta\left(\frac{p}{p_0}\right)^{\frac{R}{c_p}}=-g\frac{\partial z}{\partial p} \tag{6.96}$$

$$\nabla\cdot\boldsymbol{V}=-\frac{\partial\omega}{\partial p} \tag{6.97}$$

$$c_p\frac{T}{\theta}\left(\frac{\partial\theta}{\partial t}+\boldsymbol{V}\cdot\nabla\theta+\omega\frac{\partial\theta}{\partial p}\right)=H \tag{6.98}$$

其中，z 为等压面高度，H 为加热函数。规定实测风 $\boldsymbol{V}$ 为辐散风(非地转风)和旋转风之和，由于：

$$\left.\begin{aligned}u&=-\frac{\partial\chi}{\partial x}-\frac{\partial\Psi}{\partial y}\\ v&=-\frac{\partial\chi}{\partial y}+\frac{\partial\Psi}{\partial x}\end{aligned}\right\} \tag{6.99}$$

其中，Ψ 为流函数，χ 为速度势。故有：$u_\chi=-\frac{\partial\chi}{\partial x}$，$u_\Psi=-\frac{\partial\Psi}{\partial y}$，$v_\chi=-\frac{\partial\chi}{\partial y}$，$v_\Psi=\frac{\partial\Psi}{\partial x}$，由此可得：

$$\left.\begin{aligned}\boldsymbol{V}_\chi&=-\frac{\partial\chi}{\partial x}\boldsymbol{i}-\frac{\partial\chi}{\partial y}\boldsymbol{j}=-\nabla\chi\\ \boldsymbol{V}_\Psi&=-\frac{\partial\Psi}{\partial y}\boldsymbol{i}+\frac{\partial\Psi}{\partial x}\boldsymbol{j}=\boldsymbol{k}\times\nabla\Psi\end{aligned}\right\} \tag{6.100}$$

其中，$\boldsymbol{V}_{\chi}$ 是风的辐散部分，$\boldsymbol{V}_{\Psi}$ 是风的旋转部分。因此有：

$$\boldsymbol{V} = \boldsymbol{V}_{\chi} + \boldsymbol{V}_{\Psi} = -\nabla\chi + \boldsymbol{k} \times \nabla\Psi$$

由运动方程(6.95)式和静力学方程(6.96)式可以导出涡度方程和散度方程：

$$\frac{\partial}{\partial t}\nabla^2\Psi = -J(\Psi,\xi_a) + \nabla\chi\cdot\nabla\xi_a + \xi_a\nabla^2\chi - \omega\frac{\partial}{\partial p}\nabla^2\Psi - \nabla\omega\cdot\nabla\frac{\partial\Psi}{\partial p} - g\frac{\partial}{\partial p}\left(\frac{\partial F_y}{\partial x} - \frac{\partial F_x}{\partial y}\right) \quad (6.101)$$

$$\nabla\cdot(f\nabla\Psi) = \nabla^2\Phi - 2J\left(\frac{\partial\Psi}{\partial x},\frac{\partial\Psi}{\partial y}\right) \quad (6.102)$$

其中，J 为雅可比算子。(6.101)式是一个较为完整的涡度方程，它表明造成涡度局地变化的因子除平流项和散度项外，还有涡度的铅直输送项、扭转项和摩擦项。散度方程(6.102)式表示风场和位势场的一种平衡关系，称为平衡方程。满足平衡方程的风称为平衡风。平衡模式 ω 方程就是用的平衡风近似。显然，当非线性雅可比项为零且 f 取常数时，则有：

$$\xi = \nabla^2\Psi = \frac{1}{f}\nabla^2\Phi \quad (6.103)$$

(6.103)式就是地转风关系。可见，地转风是平衡风的一种特例，平衡风是对实测风的更进一步的近似。

将(6.40)式和(6.44)式代入热力学第一定律(6.97)式，则得：

$$B\frac{\partial\theta}{\partial t} = -BJ(\Psi,\theta) + B\nabla\chi\cdot\nabla\theta + \sigma\omega + \frac{HR}{pc_p} \quad (6.104)$$

将(6.101)式、(6.102)式及(6.104)式相结合，并将加热函数 H 看成是大尺度凝结加热率 H_L、对流凝结加热率 H_C、下垫面的感热交换率 H_S 和辐射加热率 H_R 四部分之和，便可得到以下的包含 14 项强迫函数的 ω 方程：

$$\nabla^2(\sigma\omega) + f^2\frac{\partial^2\omega}{\partial p^2} = f\frac{\partial}{\partial p}J(\Psi,\xi_a) + B\nabla^2J(\Psi,\theta) + f\frac{\partial}{\partial p}(\nabla\chi\cdot\nabla\xi_a) - B\nabla^2(\nabla\chi\cdot\nabla\theta) - f\frac{\partial}{\partial p}(\xi\nabla^2\chi) - \beta\frac{\partial}{\partial p}\frac{\partial}{\partial y}\left(\frac{\partial\Psi}{\partial t}\right) - 2\frac{\partial}{\partial t}\frac{\partial}{\partial p}J\left(\frac{\partial\Psi}{\partial x},\frac{\partial\Psi}{\partial y}\right) + f\frac{\partial}{\partial p}g\frac{\partial}{\partial p}\left(\frac{\partial F_y}{\partial x} - \frac{\partial F_x}{\partial y}\right) - \frac{R}{pc_p}\nabla^2H_R - \frac{R}{pc_p}\nabla^2H_S - \frac{R}{pc_p}\nabla^2H_L - \frac{R}{pc_p}\nabla^2H_C + f\frac{\partial}{\partial p}\left(\omega\frac{\partial}{\partial p}\nabla^2\Psi\right) + f\frac{\partial}{\partial p}\left(\nabla\omega\cdot\nabla\frac{\partial\Psi}{\partial p}\right) \quad (6.105)$$

其中，$\beta=\dfrac{\partial f}{\partial y}$。可以看出，使气层温度发生变化或涡度发生变化的因子也是造成垂直运动的因子，从这个意义上讲，产生垂直运动的 14 个强迫函数是不难理解的。

6.7.2　方程的物理意义

(1)强迫函数 $F_1=f\dfrac{\partial}{\partial p}J(\Psi,\xi_a)$ 是旋转风所产生的涡度平流微差。若不考虑其他强迫函数项，则有：

$$\nabla^2(\sigma\omega)+f^2\frac{\partial^2\omega}{\partial p^2}=f\frac{\partial}{\partial p}J(\Psi,\xi_a) \tag{6.106}$$

由于 $J(\Psi,\xi_a)=\dfrac{\partial\Psi}{\partial x}\dfrac{\partial\xi_a}{\partial y}-\dfrac{\partial\Psi}{\partial y}\dfrac{\partial\xi_a}{\partial x}$，因此有：

$J(\Psi,\xi_a)=v_\Psi\dfrac{\partial\xi_a}{\partial y}+u_\Psi\dfrac{\partial\xi_a}{\partial x}$ 或 $J(\Psi,\xi_a)=\mathbf{V}_\Psi\cdot\nabla\xi_a$，将其代入(6.106)式，可得：

$$\nabla^2(\sigma\omega)+f^2\frac{\partial^2\omega}{\partial p^2}=f\frac{\partial}{\partial p}(\mathbf{V}_\Psi\cdot\nabla\xi_a) \tag{6.107}$$

由于 $\nabla^2(\sigma\omega)+f^2\dfrac{\partial^2\omega}{\partial p^2}\propto-\omega$，故(8.107)式可定性地表示为：

$$-\omega\propto-f\frac{\partial}{\partial(-p)}(\mathbf{V}_\Psi\cdot\nabla\xi_a)$$

这表明，当旋转风对绝对涡度的平流量随 $(-p)$ 增大，即：$-f\dfrac{\partial}{\partial(-p)}(\mathbf{V}_\Psi\cdot\nabla\xi_a)>0$ 时，$\omega<0$，为上升运动；反之，当 $-f\dfrac{\partial}{\partial(-p)}(\mathbf{V}_\Psi\cdot\nabla\xi_a)<0$ 时，$\omega>0$，为下沉运动。

将(6.107)式右端展开，并注意到 $\dfrac{\partial f}{\partial p}=0$，则有：

$$\nabla^2(\sigma\omega)+f^2\frac{\partial^2\omega}{\partial p^2}=f\frac{\partial\mathbf{V}_\Psi}{\partial p}\cdot\nabla\xi+f\frac{\partial\mathbf{V}_\Psi}{\partial p}\cdot\nabla f+f\mathbf{V}_\Psi\cdot\frac{\partial}{\partial p}(\nabla\xi) \tag{6.108}$$

(6.108)式中 $\dfrac{\partial\mathbf{V}_\Psi}{\partial p}$ 是旋转风随高度(气压)的变化，即热成风。故其右端第一项是热成风对相对涡度的平流量，第二项是热成风对地转涡度的平流量，第三项是旋转风对相对涡度微差的平流量(均不带符号)。因此，造成 $-f\dfrac{\partial}{\partial(-p)}(\mathbf{V}_\Psi\cdot\nabla\xi_a)$ 大于(或小于)零的原因是这三项共同作用的结果大于(或小于)零。

(2)强迫函数 $F_2=-f\dfrac{\partial}{\partial p}(\nabla\chi\cdot\nabla\xi_a)$ 是辐散风产生的绝对涡度平流微差。若不

考虑其他强迫函数，则有：$\nabla^2(\sigma\omega)+f^2\dfrac{\partial^2\omega}{\partial p^2}=-f\dfrac{\partial}{\partial p}(\nabla\chi\cdot\nabla\xi_a)$ 或 $\nabla^2(\sigma\omega)+f^2\dfrac{\partial^2\omega}{\partial p^2}=-f\dfrac{\partial}{\partial p}(-\boldsymbol{V}_\chi\cdot\nabla\xi_a)$，因此有：$-\omega\propto f\dfrac{\partial}{\partial(-p)}(-\boldsymbol{V}_\chi\cdot\nabla\xi_a)$ 或 $\omega\propto f\dfrac{\partial}{\partial p}(-\boldsymbol{V}_\chi\cdot\nabla\xi_a)$，可见，当辐散风对绝对涡度的平流随气压 p 的增加而减小，即当 $f\dfrac{\partial}{\partial p}(-\boldsymbol{V}_\chi\cdot\nabla\xi_a)<0$ 时，$\omega<0$，是上升运动；反之，是下沉运动。

(3) 强迫函数 $F_3=B\nabla^2J(\Psi,\theta)$，类似前面的讨论，可得 $B\nabla^2J(\Psi,\theta)=B\nabla^2(\boldsymbol{V}_\Psi\cdot\nabla\theta)$，即为旋转风引导下的温度平流的拉普拉斯项。因此有 $-\omega\propto B\nabla^2(\boldsymbol{V}_\Psi\cdot\nabla\theta)\propto-\boldsymbol{V}_\Psi\cdot\nabla\theta$，暖平流时 $-\boldsymbol{V}_\Psi\cdot\nabla\theta>0$，$\omega<0$，为上升运动；冷平流时 $-\boldsymbol{V}_\Psi\cdot\nabla\theta<0$，$\omega>0$，为下沉运动。

(4)强迫函数 $F_4=-B\nabla^2(\nabla\chi\cdot\nabla\theta)$，类似对强迫函数 F_2 的讨论，有：

$-B\nabla^2(\nabla\chi\cdot\nabla\theta)=-B\nabla^2(-\boldsymbol{V}_\chi\cdot\nabla\theta)$，这是辐散风对对温度平流量的拉普拉斯。同样有 $\omega\propto B\nabla^2(-\boldsymbol{V}_\chi\cdot\nabla\theta)\propto\boldsymbol{V}_\chi\cdot\nabla\theta$，暖平流时 $-\boldsymbol{V}_\chi\cdot\nabla\theta>0$，$\omega<0$，为上升运动；冷平流时 $-\boldsymbol{V}_\chi\cdot\nabla\theta<0$，$\omega>0$，为下沉运动。

(5)强迫函数 $F_5=-f\dfrac{\partial}{\partial p}(\xi\nabla^2\chi)$，由(6.99)式可得：

$$D=\frac{\partial u}{\partial x}+\frac{\partial v}{\partial y}=-\left(\frac{\partial^2\chi}{\partial x^2}+\frac{\partial^2\chi}{\partial y^2}\right)=-\nabla^2\chi \tag{6.109}$$

故有：$-f\dfrac{\partial}{\partial p}(\xi\nabla^2\chi)=-f\dfrac{\partial}{\partial p}(-\xi D)$

这是相对涡度和辐散量乘积的微差所产生的效应。若不考虑其他强迫函数项，则有：

$$\omega\propto-f\frac{\partial}{\partial p}(\xi D)$$

而 $-f\dfrac{\partial}{\partial p}(\xi D)$ 的正、负值取决于 ξ 和 D 的符号是否一致，以及上下层 ξD 值的变化。若上层 $\xi D<0$，下层 $\xi D>0$，则 $\dfrac{\partial}{\partial p}(\xi D)>0$，$\omega<0$，为上升运动；反之，为下沉运动。

(6)强迫函数 $F_6=-\beta\dfrac{\partial}{\partial p}\dfrac{\partial}{\partial y}\left(\dfrac{\partial\Psi}{\partial t}\right)$ 是由于不同层次的质点沿经向流动的差异而产生的不同的地球牵连涡度效应。

(7)强迫函数 $F_7=-2\dfrac{\partial}{\partial t}\dfrac{\partial}{\partial p}J\left(\dfrac{\partial\Psi}{\partial x},\dfrac{\partial\Psi}{\partial y}\right)$ 是变形效应的微差，由旋转风在 x 方向和 y 方向上随 t 的变化不一致，并且这种不一致随高度(或 p)而变化所产生的贡献，

在锋生区附近，这一项的作用增大。

(8)强迫函数 $F_8 = f\frac{\partial}{\partial p}g\frac{\partial}{\partial p}\left(\frac{\partial F_y}{\partial x}-\frac{\partial F_x}{\partial y}\right)$ 为摩擦应力所产生的效应，其中 $g\frac{\partial}{\partial p}\left(\frac{\partial F_y}{\partial x}-\frac{\partial F_x}{\partial y}\right)$ 是由于摩擦作用产生的涡度贡献。在近地层由于摩擦作用所产生的气旋性环流一般是正涡度随高度减小，故有 $\omega<0$，产生上升运动；反之，由于摩擦作用所产生的反气旋性环流一般是负涡度随高度减小，故有 $\omega>0$，为下沉运动。

(9)强迫函数 $F_9=-\frac{R}{pc_p}\nabla^2 H_S$ 为下垫面感热作用。

(10)强迫函数 $F_{10}=-\frac{R}{pc_p}\nabla^2 H_R$ 为辐射加热作用。

(11)强迫函数 $F_{11}=-\frac{R}{pc_p}\nabla^2 H_L$ 为大尺度凝结加热作用。

(12)强迫函数 $F_{12}=-\frac{R}{pc_p}\nabla^2 H_C$ 为对流凝结加热作用。

(13)由(6.99)式可得：

$$\xi=\frac{\partial v}{\partial x}-\frac{\partial u}{\partial y}=\frac{\partial^2\Psi}{\partial x^2}+\frac{\partial^2\Psi}{\partial y^2}=\nabla^2\Psi \tag{6.110}$$

因此，强迫函数 $F_{13}=f\frac{\partial}{\partial p}\left(\nabla\omega\cdot\nabla\frac{\partial\Psi}{\partial p}\right)$ 是涡管在各层不同程度扭曲产生的效应，当高层由于扭转作用或垂直输送产生的正涡度小于低层产生的正涡度时，$\omega<0$，是上升运动；反之为下沉运动。

(14)强迫函数 $F_{14}=f\frac{\partial}{\partial p}\left(\omega\frac{\partial}{\partial p}\nabla^2\Psi\right)$ 是相对涡度微差对流量的微差。

6.7.3　方程的求解

平衡模式 ω 方程的求解比较麻烦。首先要通过风的记录求出散度 D 和相对涡度 ξ，假设速度势的边界值为 0，解方程(6.109)式得到各层的 χ 值，然后再按公式：

$$\frac{\partial\Psi}{\partial s}=-V_n+\frac{\partial\chi}{\partial n} \tag{6.111}$$

进行环积分，定出 Ψ 的边界值，再解方程(6.110)式求得各层的流函数 Ψ。然后由(6.101)式和(6.105)式组成闭合方程组用迭代法求解 ω 和 $\frac{\partial\Psi}{\partial t}$。具体求解步骤如下：

(1)把(6.105)式和(6.101)式写成如下形式：

$$\nabla^2(\sigma\omega)+f^2\frac{\partial^2\omega}{\partial p^2}=A(\Psi)+B(\Psi)+L_3\left(\omega,\chi,\frac{\partial\Psi}{\partial t},\Psi\right)+L_4\left(\omega,\chi,\frac{\partial\Psi}{\partial t},\Psi\right)+\cdots+L_{14}\left(\omega,\chi,\frac{\partial\Psi}{\partial t},\Psi\right)\quad(6.112)$$

$$\nabla^2\frac{\partial\Psi}{\partial t}=M_1(\omega,\chi,\Psi)+M_2(\omega,\chi,\Psi)+\cdots+M_6(\omega,\chi,\Psi)\quad(6.113)$$

其中，$A(\Psi)$，$B(\Psi)$ 表示 ω 方程(6.105)式右边第一、二两项，而 L_3，L_4，…，L_{14} 表示后面的其他各项；M_1，M_2，…，M_6 表示涡度方程(6.101)式右边各项。

(2)假设 $L_3=L_4=\cdots=L_{12}=0$，解方程：

$$\nabla^2(\sigma\omega')+f^2\frac{\partial^2\omega'}{\partial p^2}=A(\Psi)+B(\Psi)\quad(6.114)$$

得到 ω' 作为第一次迭代值。

(3)把 ω' 代入(6.113)式右边，解出 $\frac{\partial\Psi}{\partial t}$，即解：

$$\nabla^2\frac{\partial\Psi}{\partial t}=M_1(\omega',\chi,\Psi)+M_2(\omega',\chi,\Psi)+\cdots+M_6(\omega',\chi,\Psi)\quad(6.115)$$

(4)用 ω'，$\frac{\partial\Psi}{\partial t}$ 代回(6.114)式，可得到第二次迭代值 ω''，即解：

$$\nabla^2(\sigma\omega'')+f^2\frac{\partial^2\omega''}{\partial p^2}=A(\Psi)+B(\Psi)+L_3\left(\omega',\chi,\frac{\partial\Psi'}{\partial t},\Psi\right)+\cdots+L_{14}\left(\omega',\chi,\frac{\partial\Psi'}{\partial t},\Psi\right)\quad(6.116)$$

(5)用 ω'' 代入(6.113)式解出 $\frac{\partial\Psi''}{\partial t}$。

(6)重复步骤(4)和(5)，一直到得出收敛解 ω'' 和 $\frac{\partial\Psi''}{\partial t}$ 为止，只要(6.112)式中 $\sigma>0$，通过这样的迭代计算总能得到收敛解。

在作诊断分析时，有时需要求出 ω 方程(6.105)式右边各单项强迫函数所引起的垂直速度，以便了解哪些项对垂直速度贡献较大，哪些项贡献较小。由于(6.105)式是一个线性微分方程。因此，在齐次边界条件(零边界值)下，(6.105)式的解是可以分开的，即：

$$\omega=\omega_A+\omega_B+\sum_{n=3}^{14}\omega_n\quad(6.117)$$

其中，ω_A，ω_B，…，ω_{14} 分别满足：

$$\nabla^2(\sigma\omega_A)+f^2\frac{\partial^2\omega_A}{\partial p^2}=A(\Psi) \tag{6.118}$$

$$\nabla^2(\sigma\omega_B)+f^2\frac{\partial^2\omega_B}{\partial p^2}=B(\Psi) \tag{6.119}$$

$$\nabla^2(\sigma\omega_n)+f^2\frac{\partial^2\omega_n}{\partial p^2}=L_n\left(\omega^n,\chi,\frac{\partial\Psi^n}{\partial t},\Psi\right) \tag{6.120}$$

其中，下标 $n=2,3,\cdots,14$；ω^n 和 $\frac{\partial\Psi^n}{\partial t}$ 是上述求解步骤(1)—(6)所得的 ω 和 $\frac{\partial\Psi}{\partial t}$ 的收敛解。分别解出(6.118)式、(6.119)式和(6.120)式，就可以得到 ω_A，ω_B，ω_3，…，ω_{14} 值。

6.8 垂直运动诊断的应用实例

在这里主要是通过一些诊断分析的例子所得出的事实来说明垂直运动诊断方法在天气分析中的应用。

6.8.1 修正的运动学法的应用

1979 年 6 月 8—10 日长江下游的苏、皖、浙三省出现了一次强烈的冰雹大风天气过程。用修正的运动学法计算了这次过程的垂直运动。在降雹区上升速度的最大值达 -11.0×10^{-3} hPa/s，上升气流的高度达到平流层低层，最大上升速度出现在 400 hPa 附近。

6.8.2 修改的准地转 ω 方程的应用

1972 年 6 月 20—22 日长江流域出现一次特大暴雨过程。这次过程的形势特点是，西太平洋副热带高压呈东西向带状分布，强度稳定，且随高度的增加高压轴向西北方向倾斜；西风带贝加尔湖西部是阻塞高压，阻高两侧有稳定的切断低涡，中纬度不断有短波槽东移；对流层下层是东西向稳定的切变线，地面为梅雨静止锋。雨带位于长江中下游 32°N 附近东西狭长的带状区域内，最大日降水量在 200 mm 以上。通过求解修改的准地转 ω 方程得出：(1)由温度平流水平分布的不均匀产生的 ω_1 依赖于天气系统而存在。由于东移冷槽和低压东南侧是暖平流区，因此 $\omega_1<0$，是上升运动；随着两个东移系统（低压和冷槽）进入计算区域而出现上升运动。20 日 20 时两个东移系统的暖平流区合并、加强东移，且在计算区域的东侧西南风速比西侧大，因而暖平流显著增大，致使系统在东移过程中其东部 $\omega_1<0$ 的效应比西部更明显，在系统东移过程中上升运动区增强。在总的 $\omega=\sum_{i=1}^{4}\omega_i$ 中 ω_1 占有一定比重。(2)由

涡度平流垂直差异产生的垂直速度 ω_2 和天气系统及其上下的配置有关。在这次过程中天气系统是后倾的，从地面低压中心以西到 500 hPa 冷槽以东的地区基本上是正涡度平流随高度增加的区域，因此有上升运动。但是，由于过程中环流是纬向的，涡度平流较小，其上下层的差异更小，故 ω_2 在总 ω 中占的比重不大。ω_1 和 ω_2 虽然在总 ω 中占的比重都不大，但它们却决定了 ω 的分布趋势。(3)按大地形计算的 ω_3 在总 ω 中占的比重极小，仅在计算区域的西部，且限于近地面层略有影响。一般情况下，摩擦作用引起的上升速度比地形抬升所引起的上升速度大，通常后者为前者的 1/20～1/10，只在山区和高原边缘两者相当。这两种作用引起的垂直运动随高度按指数规律递减，一般只在边界层以内比较明显，到 700 hPa 就很小了，大约比近地面层小 1～2 个量级，到 600 hPa 就更加微不足道了。(4)由降水潜热释放产生的上升速度 ω_4 在 ω 中占的比重很大，$\omega_4 < 0$ 均出现在降水强度增大的时候。

6.8.3　三种诊断垂直速度方法的比较

郑良杰(1989)比较了平衡模式 ω 方程、准地转 ω 方程和修正的运动学方法的计算结果，发现平衡模式 ω 方程比准地转 ω 方程有很大改善，比运动学方法有更多的优点。由三种方法计算出的 700 hPa 等压面上的垂直运动场可以看出，平衡模式 ω 方程和修正的运动学方法所得的上升、下沉运动区与地面高、低压环流形势配合得相当好。700 hPa 上最大上升运动的中心强度分别为 -16.8×10^{-3} hPa/s 和 -20.8×10^{-3} hPa/s，中心位于南京和上海之间，与最亮的云区和 21 日 08 时—22 日 08 时的暴雨区也非常一致。准地转 ω 方程计算的垂直速度的强度比前两种方法计算的垂直速度强度小 1～2 个量级，其水平分布也比较紊乱。根据准地转 ω 方程算得的垂直运动场很难确定出暴雨中心的位置，甚至在暴雨区出现下沉运动的不合理情况。以上结果说明，对于伴有强烈非地转运动和非绝热过程的中尺度天气过程，不能采用准地转 ω 方程。运动学方法计算出的垂直速度，虽然与降水分布有较好的对应关系，但它不能揭示出造成此种垂直运动分布的动力和热力原因。平衡模式 ω 方程之所以能给出与观测事实相符合的结果，原因在于它是从大气控制方程的一级近似导出的，制约大气运动和变化的各种动力和热力作用几乎无一遗漏地包含在平衡模式 ω 方程中。把各种动力和热力因子分别作为强迫项求解 ω 方程，便于了解各种因子在中尺度天气过程中的相对重要性。这对于深入认识中尺度天气系统发生、发展的机理无疑是重要的。(1)就其量级来讲，潜热项贡献最大；(2)实测风的旋转风分量的温度平流的拉普拉斯项 F_3 的贡献仅次于凝结加热函数项。可见，大气的斜压性不仅是影响温带气旋发展的重要因子，而且对梅雨锋上次天气尺度低压的发展也起重要作用。但我们注意到，根据地转风温度平流的拉普拉斯算出的垂直运动(图略)，与根据实测风的旋转风分量计算的结果有很大的差别。这说明，对于产生暴雨的次天气尺度系统，旋转风的非地转偏差（$\boldsymbol{V}_{\Psi}-\boldsymbol{V}_{g}$）似乎是不能忽视的。因此，对于伴有强烈天气过程的次天气尺度系统，风场具有更好的代表性。（3）旋转风的涡度平流随高度变化项 F_1（简称涡度平流项）的作用远小于旋转风的温度平流的拉普拉斯项 F_3（简称温度平流项）的作用，也小于摩擦项、变形项及其他有关项的作用。这说明，涡度平流项并不是对任何天气系统以及天气系统发展的任何阶段都是重要的，而边界层摩擦顶和变形项也不是总是可以忽略的。其他个例的计算结果同样表明，准地转 ω 方程之所以不能正确地计算出中尺度天气系统的垂直运动特征，除了没有考虑凝结加热和非地转偏差（$\boldsymbol{V}-\boldsymbol{V}_{g}$）的影响以外，还可能是因为没有考虑平衡模式 ω 方程中其他重要强迫项的作用。但需指出，准地转 ω 方程应用于大尺度天气系统基本上是成功的。他们曾用上述三种方法对 1972 年 3 月 27 日东北低压发展的例子做过类似的比较，发现三种诊断方法计算的垂直运动的空间分布没有本质区别，只是准地转 ω 方程计算的垂直速度明显偏小。（4）散度和相对涡度乘积随高度的变化项 F_5，与辐散风温度平流的拉普拉斯项 F_4 具有相同的量级，但二者是相互抵消的（其他个例的计算结果也是如此）。因此，这两项必须同时考虑或同时省略。（5）边界层摩擦效应和地形动力抬升引起的垂直运动主要限于对流层中下层，其强度随高度线性衰减。对流层低层，ω_{F+H} 的水平分布与暴雨中心有很好的对应关系。这意味着，边界层摩擦辐合和地形动力抬升引起的上升运动，对于对流层低层水汽辐合和触发不稳定能量释放起重要作用。

第 7 章　Q 矢量的分析与应用

众所周知,垂直运动是导致云降水等天气现象的重要动力条件,是一个十分重要的物理量。用 ω 方程可以诊断垂直运动,但是,ω 方程右边包含垂直导数值,这使定量计算时,至少需要两层的观测资料,定性诊断也带来不便。此外,大气中的垂直运动可以认为是由绝对涡度的差动平流和温度平流的拉普拉斯的强迫产生的。当这两项的符号相反时,很难定性地判断垂直运动的方向,并且这两项之间还存在部分抵消效应,如果分别计算两项强迫的垂直运动时会得出不正确的结果。所以这种形式的方程在定量计算和定性应用上有一定的困难。在 Sutcliffe(1947)发展理论中,由于简化过多,失去描述中尺度的信息。经实例分析表明,在描述垂直于锋区及急流入口区、出口区的非地转环流时,出现混乱现象。Trenberth(1978)采用类似 Sutcliffe(1947)的方法将方程的强迫项表示成热成风涡度平流,但同 Sutcliffe(1947)一样,在该形式的强迫项中忽略了地转变形项的作用,因此这种形式的方程仅适用于斜压性比较小的对流层中层。1978 年,Hoskins 等(1978)用另一方法推导出了完全的准地转方程,保留了准地转方程组所能描述的所有过程的作用,不仅避免了传统方程的缺点,而且有物理意义清楚、计算简单的特点,同时又避免了 Sutcliffe(1947)理论和 Trenberth(1978)方法的不足,它包括了变形项,且适用于整个对流层(或者说斜压性较大的情况)。他将准地转强迫项表示成一个矢量的散度,将这个矢量称为 Q 矢量,即准地转 Q 矢量。在科学文献中,Q 矢量方法被誉为业务垂直运动估算的先进方法。本节将对 Q 矢量理论作一个概要介绍。

7.1　准地转 Q 矢量

7.1.1　准地转 Q 矢量的推导及表达式

准静力、准地转、绝热无摩擦、f 平面的 p 坐标系运动方程组为:

$$\frac{\mathrm{d}_g}{\mathrm{d}t}u_g - fv_a = 0 \tag{7.1}$$

$$\frac{\mathrm{d}_g}{\mathrm{d}t}v_g + fu_a = 0 \tag{7.2}$$

$$\frac{\mathrm{d}_g}{\mathrm{d}t}\left(-\frac{\partial \Phi}{\partial p}\right)-\sigma\omega=0 \tag{7.3}$$

$$\frac{\partial u}{\partial x}+\frac{\partial v}{\partial y}+\frac{\partial \omega}{\partial p}=0 \tag{7.4}$$

$$\frac{\partial \Phi}{\partial p}=-\alpha \tag{7.5}$$

以上公式中，$\alpha=\dfrac{1}{\rho}$ 为比容，Φ 为重力位势，$\sigma=-\dfrac{\alpha}{\theta}\dfrac{\partial \theta}{\partial p}$ 为静力稳定度参数，θ 为位温；u_g, v_g 为地转风，($u_g=-\dfrac{1}{f}\dfrac{\partial \Phi}{\partial y}, v_g=\dfrac{1}{f}\dfrac{\partial \Phi}{\partial x}$)；$u_a, v_a$ 为地转偏差，($u_a=u-u_g$，$v_a=v-v_g$)；$\dfrac{\mathrm{d}_g}{\mathrm{d}t}=\dfrac{\partial}{\partial t}+\boldsymbol{V}_g\cdot\nabla=\dfrac{\partial}{\partial t}+u_g\dfrac{\partial}{\partial x}+v_g\dfrac{\partial}{\partial y}$。因为在 f 平面(即 f 为常数)的条件下，地转风散度 $\dfrac{\partial u_g}{\partial x}+\dfrac{\partial v_g}{\partial y}=0$，因此，(7.4)式可改写为：

$$\frac{\partial u_a}{\partial x}+\frac{\partial v_a}{\partial y}+\frac{\partial \omega}{\partial p}=0 \tag{7.6}$$

将(7.1)式和(7.2)式分别对 p 求导，可得：

$$\left(\frac{\partial}{\partial t}+\boldsymbol{V}_g\cdot\nabla\right)\left(f\frac{\partial u_g}{\partial p}\right)-f^2\frac{\partial v_a}{\partial p}=-f\frac{\partial \boldsymbol{V}_g}{\partial p}\cdot\nabla u_g \tag{7.7}$$

$$\left(\frac{\partial}{\partial t}+\boldsymbol{V}_g\cdot\nabla\right)\left(f\frac{\partial v_g}{\partial p}\right)+f^2\frac{\partial u_a}{\partial p}=-f\frac{\partial \boldsymbol{V}_g}{\partial p}\cdot\nabla v_g \tag{7.8}$$

将(7.3)式分别对 y、x 求导，可得：

$$\left(\frac{\partial}{\partial t}+\boldsymbol{V}_g\cdot\nabla\right)\left[\frac{\partial}{\partial y}\left(-\frac{\partial \Phi}{\partial p}\right)\right]-\frac{\partial}{\partial y}(\sigma\omega)=-\frac{\partial \boldsymbol{V}_g}{\partial y}\cdot\nabla\left(-\frac{\partial \Phi}{\partial p}\right) \tag{7.9}$$

$$\left(\frac{\partial}{\partial t}+\boldsymbol{V}_g\cdot\nabla\right)\left[\frac{\partial}{\partial x}\left(-\frac{\partial \Phi}{\partial p}\right)\right]-\frac{\partial}{\partial x}(\sigma\omega)=-\frac{\partial \boldsymbol{V}_g}{\partial x}\cdot\nabla\left(-\frac{\partial \Phi}{\partial p}\right) \tag{7.10}$$

利用热成风关系：$f\dfrac{\partial u_g}{\partial p}=\dfrac{\partial}{\partial y}\left(-\dfrac{\partial \Phi}{\partial p}\right)$，$f\dfrac{\partial v_g}{\partial p}=-\dfrac{\partial}{\partial x}\left(-\dfrac{\partial \Phi}{\partial p}\right)$，以及利用 $\dfrac{\partial u_g}{\partial x}+\dfrac{\partial v_g}{\partial y}=0$，将(7.7)式和(7.9)式、(7.8)式和(7.10)式中消去 $\dfrac{\mathrm{d}_g}{\mathrm{d}t}$ 项，得：

$$\frac{\partial}{\partial x}(\sigma\omega)-f^2\frac{\partial u_a}{\partial p}=-2Q_x \tag{7.11}$$

$$\frac{\partial}{\partial y}(\sigma\omega)-f^2\frac{\partial v_a}{\partial p}=-2Q_y \tag{7.12}$$

其中，

$$Q_x = -\frac{\partial \mathbf{V}_g}{\partial x} \cdot \nabla\left(-\frac{\partial \Phi}{\partial p}\right),\ Q_y = -\frac{\partial \mathbf{V}_g}{\partial y} \cdot \nabla\left(-\frac{\partial \Phi}{\partial p}\right) \tag{7.13}$$

$\boldsymbol{Q} = Q_x\boldsymbol{i} + Q_y\boldsymbol{j}$，称为准地转 $\boldsymbol{Q}$ 矢量。

由(7.13)式定义的准地转 $\boldsymbol{Q}$ 矢量还可以表示成多种形式：

(1)地转风场形式

利用热成风关系，(7.13)式可以改写为：

$$Q_x = -\frac{\partial \mathbf{V}_g}{\partial x} \cdot \left[-f\frac{\partial v_g}{\partial p}, f\frac{\partial u_g}{\partial p}\right] = f\left(\frac{\partial u_g}{\partial x}\frac{\partial v_g}{\partial p} - \frac{\partial v_g}{\partial x}\frac{\partial u_g}{\partial p}\right) \tag{7.14}$$

$$Q_y = -\frac{\partial \mathbf{V}_g}{\partial y} \cdot \left[-f\frac{\partial v_g}{\partial p}, f\frac{\partial u_g}{\partial p}\right] = f\left(\frac{\partial u_g}{\partial y}\frac{\partial v_g}{\partial p} - \frac{\partial v_g}{\partial y}\frac{\partial u_g}{\partial p}\right) \tag{7.15}$$

(2)地转风与温度场形式

由(7.13)式可得：

$$Q_x = -\frac{R}{p}\frac{\partial \mathbf{V}_g}{\partial x} \cdot \nabla T = -\frac{R}{p}\left(\frac{\partial u_g}{\partial x}\frac{\partial T}{\partial x} + \frac{\partial v_g}{\partial x}\frac{\partial T}{\partial y}\right) \tag{7.16}$$

$$Q_y = -\frac{R}{p}\frac{\partial \mathbf{V}_g}{\partial y} \cdot \nabla T = -\frac{R}{p}\left(\frac{\partial u_g}{\partial y}\frac{\partial T}{\partial x} + \frac{\partial v_g}{\partial y}\frac{\partial T}{\partial y}\right) \tag{7.17}$$

(3)地转风与比容场形式

由 $p = \rho RT$ 和 $\alpha = \frac{1}{\rho}$，则 $\alpha = \frac{RT}{p}$，将其代入(7.16)式和(7.17)式可得：

$$Q_x = -\frac{\partial \mathbf{V}_g}{\partial x} \cdot \nabla\alpha = -\left(\frac{\partial u_g}{\partial x}\frac{\partial \alpha}{\partial x} + \frac{\partial v_g}{\partial x}\frac{\partial \alpha}{\partial y}\right) \tag{7.18}$$

$$Q_y = -\frac{\partial \mathbf{V}_g}{\partial y} \cdot \nabla\alpha = -\left(\frac{\partial u_g}{\partial y}\frac{\partial \alpha}{\partial x} + \frac{\partial v_g}{\partial y}\frac{\partial \alpha}{\partial y}\right) \tag{7.19}$$

(4)地转风与位温场形式

由位温定义 $\theta = T\left(\frac{p_0}{p}\right)^{\frac{R}{c_p}}$，可得：$\frac{RT}{p} = \frac{R}{p}\left(\frac{p}{p_0}\right)^{\frac{R}{c_p}} \cdot \theta = h\theta$，其中 $h = \frac{R}{p}\left(\frac{p}{p_0}\right)^{\frac{R}{c_p}}$，代入(7.16)式和(7.17)式可得：

$$Q_x = -h\frac{\partial \mathbf{V}_g}{\partial x} \cdot \nabla\theta = -h\left(\frac{\partial u_g}{\partial x}\frac{\partial \theta}{\partial x} + \frac{\partial v_g}{\partial x}\frac{\partial \theta}{\partial y}\right) \tag{7.20}$$

$$Q_y = -h\frac{\partial \mathbf{V}_g}{\partial y} \cdot \nabla\theta = -h\left(\frac{\partial u_g}{\partial y}\frac{\partial \theta}{\partial x} + \frac{\partial v_g}{\partial y}\frac{\partial \theta}{\partial y}\right) \tag{7.21}$$

7.1.2 准地转 Q 矢量散度与准地转 ω 方程

对(7.6)式作 $\frac{\partial}{\partial p}$ 运算，得：

$$\frac{\partial}{\partial x}\left(\frac{\partial u_a}{\partial p}\right)+\frac{\partial}{\partial y}\left(\frac{\partial v_a}{\partial p}\right)+\frac{\partial^2 \omega}{\partial p^2}=0 \tag{7.22}$$

作 $\frac{\partial}{\partial x}$(7.11)式$+\frac{\partial}{\partial y}$(7.12)式运算，且利用(7.22)式可得：

$$\nabla^2(\sigma\omega)+f^2\frac{\partial^2\omega}{\partial p^2}=-2\nabla\cdot\boldsymbol{Q} \tag{7.23}$$

(7.23)式就是 Hoskins 等(1978)推导得到的准地转 ω 方程。上式的意义是，在 f 平面上准地转的垂直运动仅由 $\boldsymbol{Q}$ 矢量的散度决定。$\boldsymbol{Q}$ 矢量的定义为随水平地转速度运动的位温梯度的变化率。Hoskins 等(1978)的这一发展可称为"$\boldsymbol{Q}$ 矢量分析方法"。用 $\boldsymbol{Q}$ 矢量散度表示 ω 的大小及分布，能避免直接求解 ω 方程的大量计算，只需一层等压面资料即可计算，这在定量计算上比惯用的方程简便。

在(7.23)式推导过程中，已假定 σ 在水平方向的分布是均匀的，即 $\nabla^2\sigma=0$，且在 f 平面条件下，即 f 为常数。由(7.23)式还可以导出 $\omega\propto\nabla\cdot\boldsymbol{Q}$ 的关系式来。假设 ω 在 x,y 和 p 方向按正弦变化：$\omega=\omega_0\sin\left(\frac{2\pi}{L_x}x\right)\sin\left(\frac{2\pi}{L_y}y\right)\sin\left(\frac{\pi}{p_0}p\right)$，于是(7.23)式左端可写成：

$$\left(\sigma\nabla^2+f^2\frac{\partial^2}{\partial p^2}\right)\omega=-\left[\sigma\left(\frac{2\pi}{L_x}\right)^2+\sigma\left(\frac{2\pi}{L_y}\right)^2+f^2\left(\frac{\pi}{p_0}\right)^2\right]\omega=-A^2\omega \tag{7.24}$$

其中，$A^2=\sigma\left(\frac{2\pi}{L_x}\right)^2+\sigma\left(\frac{2\pi}{L_y}\right)^2+f^2\left(\frac{\pi}{p_0}\right)^2$

由(7.24)式可知，(7.23)式左端项与 $-\omega$ 成正比，于是有：

$$\omega\propto\nabla\cdot\boldsymbol{Q} \tag{7.25}$$

根据(7.25)式可得出：$\boldsymbol{Q}$ 矢量辐散区 $\nabla\cdot\boldsymbol{Q}>0$，$\omega>0$，有下沉运动；$\boldsymbol{Q}$ 矢量辐合区 $\nabla\cdot\boldsymbol{Q}<0$，$\omega<0$，有上升运动。

综上所述，用 $\boldsymbol{Q}$ 矢量散度来判断垂直运动简单明了。尤其是用地转风与温度场或位温场形式的 $\boldsymbol{Q}$ 矢量来计算，只要用一层等压面的资料即可算出该层的垂直运动。这是准地转 $\boldsymbol{Q}$ 矢量诊断垂直运动的优点。

7.1.3　Q 矢量基本判别方法与诊断分析规则

定性判断 $\boldsymbol{Q}$ 矢量有以下的方法和规则：

(1)沿等位温线方向取两点 1、2，画出这两点的地转风向量 $\boldsymbol{V}_g$，并在 1、2 的中点作出地转向量差 $\Delta\boldsymbol{V}_g=\boldsymbol{V}_{g1}-\boldsymbol{V}_{g2}$。

(2)$\boldsymbol{Q}$ 矢量的方向垂直于 $\Delta\boldsymbol{V}_g$ 指向其右方。$|\Delta\boldsymbol{V}_g|$ 和 $|\nabla T|$ 越大，$\boldsymbol{Q}$ 值越大(如图 7.1)。

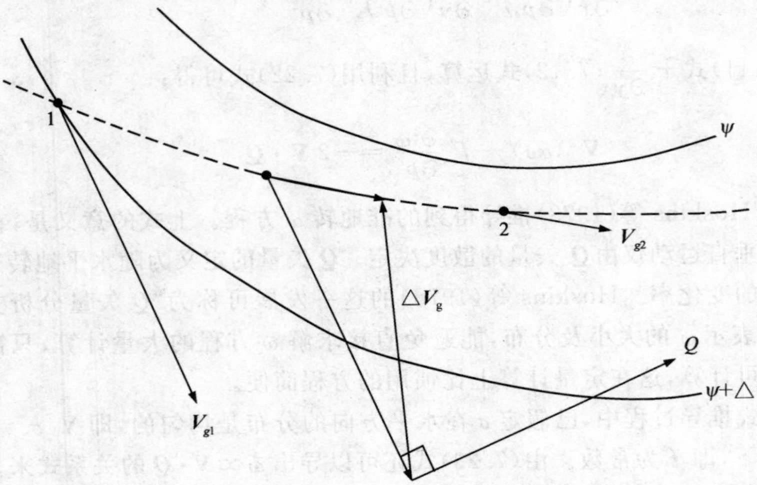

图 7.1 Q 矢量的定性诊断

用 Q 矢量诊断垂直运动有以下的规则：

在 Q 矢量的辐合区有上升运动，而在 Q 矢量的辐散区有下沉运动。因此，在 Q 矢量极大值点的前方有上升运动，后方有下沉运动。这样，只要计算 Q 矢量，并画出 Q 矢量分布图，即可根据上述规则判断出垂直运动的方向。此外，Q 矢量的辐合越强，所产生的垂直运动越强，因此也可定性地判断出垂直运动的强弱。

准地转 Q 矢量与次级环流有以下的关系：

由(7.11)式和(7.12)式，可知，纬向和经向的垂直环流分别由 Q_x 和 Q_y 决定的。因而任一方向垂直剖面的次级环流，完全由在该方向的 Q 矢量的分量决定的。下面来考察次级环流的方向和 Q 矢量方向之间的关系(图 7.2)。

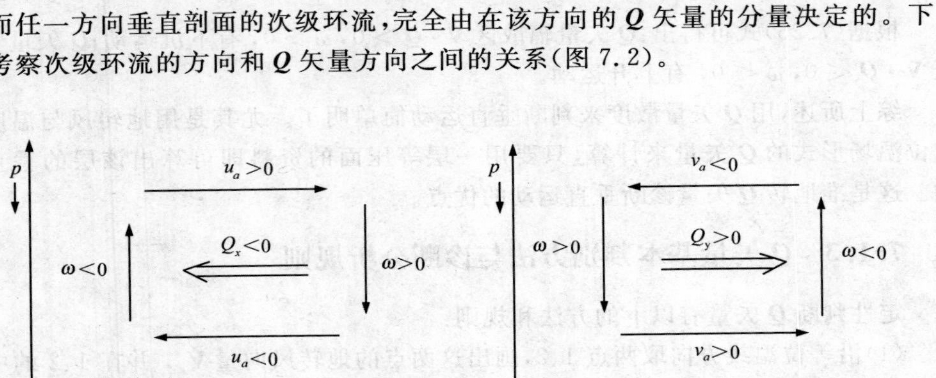

图 7.2 垂直环流与 Q_x (a)、Q_y (b)方向的关系

图 7.2(a)中所示的西部上升，东部下沉，高层向东，低层向西的纬向垂直环流。这种情况下，$\frac{\partial \omega}{\partial x}>0$ 及 $\frac{\partial u_a}{\partial p}<0$，根据(7.11)式则有 $Q_x<0$，即 Q_x 指向西。另外，图 7.2(b)所示的南部下沉、北部上升，高层向南、低层向北的经圈垂直环流。这时有 $\frac{\partial \omega}{\partial y}<0$，$\frac{\partial v_a}{\partial p}>0$，根据(7.12)式则有 $Q_y>0$，即 Q_y 指向北。另外，从图 7.2(a)和图 7.2(b)可以看出，当垂直环流方向是顺时针旋转时，Q 矢量的分量小于零；反之，当垂直环流方向是逆时针旋转时，该方向的 Q 矢量分量大于零。总而言之，Q 矢量总是指向上升区背向下沉区。

7.1.4　准地转 Q 矢量与急流的关系

图 7.3 所示为急流核心附近的流场和温度场的特征。由图 7.3 可知，在急流的入口区，$\frac{\partial u_g}{\partial x}>0$，$\frac{\partial T}{\partial y}<0$，因此 $Q_y=-\frac{R}{p}\left(-\frac{\partial u_g}{\partial x}\frac{\partial T}{\partial y}\right)<0$，其方向指向南，所以，在入口区冷空气一侧下沉，暖空气一侧上升，是直接热力环流；在急流的出口区，$\frac{\partial u_g}{\partial x}<0$，$\frac{\partial T}{\partial y}<0$，于是，$Q_y=\frac{R}{p}\left(\frac{\partial u_g}{\partial x}\frac{\partial T}{\partial y}\right)>0$，其方向指向北方，在急流出口区冷空气一侧上升，暖空气一侧下沉，是间接热力环流。

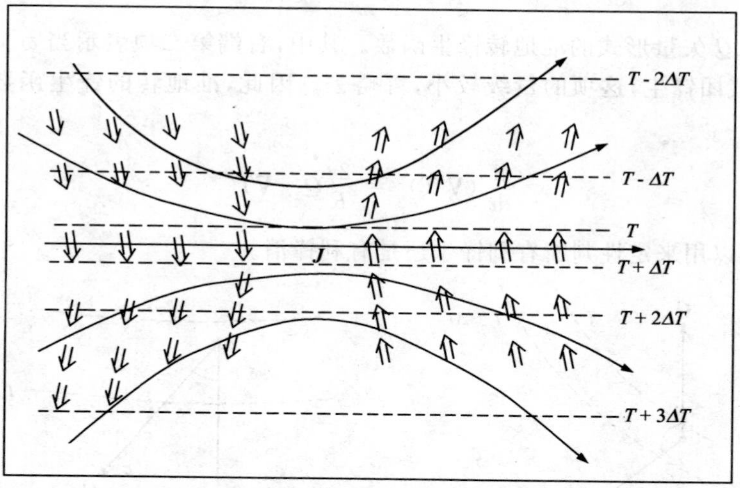

图 7.3　急流出入口区 Q 矢量

----温度线　⟶流线　⇨ Q 矢量

与此相对应的，一般急流入口区的右侧，出口区的左侧是 Q 矢量辐合区；而入口区左侧和出口区右侧是 Q 矢量辐散区。

7.1.5 用准地转 Q 矢量判断锋生、锋消

Q 矢量不仅能用来诊断垂直环流,而且由于它决定了流场和温度场热成风的个别变化,亦即决定了水平温度的个别变化,因而还可用来判断锋生、锋消。锋生是指某种反映锋生特征的物理特性 S(例如温度 T,位温 θ 等)的梯度增大(即 S 等值线变密)的过程。一般可以定义一个锋生函数 F:

$$F=\frac{\mathrm{d}}{\mathrm{d}t}\mid \nabla S\mid \text{ 或 } F=\frac{\mathrm{d}}{\mathrm{d}t}(\nabla S)^2 \tag{7.26}$$

当 $F>0$ 时,锋生;当 $F<0$ 时,锋消。

下面讨论准地转 Q 矢量与锋生的关系。将(7.9)式和(7.10)式求矢量和,可得:

$$\left(\frac{\partial}{\partial t}+\boldsymbol{V}_g\cdot\nabla\right)\nabla\left(-\frac{\partial\Phi}{\partial p}\right)=\boldsymbol{Q}+\nabla(\sigma\omega) \tag{7.27}$$

上式可改写成:

$$\left(\frac{\partial}{\partial t}+\boldsymbol{V}_g\cdot\nabla\right)\nabla T=\frac{p}{R}[\boldsymbol{Q}+\nabla(\sigma\omega)] \tag{7.28}$$

将(7.28)式点乘 ∇T,可得:

$$\frac{\mathrm{d}}{\mathrm{d}t}(\nabla T)^2=\frac{2p}{R}[\boldsymbol{Q}\cdot\nabla T+\nabla(\sigma\omega)\cdot\nabla T] \tag{7.29}$$

(7.29)式为 Q 矢量形式的准地转锋生函数。其中,右端第二项表示当 ω 向冷空气方向减小时,气团锋生,这项的量级较小,可略去。因此,准地转的锋生函数可近似表示成:

$$\frac{\mathrm{d}}{\mathrm{d}t}(\nabla T)^2=\frac{2p}{R}\boldsymbol{Q}\cdot\nabla T \tag{7.30}$$

(7.30)式可以用来定性判断有利锋生还是有利锋消。

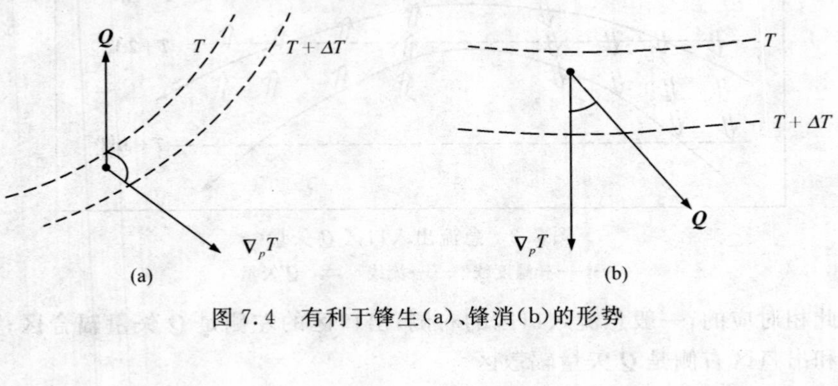

图 7.4 有利于锋生(a)、锋消(b)的形势

由示意图(图 7.4)可得到准地转 $\boldsymbol{Q}$ 矢量预报锋生还是锋消的规则：

当 $\boldsymbol{Q}$ 与 ∇T 交角小于 90^0(同号)(图 7.4a)，$\boldsymbol{Q}\cdot\nabla T>0$，即 $\boldsymbol{Q}$ 指向暖空气时，将减小原有的温度梯度，因而有利于锋消。当 $\boldsymbol{Q}$ 与 ∇T 同向时，最有利于锋消。

当 $\boldsymbol{Q}$ 与 ∇T 交角大于 90^0(即反号)(图 7.4b)，$\boldsymbol{Q}\cdot\nabla T<0$，即 $\boldsymbol{Q}$ 指向冷空气时，将增加原有的温度梯度，因而有利于锋生。当 $\boldsymbol{Q}$ 与 ∇T 反向时，最有利于锋生。

7.2　半地转 Q 矢量

半地转近似又称是地转动量(GM)近似。在半地转近似条件下的动力方程组比准地转近似条件下的动力方程组包含有更多的信息：保留了非地转风造成的地转动量平流，多了由非地转风引起的温度平流项，且考虑了 β 效应。

7.2.1　半地转 Q 矢量推导

在半地转、准静力、绝热无摩擦的 p 坐标系动力学方程组如下：

$$\left(\frac{\partial}{\partial t}+\mathbf{V}\cdot\nabla\right)v_g=-fu_a \tag{7.31}$$

$$\left(\frac{\partial}{\partial t}+\mathbf{V}\cdot\nabla\right)u_g=fv_a \tag{7.32}$$

$$\left(\frac{\partial}{\partial t}+\mathbf{V}\cdot\nabla\right)\left(-\frac{\partial\Phi}{\partial p}\right)-\sigma\omega=0 \tag{7.33}$$

$$\frac{\partial u_a}{\partial x}+\frac{\partial v_a}{\partial y}+\frac{\partial\omega}{\partial p}=0 \tag{7.34}$$

$$\frac{\partial\Phi}{\partial p}=-\alpha \tag{7.35}$$

$$fu_g=-\frac{\partial\Phi}{\partial y},fv_g=\frac{\partial\Phi}{\partial x} \tag{7.36}$$

$$f\frac{\partial u_g}{\partial p}=-\frac{\partial}{\partial y}\left(\frac{\partial\Phi}{\partial p}\right),f\frac{\partial v_g}{\partial p}=\frac{\partial}{\partial x}\left(\frac{\partial\Phi}{\partial p}\right) \tag{7.37}$$

其中，α 为比容，Φ 为重力位势，$\sigma=-\dfrac{\alpha}{\theta}\dfrac{\partial\theta}{\partial p}$ 为静力稳定度参数，$u_a=u-u_g$，$v_a=v-v_g$。其他均为常用气象符号。

作 $f\dfrac{\partial}{\partial p}$(7.31)式处理得：

$$\left(\frac{\partial}{\partial t}+\mathbf{V}\cdot\nabla\right)\left(\frac{\partial v_g}{\partial p}\right)+f^2\frac{\partial u_a}{\partial p}+f\frac{\partial\mathbf{V}}{\partial p}\cdot\nabla v_g-v\beta\frac{\partial v_g}{\partial p}=0 \tag{7.38}$$

作 $f\dfrac{\partial}{\partial p}$(7.32)式处理得：

$$\left(\frac{\partial}{\partial t}+\mathbf{V}\cdot\nabla\right)\left(f\frac{\partial u_g}{\partial p}\right)-f^2\frac{\partial v_a}{\partial p}+f\frac{\partial \mathbf{V}}{\partial p}\cdot\nabla u_g-v\beta\frac{\partial u_g}{\partial p}=0 \tag{7.39}$$

作 $f\dfrac{\partial}{\partial x}$(7.33)式处理得：

$$\left(\frac{\partial}{\partial t}+\mathbf{V}\cdot\nabla\right)\left(f\frac{\partial v_g}{\partial p}\right)+\frac{\partial}{\partial x}(\sigma\omega)+\frac{\partial \mathbf{V}}{\partial x}\cdot\nabla\left(\frac{\partial \Phi}{\partial p}\right)=0 \tag{7.40}$$

作 $f\dfrac{\partial}{\partial y}$(7.33)式处理得：

$$\left(\frac{\partial}{\partial t}+\mathbf{V}\cdot\nabla\right)\left(f\frac{\partial u_g}{\partial p}\right)-\frac{\partial}{\partial y}(\sigma\omega)-\frac{\partial \mathbf{V}}{\partial y}\cdot\nabla\left(\frac{\partial \Phi}{\partial p}\right)=0 \tag{7.41}$$

由(7.38)式－(7.40)式得：

$$\frac{\partial}{\partial x}(\sigma\omega)-f^2\frac{\partial u_a}{\partial p}=-\left[\frac{\partial \mathbf{V}}{\partial x}\cdot\nabla\left(\frac{\partial \Phi}{\partial p}\right)-f\frac{\partial \mathbf{V}}{\partial p}\cdot\nabla v_g+v\beta\frac{\partial v_g}{\partial p}\right] \tag{7.42}$$

由(7.39)式－(7.41)式得：

$$\frac{\partial}{\partial y}(\sigma\omega)-f^2\frac{\partial v_a}{\partial p}=-\left[\frac{\partial \mathbf{V}}{\partial y}\cdot\nabla\left(\frac{\partial \Phi}{\partial p}\right)+f\frac{\partial \mathbf{V}}{\partial p}\cdot\nabla u_g-v\beta\frac{\partial u_g}{\partial p}\right] \tag{7.43}$$

令：

$$\boldsymbol{Q}_x=\frac{1}{2}\left[\frac{\partial \mathbf{V}}{\partial x}\cdot\nabla\left(\frac{\partial \Phi}{\partial p}\right)-f\frac{\partial \mathbf{V}}{\partial p}\cdot\nabla v_g+v\beta\frac{\partial v_g}{\partial p}\right] \tag{7.44}$$

$$\boldsymbol{Q}_y=\frac{1}{2}\left[\frac{\partial \mathbf{V}}{\partial y}\cdot\nabla\left(\frac{\partial \Phi}{\partial p}\right)+f\frac{\partial \mathbf{V}}{\partial p}\cdot\nabla u_g-v\beta\frac{\partial u_g}{\partial p}\right] \tag{7.45}$$

$$\boldsymbol{Q}=\boldsymbol{Q}_x\boldsymbol{i}+\boldsymbol{Q}_y\boldsymbol{j} \tag{7.46}$$

将(7.44)式、(7.45)式代入(7.46)式得：

$$\begin{aligned}\boldsymbol{Q}=&\frac{1}{2}\left[\frac{\partial \mathbf{V}}{\partial x}\cdot\nabla\left(\frac{\partial \Phi}{\partial p}\right)-f\frac{\partial V}{\partial p}\cdot\nabla v_g+v\beta\frac{\partial v_g}{\partial p}\right]\boldsymbol{i}+\\&\frac{1}{2}\left[\frac{\partial \mathbf{V}}{\partial y}\cdot\nabla\left(\frac{\partial \Phi}{\partial p}\right)+f\frac{\partial \mathbf{V}}{\partial p}\cdot\nabla u_g-v\beta\frac{\partial u_g}{\partial p}\right]\boldsymbol{j}\end{aligned} \tag{7.47}$$

(7.47)式即为半地转 $\boldsymbol{Q}$ 矢量。值得注意的是，半地转 $\boldsymbol{Q}$ 矢量的表达式中不仅含有地转风，同时还包括了实际风，这是其与准地转 $\boldsymbol{Q}$ 矢量明显的不同之处。

7.2.2 半地转 $\boldsymbol{Q}$ 矢量表征的 ω 方程

利用(7.44)式、(7.45)式，则(7.42)式、(7.43)式可化为：

$$\frac{\partial}{\partial x}(\sigma\omega)-f^2\frac{\partial u_a}{\partial p}=-2\boldsymbol{Q}_x \tag{7.48}$$

$$\frac{\partial}{\partial y}(\sigma\omega) - f^2\frac{\partial v_a}{\partial p} = -2Q_y \tag{7.49}$$

作 $\frac{\partial}{\partial x}$(7.48)式及 $\frac{\partial}{\partial y}$(7.49)式处理，并相加，且利用 $-\frac{\partial\omega}{\partial p} = \frac{\partial u_a}{\partial x} + \frac{\partial v_a}{\partial y}$，同时，从尺度分析可知，$2f\beta\frac{\partial v_a}{\partial p}$ 项比其他项要小两个以上数量级，故可以略去。于是则有：

$$\nabla^2(\sigma\omega) + f^2\frac{\partial^2\omega}{\partial p^2} = -2\nabla\cdot\boldsymbol{Q} \tag{7.50}$$

(7.50)式即为半地转 Q 矢量表征的 ω 方程。

从半地转 Q 矢量表征的 ω 方程来看，具有与准地转 Q 矢量所表征的 ω 方程一样的简化式。同时，它又较准地转 Q 矢量更加完善，它不仅包含了准地转各项，而且还考虑到了非地转风的作用、风垂直切变、纬度效应及热成风作用。因此，更具有表征中尺度系统特征的能力。

7.3　非地转干 Q 矢量

准地转 Q 矢量是在准地转近似假设下得到的，半地转 Q 矢量是在地转动量近似条件下得到的，因而都受到一定程度的限制，尤其是应用于次天气尺度运动和激烈天气系统中，将有明显的不足。因此，有必要把 Q 矢量概念推广到原始方程中去。为了便于气象台站在业务工作中使用，现给出 p 坐标系的非地转干 Q 矢量。

7.3.1　非地转干 Q 矢量计算公式推导

准静力、绝热、无摩擦、f 平面 p 坐标系的原始方程组为：

$$\frac{\mathrm{d}v}{\mathrm{d}t} = -fu_a \tag{7.51}$$

$$\frac{\mathrm{d}u}{\mathrm{d}t} = fv_a \tag{7.52}$$

$$\frac{\partial\Phi}{\partial p} = -\alpha \tag{7.53}$$

$$\frac{\partial u}{\partial x} + \frac{\partial v}{\partial y} + \frac{\partial\omega}{\partial p} = 0 \tag{7.54}$$

$$\frac{\mathrm{d}\theta}{\mathrm{d}t} = 0 \tag{7.55}$$

其中，α 为比容，且 $\alpha = \frac{1}{\rho} = \frac{RT}{p}$。$\Phi$ 为重力位势，θ 为位温。$\frac{\mathrm{d}}{\mathrm{d}t} = \frac{\partial}{\partial t} + u\frac{\partial}{\partial x} + v\frac{\partial}{\partial y} +$

$\omega\dfrac{\partial}{\partial p}$，$u_a=u-u_g$，$v_a=v-v_g$。令 $h=\dfrac{R}{p}\left(\dfrac{P}{1000}\right)^{\frac{R}{c_p}}$，且已知 $\theta=T\left(\dfrac{1000}{p}\right)^{\frac{R}{c_p}}$ 及 $p=\rho RT$，则

$$\theta=\frac{1}{h}\frac{RT}{P}=\frac{1}{h}\frac{1}{\rho}=\frac{1}{h}\alpha \tag{7.56}$$

将(7.53)式代入(7.56)式得：

$$\theta=-\frac{1}{h}\frac{\partial\Phi}{\partial p} \tag{7.57}$$

将(7.57)式代入(7.55)式得：

$$\frac{\mathrm{d}}{\mathrm{d}t}\left(\frac{1}{h}\frac{\partial\Phi}{\partial p}\right)=0 \tag{7.58}$$

将(7.51)式展开得：

$$\frac{\partial v}{\partial t}+u\frac{\partial v}{\partial x}+v\frac{\partial v}{\partial y}+\omega\frac{\partial v}{\partial p}=-fu_a \tag{7.59}$$

对(7.59)式作 $f\dfrac{\partial}{\partial p}$ 处理，并利用 $\dfrac{\mathrm{d}}{\mathrm{d}t}=\dfrac{\partial}{\partial t}+u\dfrac{\partial}{\partial x}+v\dfrac{\partial}{\partial y}+\omega\dfrac{\partial}{\partial p}$ 及(7.54)式，则得：

$$f\frac{\mathrm{d}}{\mathrm{d}t}\left(\frac{\partial v}{\partial p}\right)=f\left(\frac{\partial v}{\partial p}\frac{\partial u}{\partial x}-\frac{\partial u}{\partial p}\frac{\partial v}{\partial x}\right)-f^2\frac{\partial u_a}{\partial p} \tag{7.60}$$

类似地，将(7.52)式展开，并作 $f\dfrac{\partial}{\partial p}$ 处理，且利用 $\dfrac{\mathrm{d}}{\mathrm{d}t}=\dfrac{\partial}{\partial t}+u\dfrac{\partial}{\partial x}+v\dfrac{\partial}{\partial y}+\omega\dfrac{\partial}{\partial p}$ 及(7.54)式，则得：

$$f\frac{\mathrm{d}}{\mathrm{d}t}\left(\frac{\partial u}{\partial p}\right)=-f\left(\frac{\partial v}{\partial p}\frac{\partial u}{\partial y}-\frac{\partial u}{\partial p}\frac{\partial v}{\partial y}\right)+f^2\frac{\partial v_a}{\partial p} \tag{7.61}$$

将(7.58)式展开，并作 $\dfrac{\partial}{\partial x}$ 处理，可得：

$$\frac{1}{h}\frac{\partial}{\partial t}\left[\frac{\partial}{\partial x}\left(\frac{\partial\Phi}{\partial p}\right)\right]+\frac{1}{h}u\frac{\partial}{\partial x}\left[\frac{\partial}{\partial x}\left(\frac{\partial\Phi}{\partial p}\right)\right]+\frac{1}{h}\frac{\partial u}{\partial x}\frac{\partial}{\partial x}\left(\frac{\partial\Phi}{\partial p}\right)+\frac{1}{h}v\frac{\partial}{\partial y}\left[\frac{\partial}{\partial x}\left(\frac{\partial\Phi}{\partial p}\right)\right]+$$
$$\frac{1}{h}\frac{\partial v}{\partial x}\frac{\partial}{\partial y}\left(\frac{\partial\Phi}{\partial p}\right)+\omega\frac{\partial}{\partial p}\left[\frac{1}{h}\frac{\partial}{\partial x}\left(\frac{\partial\Phi}{\partial p}\right)\right]+\frac{\partial\omega}{\partial x}\frac{\partial}{\partial p}\left(\frac{1}{h}\frac{\partial\Phi}{\partial p}\right)=0 \tag{7.62}$$

其中，

$$\omega\frac{\partial}{\partial p}\left[\frac{1}{h}\frac{\partial}{\partial x}\left(\frac{\partial\Phi}{\partial p}\right)\right]=\frac{1}{h}\omega\frac{\partial}{\partial p}\left[\frac{\partial}{\partial x}\left(\frac{\partial\Phi}{\partial p}\right)\right]+\omega\frac{\partial}{\partial p}\left(\frac{1}{h}\right)\frac{\partial}{\partial p}\left(\frac{\partial\Phi}{\partial x}\right) \tag{7.63}$$

利用 $\frac{1}{h}=\rho\theta$ 及 $fv_g=\frac{\partial\Phi}{\partial x}$，则(7.63)式变为

$$\omega\frac{\partial}{\partial p}\left[\frac{1}{h}\frac{\partial}{\partial x}\left(\frac{\partial\Phi}{\partial p}\right)\right]=\frac{1}{h}\omega\frac{\partial}{\partial p}\left[\frac{\partial}{\partial x}\left(\frac{\partial\Phi}{\partial p}\right)\right]+\omega f\frac{\partial v_g}{\partial p}\left(\rho\frac{\partial\theta}{\partial p}\right)+\omega f\frac{\partial v_g}{\partial p}\left(\theta\frac{\partial\rho}{\partial p}\right) \tag{7.64}$$

略去小项 $\omega f\frac{\partial v_g}{\partial p}\left(\rho\frac{\partial\theta}{\partial p}\right)$、$\omega f\frac{\partial v_g}{\partial p}\left(\theta\frac{\partial\rho}{\partial p}\right)$，则(7.64)式变为

$$\omega\frac{\partial}{\partial p}\left[\frac{1}{h}\frac{\partial}{\partial x}\left(\frac{\partial\Phi}{\partial p}\right)\right]=\frac{1}{h}\omega\frac{\partial}{\partial p}\left[\frac{\partial}{\partial x}\left(\frac{\partial\Phi}{\partial p}\right)\right] \tag{7.65}$$

将(7.65)式代入(7.62)式，并整理得：

$$\frac{1}{h}\frac{\mathrm{d}}{\mathrm{d}t}\left[\frac{\partial}{\partial x}\left(\frac{\partial\Phi}{\partial p}\right)\right]+\frac{1}{h}\frac{\partial u}{\partial x}\frac{\partial}{\partial x}\left(\frac{\partial\Phi}{\partial p}\right)+\frac{1}{h}\frac{\partial v}{\partial x}\frac{\partial}{\partial y}\left(\frac{\partial\Phi}{\partial p}\right)+\frac{\partial\omega}{\partial x}\frac{\partial}{\partial p}\left(\frac{1}{h}\frac{\partial\Phi}{\partial p}\right)=0 \tag{7.66}$$

将(7.57)式代入(7.66)式，并利用 $fv_g=\frac{\partial\Phi}{\partial x}$，则得：

$$f\frac{\mathrm{d}}{\mathrm{d}t}\left(\frac{\partial v_g}{\partial p}\right)=h\frac{\partial u}{\partial x}\frac{\partial\theta}{\partial x}+h\frac{\partial v}{\partial x}\frac{\partial\theta}{\partial y}+h\frac{\partial\omega}{\partial x}\frac{\partial\theta}{\partial p} \tag{7.67}$$

类似地，将(7.58)式展开，并作 $\frac{\partial}{\partial y}$ 处理，同时，利用 $\frac{1}{h}=\rho\theta$ 及 $fu_g=-\frac{\partial\Phi}{\partial y}$，且略去小项 $\omega f\frac{\partial u_g}{\partial p}\left(\rho\frac{\partial\theta}{\partial p}\right)$、$\omega f\frac{\partial u_g}{\partial p}\left(\theta\frac{\partial\rho}{\partial p}\right)$，整理得：

$$\frac{1}{h}\frac{\mathrm{d}}{\mathrm{d}t}\left[\frac{\partial}{\partial y}\left(\frac{\partial\Phi}{\partial p}\right)\right]+\frac{1}{h}\frac{\partial u}{\partial y}\frac{\partial}{\partial x}\left(\frac{\partial\Phi}{\partial p}\right)+\frac{1}{h}\frac{\partial v}{\partial y}\frac{\partial}{\partial y}\left(\frac{\partial\Phi}{\partial p}\right)+\frac{\partial\omega}{\partial y}\frac{\partial}{\partial p}\left(\frac{1}{h}\frac{\partial\Phi}{\partial p}\right)=0 \tag{7.68}$$

将(7.57)式代入(7.68)式，并利用 $fu_g=-\frac{\partial\Phi}{\partial y}$，则得：

$$f\frac{\mathrm{d}}{\mathrm{d}t}\left(\frac{\partial u_g}{\partial p}\right)=-h\frac{\partial u}{\partial y}\frac{\partial\theta}{\partial x}-h\frac{\partial v}{\partial y}\frac{\partial\theta}{\partial y}-h\frac{\partial\omega}{\partial y}\frac{\partial\theta}{\partial p} \tag{7.69}$$

由(7.60)式－(7.67)式，并利用 $v_a=v-v_g$，且作 $\frac{\mathrm{d}}{\mathrm{d}t}\left(\frac{\partial v_a}{\partial p}\right)=0$ 近似处理，则得：

$$h\frac{\partial\theta}{\partial p}\frac{\partial\omega}{\partial x}+f^2\frac{\partial u_a}{\partial p}=f\left(\frac{\partial v}{\partial p}\frac{\partial u}{\partial x}-\frac{\partial u}{\partial p}\frac{\partial v}{\partial x}\right)-h\left(\frac{\partial u}{\partial x}\frac{\partial\theta}{\partial x}+\frac{\partial v}{\partial x}\frac{\partial\theta}{\partial y}\right) \tag{7.70}$$

由(7.61)式－(7.69)式，且利用 $u_a=u-u_g$，并作 $\frac{\mathrm{d}}{\mathrm{d}t}\left(\frac{\partial u_a}{\partial p}\right)=0$ 近似处理，则得：

$$h \frac{\partial \theta}{\partial p} \frac{\partial \omega}{\partial y} + f^2 \frac{\partial v_a}{\partial p} = f\left(\frac{\partial v}{\partial p} \frac{\partial u}{\partial y} - \frac{\partial u}{\partial p} \frac{\partial v}{\partial y}\right) - h\left(\frac{\partial u}{\partial y} \frac{\partial \theta}{\partial x} + \frac{\partial v}{\partial y} \frac{\partial \theta}{\partial y}\right) \tag{7.71}$$

令 $\sigma = -h \frac{\partial \theta}{\partial p}$，则(7.70)式、(7.71)式变为：

$$\sigma \frac{\partial \omega}{\partial x} - f^2 \frac{\partial u_a}{\partial p} = -\left[f\left(\frac{\partial v}{\partial p} \frac{\partial u}{\partial x} - \frac{\partial u}{\partial p} \frac{\partial v}{\partial x}\right) - h\left(\frac{\partial u}{\partial x} \frac{\partial \theta}{\partial x} + \frac{\partial v}{\partial x} \frac{\partial \theta}{\partial y}\right)\right] \tag{7.72}$$

$$\sigma \frac{\partial \omega}{\partial y} - f^2 \frac{\partial v_a}{\partial p} = -\left[f\left(\frac{\partial v}{\partial p} \frac{\partial u}{\partial y} - \frac{\partial u}{\partial p} \frac{\partial v}{\partial y}\right) - h\left(\frac{\partial u}{\partial y} \frac{\partial \theta}{\partial x} + \frac{\partial v}{\partial y} \frac{\partial \theta}{\partial y}\right)\right] \tag{7.73}$$

令：
$$Q_x^G = \frac{1}{2}\left[f\left(\frac{\partial v}{\partial p} \frac{\partial u}{\partial x} - \frac{\partial u}{\partial p} \frac{\partial v}{\partial x}\right) - h\left(\frac{\partial u}{\partial x} \frac{\partial \theta}{\partial x} + \frac{\partial v}{\partial x} \frac{\partial \theta}{\partial y}\right)\right] \tag{7.74}$$

$$Q_y^G = \frac{1}{2}\left[f\left(\frac{\partial v}{\partial p} \frac{\partial u}{\partial y} - \frac{\partial u}{\partial p} \frac{\partial v}{\partial y}\right) - h\left(\frac{\partial u}{\partial y} \frac{\partial \theta}{\partial x} + \frac{\partial v}{\partial y} \frac{\partial \theta}{\partial y}\right)\right] \tag{7.75}$$

$$\boldsymbol{Q}^G = Q_x^G \boldsymbol{i} + Q_y^G \boldsymbol{j} \tag{7.76}$$

将(7.74)式、(7.75)式代入(7.76)式，则得：

$$\boldsymbol{Q}^G = \frac{1}{2}\left[f\left(\frac{\partial v}{\partial p} \frac{\partial u}{\partial x} - \frac{\partial u}{\partial p} \frac{\partial v}{\partial x}\right) - h\left(\frac{\partial u}{\partial x} \frac{\partial \theta}{\partial x} + \frac{\partial v}{\partial x} \frac{\partial \theta}{\partial y}\right)\right]\boldsymbol{i} +$$
$$\frac{1}{2}\left[f\left(\frac{\partial v}{\partial p} \frac{\partial u}{\partial y} - \frac{\partial u}{\partial p} \frac{\partial v}{\partial y}\right) - h\left(\frac{\partial u}{\partial y} \frac{\partial \theta}{\partial x} + \frac{\partial v}{\partial y} \frac{\partial \theta}{\partial y}\right)\right]\boldsymbol{j} \tag{7.77}$$

(7.77)式即为 $\boldsymbol{Q}^G$ 矢量表达式。值得注意的是，在非地转 $\boldsymbol{Q}$ 矢量表达式中各计算项都包含实际风，这是其与准地转 $\boldsymbol{Q}$ 矢量及半地转 $\boldsymbol{Q}$ 矢量所不同的显著特点。

7.3.2 非地转干 $\boldsymbol{Q}$ 矢量表征的非地转 ω 方程

将(7.74)式、(7.75)式分别代入(7.72)式、(7.73)式，则得：

$$\sigma \frac{\partial \omega}{\partial x} - f^2 \frac{\partial u_a}{\partial p} = -2Q_x^G \tag{7.78}$$

$$\sigma \frac{\partial \omega}{\partial y} - f^2 \frac{\partial v_a}{\partial p} = -2Q_y^G \tag{7.79}$$

作 $\frac{\partial}{\partial x}$ (7.78)式 $+ \frac{\partial}{\partial y}$ (7.79)式运算得：

$$\sigma\left(\frac{\partial^2 \omega}{\partial x^2} + \frac{\partial^2 \omega}{\partial y^2}\right) - f^2 \frac{\partial}{\partial p}\left(\frac{\partial u_a}{\partial x} + \frac{\partial v_a}{\partial y}\right) = -2\left(\frac{\partial Q_x^G}{\partial x} + \frac{\partial Q_y^G}{\partial y}\right) \tag{7.80}$$

利用 $\frac{\partial u}{\partial x} + \frac{\partial v}{\partial y} + \frac{\partial \omega}{\partial p} = 0$，$u_a = u - u_g$，$v_a = v - v_g$ 及 $\frac{\partial u_g}{\partial x} + \frac{\partial v_g}{\partial y} = 0$，可得

$$\frac{\partial u_a}{\partial x} + \frac{\partial v_a}{\partial y} = -\frac{\partial \omega}{\partial p} \tag{7.81}$$

利用(7.81)式，则(7.80)式可改写为：

$$\sigma\nabla^2\omega + f^2\frac{\partial^2\omega}{\partial p^2} = -2\nabla\cdot\boldsymbol{Q}^G \tag{7.82}$$

假设 σ 在水平面上为常数即与 x、y 无关，则(7.82)可改写为：

$$\nabla^2(\sigma\omega) + f^2\frac{\partial^2\omega}{\partial p^2} = -2\nabla\cdot\boldsymbol{Q}^G \tag{7.83}$$

(7.83)式即以 $\boldsymbol{Q}^G$ 矢量散度为强迫项的非地转 ω 方程表达式。

(7.83)式描述了非地转干 $\boldsymbol{Q}$ 矢量散度与次级环流的关系：由于非地转干 $\boldsymbol{Q}$ 矢量散度存在，必然要激发次级环流，使大尺度运动进行调整，以抵消热成风效应。随着次级环流的增强，最后使(7.78)式和(7.79)式的等号两边达到平衡状态，也就是大尺度运动建立了新的热成风平衡。实际大气就是在热成风平衡不断被破坏，非地转干 $\boldsymbol{Q}$ 矢量散度激发次级环流，使大尺度运动进行调整，重新建立热成风平衡的反复过程。在这些过程中，非地转干 $\boldsymbol{Q}$ 矢量起着重要的作用。

对于非地转干 $\boldsymbol{Q}$ 矢量来讲，由于它是非地转的，不受准地转平衡条件或地转动量近似条件的约束，完全利用实际风计算，可以用于低纬度地区，也可以用于次天气尺度运动和激烈的天气系统。这是非地转干 $\boldsymbol{Q}$ 矢量比准地转 $\boldsymbol{Q}$ 矢量、半地转 $\boldsymbol{Q}$ 矢量优越的地方。

7.4　非地转湿 Q 矢量(湿 Q 矢量)

对于准地转 $\boldsymbol{Q}$ 矢量、半地转 $\boldsymbol{Q}$ 矢量以及非地转干 $\boldsymbol{Q}$ 矢量来讲，它们都没有考虑非绝热加热作用，因此，都属于“干”的 $\boldsymbol{Q}$ 矢量，而实际大气并非是绝热的。为了能较真实地反映大气状况，1998 年，张兴旺在考虑了大气凝结潜热作用的情况下，提出湿 $\boldsymbol{Q}$ 矢量概念即非地转湿 $\boldsymbol{Q}$ 矢量($\boldsymbol{Q}^*$)，并由非绝热的原始方程组出发，推导出非地转的湿 $\boldsymbol{Q}$ 矢量表达式以及用湿 $\boldsymbol{Q}$ 矢量散度作唯一强迫项的非地转方程。接着，姚秀萍等(2000，2001，2004)采用与张兴旺(1998)不同的推导方法，也得到了 $\boldsymbol{Q}^*$ 矢量。

7.4.1　湿 Q 矢量计算表达式

湿 $\boldsymbol{Q}$ 矢量与非地转干 $\boldsymbol{Q}$ 矢量的差异，仅在于前者考虑了非绝热加热作用，即 $\frac{\mathrm{d}\theta}{\mathrm{d}t}\neq 0$，而后者没有考虑非绝热加热作用，即 $\frac{\mathrm{d}\theta}{\mathrm{d}t}=0$。湿 $\boldsymbol{Q}$ 矢量计算公式推导类似于 1.4 节中非地转干 $\boldsymbol{Q}$ 矢量计算公式推导，这里就不再赘述了。最后得到湿 $\boldsymbol{Q}$ 矢量计算公式为：

$$\boldsymbol{Q}^{*}=(Q_{x}^{*},Q_{y}^{*})=\left\{\frac{1}{2}\left[f\left(\frac{\partial v}{\partial p}\frac{\partial u}{\partial x}-\frac{\partial u}{\partial p}\frac{\partial v}{\partial x}\right)-h\left(\frac{\partial u}{\partial x}\frac{\partial\theta}{\partial x}+\frac{\partial v}{\partial x}\frac{\partial\theta}{\partial y}\right)+\frac{\partial(hH_{L})}{\partial x}\right],\right.$$
$$\left.\frac{1}{2}\left[f\left(\frac{\partial v}{\partial p}\frac{\partial u}{\partial y}-\frac{\partial u}{\partial p}\frac{\partial v}{\partial y}\right)-h\left(\frac{\partial u}{\partial y}\frac{\partial\theta}{\partial x}+\frac{\partial v}{\partial y}\frac{\partial\theta}{\partial y}\right)+\frac{\partial(hH_{L})}{\partial y}\right]\right\} \tag{7.84}$$

其中，非绝热加热项 H_L 为大尺度凝结加热。

7.4.2 大尺度凝结加热 H_L 的计算处理

对于 H_L 来说，为了数学上的简化，假定凝结过程是假绝热的，即全部凝结产物以降水方式落到该系统之外，因而单位时间内，在空气的单位质量中释放的潜热为 $-L\dfrac{\mathrm{d}q_s}{\mathrm{d}t}$，其中 q_s 为饱和混合比，L 为凝结潜热。具体计算处理方法如下：

对于稳定区域，大尺度凝结加热率 H_L 必须满足三个条件：

(a)大气是绝对稳定的，可由下式确定：$-\dfrac{\partial\theta}{\partial p}>0$，$-\dfrac{\partial\theta_e}{\partial p}>0$。

(b)在计算的层次中，大气是饱和或近似饱和，即 $\dfrac{q}{q_s}>0.8$。

(c)在该层存在上升运动，即 $\omega<0$。

在上述条件之下，稳定性加热率取决于饱和比湿的时间变化率。另外，在上升运动区，饱和比湿的时间变化率可近似取为 $\dfrac{\mathrm{d}q_s}{\mathrm{d}t}\approx\omega\dfrac{\partial q_s}{\partial p}$，于是大尺度潜热加热率 H_L 可表示为

$$H_L=-L\frac{\mathrm{d}q_s}{\mathrm{d}t}\approx-L\omega\frac{\partial q_s}{\partial p} \tag{7.85}$$

其中，饱和比湿

$$q_s=0.622\frac{e_s}{p} \tag{7.86}$$

(7.86)式中

$$e_s=6.11\exp\left[\frac{a(T-273.16)}{T-b}\right] \tag{7.87}$$

(7.87)式中 e_s 为饱和水汽压，$a=17.1543$，$b=36$。对(7.86)式作 $\dfrac{\partial}{\partial p}$ 运算，可得

$$\frac{\partial q_s}{\partial p}=-\frac{0.622e_s}{p^2}+\frac{0.622}{p}\frac{\partial e_s}{\partial p} \tag{7.88}$$

因为

$$\frac{\partial e_s}{\partial p}=e_s\cdot C\cdot\frac{\partial T}{\partial p} \tag{7.89}$$

其中，$C=\dfrac{a}{T-b}-\dfrac{a(T-273.16)}{(T-b)^2}=\dfrac{a(273.16-b)}{(T-b)^2}$，将(7.89)式代入(7.88)式则有

$$\frac{\partial q_s}{\partial p}=q_s\left(-\frac{1}{p}+C\cdot\frac{\partial T}{\partial p}\right) \tag{7.90}$$

$\dfrac{\partial q_s}{\partial p}$ 代表沿一局地湿绝热线的饱和比湿的垂直坡度。

另外，由于沿一条湿绝热曲线湿静力能量是守恒的，则得：

$$E_s=gz_s+c_pT+Lq_s \tag{7.91}$$

对(7.91)式作 $\dfrac{\partial}{\partial p}$ 处理，则沿着局地参考湿绝热线有：

$$0=g\frac{\partial z_s}{\partial p}+c_p\frac{\partial T}{\partial p}+L\frac{\partial q_s}{\partial p}\ \text{或}\ 0=-\frac{RT_v}{p}+c_p\frac{\partial T}{\partial p}+L\frac{\partial q_s}{\partial p}$$

其中，$T_v=T(1+0.61q_s)$ 称为虚温。

于是有：

$$\frac{\partial T}{\partial p}=\frac{RT_v}{c_pp}-\frac{L}{c_p}\frac{\partial q_s}{\partial p} \tag{7.92}$$

把(7.92)式代入(7.90)式，则有：

$$\frac{\partial q_s}{\partial p}=\frac{(CRT_v-c_p)q_s}{(CLq_s+c_p)p} \tag{7.93}$$

于是可得：

$$\begin{aligned}H_L&\approx-L\omega\frac{(CRT_v-c_p)q_s}{(CLq_s+c_p)p}\\&=-\frac{L\omega[a(273.16-b)RT(1+0.61q_s)-c_p(T-b)^2]q_s}{[a(273.16-b)Lq_s+c_p(T-b)^2]p}\end{aligned} \tag{7.94}$$

上述计算中，T 为温度，单位为 K；e_s，p 单位为 hPa；q_s 单位为 g/g。其他为气象上常用物理量参数。

7.5　湿 Q 矢量的修改与完善

由上节中湿 Q 矢量的计算公式可知，对非绝热加热作用来讲，湿 Q 矢量仅包含了大尺度凝结加热作用。同时，我们也注意到，计算某层湿 Q 矢量需要用到其相邻上下两层资料。因此，又有学者先后开展了对湿 Q 矢量的修改与完善工作。从而进

一步增强了湿 Q 矢量的诊断能力，或进一步增加了湿 Q 矢量的应用能力。下面进行具体介绍。

7.5.1 方案一

2003 年，岳彩军等(2003)在考虑大气中大尺度凝结加热 H_L 作用的同时，也将对流凝结加热 H_C 作用这一重要非绝热加热信息考虑进去，从而实现对湿 Q 矢量的修改与完善工作，并将修改后的湿 Q 矢量记为 $\boldsymbol{Q}^M$，且 $\boldsymbol{Q}^M = Q_x^M \boldsymbol{i} + Q_y^M \boldsymbol{j}$，其中，

$$Q_x^M = \frac{1}{2}\left[f\left(\frac{\partial v}{\partial p}\frac{\partial u}{\partial x} - \frac{\partial u}{\partial p}\frac{\partial v}{\partial x}\right) - h\frac{\partial \boldsymbol{V}}{\partial x}\cdot\nabla\theta + \frac{R}{c_p p}\frac{\partial}{\partial x}(H_L + H_C)\right] \quad (7.95)$$

$$Q_y^M = \frac{1}{2}\left[f\left(\frac{\partial v}{\partial p}\frac{\partial u}{\partial y} - \frac{\partial u}{\partial p}\frac{\partial v}{\partial y}\right) - h\frac{\partial \boldsymbol{V}}{\partial y}\cdot\nabla\theta + \frac{R}{c_p p}\frac{\partial}{\partial y}(H_L + H_C)\right] \quad (7.96)$$

式中 Q_x^M，Q_y^M 分别为 x 方向和 y 方向 $\boldsymbol{Q}^M$ 分量；$h = \frac{R}{P}\left(\frac{P}{1000}\right)^{R/c_p}$，$\boldsymbol{V}$ 代表水平风场 (u,v)，H_L、H_C 分别为大尺度凝结加热和对流凝结加热。其他为气象上常用物理量。大尺度凝结加热 H_L 的计算处理参见 1.5 节。下面主要介绍对流凝结加热 H_C 的计算处理方法。

为了计算对流降水加热率 H_C，我们采用郭晓岚的 1965 年和 1974 年的积云对流参数化方案，在大气层结为条件性不稳定 $\left(\frac{\partial\theta_{se}}{\partial p} > 0\right)$ 和整个气柱有水汽通量辐合 $(I > 0)$ 的条件下，求取对流加热率 H_C 为：

$$H_C = c_p \Delta T \quad (7.97)$$

式中 ΔT 为各层增温率，在梅雨的连续云带中，可不考虑空气的增湿作用，这样在 $T_s > T$ 的情况下有 $\Delta T = \frac{gLI(T_s - T)\pi}{c_p(p_B - p_T)\langle T_s - T\rangle\tau}$，式中 $\pi = \frac{\theta}{T} = \left(\frac{1000}{p}\right)^{R/c_p}$，

$$I = \left[\frac{1}{g}\int_{p_B}^{p_T}(\nabla\cdot q\boldsymbol{V})\mathrm{d}p - \frac{\omega_B q_B}{g}\right]\tau,\ \langle T_s - T\rangle = \frac{1}{p_B - p_T}\int_{p_T}^{p_B}(T_s - T)\mathrm{d}p$$

在具体计算时，一般将云顶 p_T、云底 p_B 分别取为 200 hPa 和 900 hPa；τ 为积云的特征时间尺度，一般取 30 min；T_s 为云中温度，T 为环境温度。

另外，云中的气温可通过云底的湿绝热线求取，气压坐标表示的湿绝热递减率 γ_m 为：

$$\gamma_m = \frac{\mathrm{d}T_s}{\mathrm{d}p} = \frac{0.2876T_s}{p}\cdot\frac{1 + \frac{9.045Le_s}{pT_s}}{1 + \frac{17950Le_s}{pT_s^2}\left(1 - \frac{T_s}{1300}\right)}\ ℃/\mathrm{hPa}$$

在具体计算时，取云底为900 hPa，在该高度上 $T_s=T$，则向上一层的云中气温应为：$T_s(p)=T_s(p+\Delta p)-\gamma_m\Delta p$，式中 Δp 为计算气层的厚度。比如说，850 hPa的 T_s 就可以由下式求得：

$$T_{s850}=T_{s900}-\frac{0.2876T_{s900}}{p_{900}}\cdot\frac{1+\dfrac{9.045Le_{s900}}{p_{900}T_{s900}}}{1+\dfrac{17950Le_{s900}}{p_{900}T_{s900}^2}\left(1-\dfrac{T_{s900}}{1300}\right)}(p_{900}-p_{850})$$

e_{s900} 用下列公式算出：

$$e_{s900}=6.11\left(\frac{273}{T_{s900}}\right)^{5.31}e^{25.22\left(1-\frac{273}{T_{s900}}\right)}\ \text{hPa}$$

这样可以逐层算出 T_s，直到对流层顶。有了 $T_s(p)$ 可根据下式求 $q_s(p)$：

$$q_s(p)=\frac{0.622e_s}{p-0.378e_s}\ \text{g/g}$$

最后可计算出从云底到云顶之间的逐层 H_C 的值。

7.5.2 方案二

2007年，刘汉华等(2007)考虑了包括凝结加热(大尺度凝结加热和对流凝结加热)、辐射加热和感热加热在内的所有加热信息，对湿 $\boldsymbol{Q}$ 矢量进行了改进，得到改进的湿 $\boldsymbol{Q}$ 矢量($\boldsymbol{Q}^q$)，且 $\boldsymbol{Q}^q=Q_x^q\boldsymbol{i}+Q_y^q\boldsymbol{j}$，其中，

$$Q_x^q=\frac{1}{2}\left[f\left(\frac{\partial v}{\partial p}\frac{\partial u}{\partial x}-\frac{\partial u}{\partial p}\frac{\partial v}{\partial x}\right)-h\frac{\partial \mathbf{V}}{\partial x}\cdot\nabla\theta+h\frac{\partial(hH)}{\partial x}\right]\tag{7.98}$$

$$Q_y^q=\frac{1}{2}\left[f\left(\frac{\partial v}{\partial p}\frac{\partial u}{\partial y}-\frac{\partial u}{\partial p}\frac{\partial v}{\partial y}\right)-h\frac{\partial \mathbf{V}}{\partial y}\cdot\nabla\theta+\frac{\partial(hH)}{\partial y}\right]\tag{7.99}$$

其中，$\mathbf{V}$ 代表水平风场(u,v)，$h=\dfrac{R}{p}\left(\dfrac{p}{1000}\right)^{\frac{R}{c_p}}$，$H$ 为非绝热加热项，其他为气象上常用物理量参数。

(7.95)式、(7.96)式中非绝热加热项 H 包括了凝结加热(大尺度凝结加热和对流凝结加热)、辐射加热和感热加热在内的所有加热信息，具体计算处理方式为：

$$H=\frac{\mathrm{d}\theta}{\mathrm{d}t}=\frac{\partial\theta}{\partial t}+u\frac{\partial\theta}{\partial x}+v\frac{\partial\theta}{\partial y}+\omega\frac{\partial\theta}{\partial p}\tag{7.100}$$

对于 $\boldsymbol{Q}^q$ 矢量来讲，对非绝热加热作用的考虑是综合、全面的，同时又简单、实用，省去了许多计算上的麻烦，但其无法细致区分、识别不同非绝热加热因子的作用。

7.5.3 方案三

上述修改方案一和修改方案二都是从非绝热加热作用的角度，对湿 $\boldsymbol{Q}$ 矢量进行

了有意义的修改和完善。最近,岳彩军等(2008)对湿 $\boldsymbol{Q}$ 矢量进行转化、加工处理,得到一种修改的湿 $\boldsymbol{Q}$ 矢量($\boldsymbol{Q}^{\&}$),从计算表达形式来讲,$\boldsymbol{Q}^{\&}$ 矢量与上述各湿 $\boldsymbol{Q}$ 矢量最为明显不同的是,$\boldsymbol{Q}^{\&}$ 矢量计算仅需要一层资料,这延续了传统准地转 $\boldsymbol{Q}$ 矢量在计算上的优越性。同时,$\boldsymbol{Q}^{\&}$ 矢量考虑了非绝热加热作用,且完全用实际风计算,从理论上讲,$\boldsymbol{Q}^{\&}$ 矢量与上述各湿 $\boldsymbol{Q}$ 矢量又没有本质区别,与各湿 $\boldsymbol{Q}$ 矢量具有相似诊断特性。

$\boldsymbol{Q}^{\&}$ 矢量的计算表达式为:

$$\begin{aligned}\boldsymbol{Q}^{\&}&=(Q_x^{\&},Q_y^{\&})\\&=\Bigg\{\frac{1}{2}\Bigg\{-\frac{2R}{p}\left(\frac{\partial u}{\partial x}\frac{\partial T}{\partial x}+\frac{\partial v}{\partial x}\frac{\partial T}{\partial y}\right)-\\&\quad\frac{\partial}{\partial x}\left[\frac{LR\omega[a(273.16-b)RT(1+0.61q_s)-c_p(T-b)^2]q_s}{c_p[a(273.16-b)Lq_s+c_p(T-b)^2]p^2}\right]\Bigg\},\\&\quad\frac{1}{2}\Bigg\{-\frac{2R}{p}\left(\frac{\partial u}{\partial y}\frac{\partial T}{\partial x}+\frac{\partial v}{\partial y}\frac{\partial T}{\partial y}\right)-\\&\quad\frac{\partial}{\partial y}\left[\frac{LR\omega[a(273.16-b)RT(1+0.61q_s)-c_p(T-b)^2]q_s}{c_p[a(273.16-b)Lq_s+c_p(T-b)^2]p^2}\right]\Bigg\}\Bigg\}\end{aligned} \tag{7.101}$$

其中,$a=17.1543, b=36$。其他为气象上常用的物理量参数。

具体比较分析也表明,利用一层资料计算的 $\boldsymbol{Q}^{\&}$ 矢量与利用两层资料计算的 $\boldsymbol{Q}^{*}$ 矢量诊断能力是基本相当的,从某种意义上讲,$\boldsymbol{Q}^{\&}$ 矢量概念的提出实现了对湿 $\boldsymbol{Q}$ 矢量的一种新诠释,并拓展了其应用范围。

7.6 绝热无摩擦、非均匀饱和大气中的非地转湿 $\boldsymbol{Q}$ 矢量

与前文湿 $\boldsymbol{Q}$ 矢量不同的是,高守亭(2007)及 Yang 等(2007)由非均匀饱和大气中的热力学方程出发,结合 p 坐标下的非地转方程,得到包含非绝热加热效应的非均匀饱和大气中的非地转湿 $\boldsymbol{Q}$ 矢量 ($\boldsymbol{Q}_{um}$)。

7.6.1 $\boldsymbol{Q}_{um}$ 矢量计算公式推导

高守亭等(2004)定义广义位温为:

$$\theta^{*}=\theta\exp\left[\frac{L}{c_p}\frac{q_s}{T}\left(\frac{q}{q_s}\right)^{k}\right] \tag{7.102}$$

对(7.102)式作 $\dfrac{\mathrm{d}}{\mathrm{d}t}$ 处理得:

$$\frac{1}{\theta}\frac{\mathrm{d}\theta}{\mathrm{d}t}=-\frac{d}{dt}\left[\frac{L}{c_pT}\left(\frac{q}{q_s}\right)^k q_s\right]+\frac{1}{c_pT}Q_d \tag{7.103}$$

其中，$Q_d=c_p\frac{T}{\theta^*}\frac{\mathrm{d}\theta^*}{\mathrm{d}t}$。

(7.103)式中右边第一项可展开为：

$$-\frac{\mathrm{d}}{\mathrm{d}t}\left[\frac{L}{c_pT}\left(\frac{q}{q_s}\right)^k q_s\right]=-\frac{L}{c_p}\frac{1}{T}q^k q_s^{1-k}\left[-\frac{1}{T}\frac{\mathrm{d}T}{\mathrm{d}t}+k\frac{1}{q}\frac{\mathrm{d}q}{\mathrm{d}t}+(1-k)\frac{1}{q_s}\frac{\mathrm{d}q_s}{\mathrm{d}t}\right] \tag{7.104}$$

因为$O\left(\frac{1}{T}\frac{\mathrm{d}T}{\mathrm{d}t}\right)\ll O\left(\frac{1}{q_s}\frac{\mathrm{d}q_s}{\mathrm{d}t}\right)$，则(7.104)式简化为：

$$-\frac{\mathrm{d}}{\mathrm{d}t}\left[\frac{L}{c_pT}\left(\frac{q}{q_s}\right)^k q_s\right]=-\frac{L}{c_p}\frac{1}{T}q^k q_s^{1-k}\left[k\frac{1}{q}\frac{\mathrm{d}q}{\mathrm{d}t}+(1-k)\frac{1}{q_s}\frac{\mathrm{d}q_s}{\mathrm{d}t}\right] \tag{7.105}$$

因此，热力学方程变为：

$$\frac{\mathrm{d}\theta}{\mathrm{d}t}=-\frac{L\theta}{c_pT}\frac{\mathrm{d}}{\mathrm{d}t}\left[\left(\frac{q}{q_s}\right)^k q_s\right]+\frac{\theta}{c_pT}Q_d \tag{7.106}$$

即 $H=-\frac{L\theta}{c_pT}\frac{\mathrm{d}}{\mathrm{d}t}\left[\left(\frac{q}{q_s}\right)^k q_s\right]+\frac{\theta}{c_pT}Q_d$

利用 $h=\frac{R}{p}\left(\frac{p}{1000}\right)^{\frac{R}{c_p}}$，$\theta=T\left(\frac{1000}{p}\right)^{\frac{R}{c_p}}$，则

$$hH=-\frac{LR}{c_pp}\frac{\mathrm{d}}{\mathrm{d}t}\left[\left(\frac{q}{q_s}\right)^K q_s\right]+\frac{R}{c_pp}Q_d \tag{7.107}$$

由于湿Q矢量的计算公式可统一表示为：

$$Q_x=\frac{1}{2}\left[f\left(\frac{\partial v}{\partial p}\frac{\partial u}{\partial x}-\frac{\partial u}{\partial p}\frac{\partial v}{\partial x}\right)-h\left(\frac{\partial u}{\partial x}\frac{\partial\theta}{\partial x}+\frac{\partial v}{\partial x}\frac{\partial\theta}{\partial y}\right)+\frac{\partial(hH)}{\partial x}\right] \tag{7.108}$$

$$Q_y=\frac{1}{2}\left[f\left(\frac{\partial v}{\partial p}\frac{\partial u}{\partial y}-\frac{\partial u}{\partial p}\frac{\partial v}{\partial y}\right)-h\left(\frac{\partial u}{\partial y}\frac{\partial\theta}{\partial x}+\frac{\partial v}{\partial y}\frac{\partial\theta}{\partial y}\right)+\frac{\partial(hH)}{\partial y}\right] \tag{7.109}$$

因此，将(7.107)式分别代入(7.108)式、(7.109)式，则得：

$$\begin{aligned}Q_{umx}=&\frac{1}{2}\left\{f\left(\frac{\partial v}{\partial p}\frac{\partial u}{\partial x}-\frac{\partial u}{\partial p}\frac{\partial v}{\partial x}\right)-h\left(\frac{\partial u}{\partial x}\frac{\partial\theta}{\partial x}+\frac{\partial v}{\partial x}\frac{\partial\theta}{\partial y}\right)-\right.\\&\left.\frac{\partial}{\partial x}\left\{\frac{LR}{c_pp}\frac{\mathrm{d}}{\mathrm{d}t}\left[q_s\left(\frac{q}{q_s}\right)^k\right]-\frac{R}{c_pp}Q_d\right\}\right\}\end{aligned} \tag{7.110}$$

$$\begin{aligned}Q_{umy}=&\frac{1}{2}\left\{f\left(\frac{\partial v}{\partial p}\frac{\partial u}{\partial y}-\frac{\partial u}{\partial p}\frac{\partial v}{\partial y}\right)-h\left(\frac{\partial u}{\partial y}\frac{\partial\theta}{\partial x}+\frac{\partial v}{\partial y}\frac{\partial\theta}{\partial y}\right)-\right.\\&\left.\frac{\partial}{\partial y}\left\{\frac{LR}{c_pp}\frac{\mathrm{d}}{\mathrm{d}t}\left[q_s\left(\frac{q}{q_s}\right)^k\right]-\frac{R}{c_pp}Q_d\right\}\right\}\end{aligned} \tag{7.111}$$

若不考虑非绝热加热项 Q_d ($Q_d=0$)，则(7.110)式、(7.111)式可化为：

$$Q_{umx}=\frac{1}{2}\left\{f\left(\frac{\partial v}{\partial p}\frac{\partial u}{\partial x}-\frac{\partial u}{\partial p}\frac{\partial v}{\partial x}\right)-h\left(\frac{\partial u}{\partial x}\frac{\partial \theta}{\partial x}+\frac{\partial v}{\partial x}\frac{\partial \theta}{\partial y}\right)-\frac{\partial}{\partial x}\left\{\frac{LR}{c_p p}\frac{\mathrm{d}}{\mathrm{d}t}\left[q_s\left(\frac{q}{q_s}\right)^k\right]\right\}\right\} \tag{7.112}$$

$$Q_{umy}=\frac{1}{2}\left\{f\left(\frac{\partial v}{\partial p}\frac{\partial u}{\partial y}-\frac{\partial u}{\partial p}\frac{\partial v}{\partial y}\right)-h\left(\frac{\partial u}{\partial y}\frac{\partial \theta}{\partial x}+\frac{\partial v}{\partial y}\frac{\partial \theta}{\partial y}\right)-\frac{\partial}{\partial y}\left\{\frac{LR}{c_p p}\frac{\mathrm{d}}{\mathrm{d}t}\left[q_s\left(\frac{q}{q_s}\right)^k\right]\right\}\right\} \tag{7.113}$$

于是，$\boldsymbol{Q}_{um}=Q_{um}\boldsymbol{i}+Q_{um}\boldsymbol{j}$，即为绝热无摩擦、非均匀饱和大气中的湿 $\boldsymbol{Q}$ 矢量。通常情况下，(7.112)式、(7.113)式中 $k=9$，其他为气象上常用物理量。

7.6.2 Q_{um} 矢量的各种简化形式

在干大气中，$q=0$，$\left(\frac{q}{q_s}\right)^k=0$，$\theta^*=\theta$，$\nabla\left\{\frac{LR}{c_p p}\frac{\mathrm{d}}{\mathrm{d}t}\left[q_s\left(\frac{q}{q_s}\right)^k\right]\right\}=0$，则 $\boldsymbol{Q}_{um}$ 不是 q 和 q_s 的函数。因此，(7.112)式、(7.113)式可进一步简化为：

$$Q_{umx}=\frac{1}{2}\left[f\left(\frac{\partial v}{\partial p}\frac{\partial u}{\partial x}-\frac{\partial u}{\partial p}\frac{\partial v}{\partial x}\right)-h\left(\frac{\partial u}{\partial x}\frac{\partial \theta}{\partial x}+\frac{\partial v}{\partial x}\frac{\partial \theta}{\partial y}\right)\right] \tag{7.114}$$

$$Q_{umy}=\frac{1}{2}\left[f\left(\frac{\partial v}{\partial p}\frac{\partial u}{\partial y}-\frac{\partial u}{\partial p}\frac{\partial v}{\partial y}\right)-h\left(\frac{\partial u}{\partial y}\frac{\partial \theta}{\partial x}+\frac{\partial v}{\partial y}\frac{\partial \theta}{\partial y}\right)\right] \tag{7.115}$$

(7.114)式、(7.115)式即为非地转干 $\boldsymbol{Q}$ 矢量。

在饱和大气中，$q=q_s$，$\left(\frac{q}{q_s}\right)^k=1$，$\theta^*=\theta_e$，$\nabla\left\{\frac{LR}{c_p p}\frac{\mathrm{d}}{\mathrm{d}t}\left[q_s\left(\frac{q}{q_s}\right)^k\right]\right\}=\nabla\left(\frac{LR}{c_p p}\frac{\mathrm{d}q_s}{\mathrm{d}t}\right)\approx \nabla\left(\frac{LR\omega}{c_p p}\frac{\partial q_s}{\partial p}\right)$，则 $\boldsymbol{Q}_{um}$ 不是 q 的函数。因此，(7.112)式、(7.113)式变成：

$$Q_{umx}=\frac{1}{2}\left[f\left(\frac{\partial v}{\partial p}\frac{\partial u}{\partial x}-\frac{\partial u}{\partial p}\frac{\partial v}{\partial x}\right)-h\left(\frac{\partial u}{\partial x}\frac{\partial \theta}{\partial x}+\frac{\partial v}{\partial x}\frac{\partial \theta}{\partial y}\right)-\frac{\partial}{\partial x}\left(\frac{LR\omega}{c_p p}\frac{\partial q_s}{\partial p}\right)\right] \tag{7.116}$$

$$Q_{umy}=\frac{1}{2}\left[f\left(\frac{\partial v}{\partial p}\frac{\partial u}{\partial y}-\frac{\partial u}{\partial p}\frac{\partial v}{\partial y}\right)-h\left(\frac{\partial u}{\partial y}\frac{\partial \theta}{\partial x}+\frac{\partial v}{\partial y}\frac{\partial \theta}{\partial y}\right)-\frac{\partial}{\partial y}\left(\frac{LR\omega}{c_p p}\frac{\partial q_s}{\partial p}\right)\right] \tag{7.117}$$

(7.116)式、(7.117)式即为湿 $\boldsymbol{Q}$ 矢量。

在未饱和区，$0<q<q_s$，$0<\left(\frac{q}{q_s}\right)^k<1$，$\theta^*\neq\theta$，且 $\theta^*\neq\theta_e$，因此 $\nabla\left\{\frac{LR}{c_p p}\frac{\mathrm{d}}{\mathrm{d}t}\left[q_s\left(\frac{q}{q_s}\right)^k\right]\right\}$ 是 q 和 q_s 的函数，这有利于 $\boldsymbol{Q}_{um}$ 矢量产生。同时也表明 $\boldsymbol{Q}_{um}$ 矢量通过 $\nabla\left\{\frac{LR}{c_p p}\frac{\mathrm{d}}{\mathrm{d}t}\left[q_s\left(\frac{q}{q_s}\right)^k\right]\right\}$ 项而起作用只有在未饱和区成立。

Q_{um} 矢量能普遍地表示干空气、未饱和湿空气和饱和湿空气中的 Q 矢量，所以它能应用到有潜热释放的饱和与非饱和的过渡区中对垂直运动的驱动作用。在真实大气并不是处处都是饱和的，为了解决饱和与未饱和的过渡区潜热释放的不连续问题，凝结几率函数 $(q/q_s)^k$ 被引入 Q_{um} 矢量。这样，Q_{um} 矢量不仅包含了潜热释放效应，还包含相对湿度作用，故它比非地转干 Q 矢量和非地转湿 Q 矢量更具完备的物理意义。在实际降水个例的诊断和预报中，Q_{um} 矢量也表现出了比非地转干 Q 矢量和非地转湿 Q 矢量更大的优越性。

7.7　其他 Q 矢量

7.7.1　广义 Q 矢量(记为 Q^{DJ})

1991 年，Davies－Jones(1991)利用原始方程并采用替换平衡(AB)近似得出替换平衡近似的 ω 方程，其表达式为：

$$\nabla \cdot (N^2 \nabla_H W) + f^2 \frac{\partial^2 W}{\partial Z^2} = 2 \nabla \cdot Q^{DJ} \tag{7.118}$$

其中，$N^2 = f \dfrac{\partial b}{\partial z}$，$Q^{DJ}$ 称为广义 Q 矢量，Q^{DJ} 矢量的计算表达式如下：

$$Q^{DJ} = (Q_x^{DJ}, Q_y^{DJ}) = \frac{f}{2}\left\{\left[-\frac{\partial v}{\partial z}\frac{\partial u}{\partial x} + \frac{\partial u}{\partial z}\frac{\partial v}{\partial x} - \frac{\partial b}{\partial x}\frac{\partial u}{\partial x} - \frac{\partial b}{\partial y}\frac{\partial v}{\partial x}\right],\right.$$
$$\left.\left[-\frac{\partial v}{\partial z}\frac{\partial u}{\partial y} + \frac{\partial u}{\partial z}\frac{\partial v}{\partial y} - \frac{\partial b}{\partial x}\frac{\partial u}{\partial y} - \frac{\partial b}{\partial y}\frac{\partial v}{\partial y}\right]\right\} \tag{7.119}$$

其中，$z = \dfrac{c_p\theta_0}{g}\left[1 - \left(\dfrac{p}{p_0}\right)^{\frac{R}{c_p}}\right]$，$b = \dfrac{g}{f\theta_0}\theta$。上述计算表达式可以通过以下关系式转换到 p 坐标中：$\dfrac{\partial}{\partial z} \equiv -\dfrac{g}{h\theta_0}\dfrac{\partial}{\partial p}$，$W \equiv -(h\theta_0/g)\omega$，$N^2 \equiv (g/h\theta_0)^2\sigma$，其中 $h \equiv \dfrac{R}{p}\left(\dfrac{p}{P_0}\right)^{\frac{R}{c_p}}$，$\sigma \equiv -h\dfrac{\partial\theta}{\partial p}$。

当 $\nabla \cdot Q^{DJ} < 0$，则 $W > 0$，对应上升运动，反之为下沉运动。个例研究表明，广义 Q 矢量对台风暴雨的诊断能力优越于准地转 Q 矢量。

7.7.2　一层非地转 Q 矢量(记为 Q^P)

1999 年，彭春华等(1999)根据中国夏季暴雨系统的有关特点，通过尺度分析和简单参数化处理，导出一种适用于低层 850 hPa 单层的非地转 Q 矢量。它只适用于一个层次，这是其特点之一。与前文 $\boldsymbol{Q}$ 矢量最为明显的不同之处在于它不仅适当地隐含非绝热作用，而且也包含了低层摩擦强迫。

这种非地转 $\boldsymbol{Q}$ 矢量的表达式为：

$$\boldsymbol{Q}^P \equiv (Q_x^P, Q_y^P) \equiv \Big[2f_0\Big(\frac{\partial u}{\partial x}\frac{\partial v_g}{\partial P} - \frac{\partial v}{\partial x}\frac{\partial u_g}{\partial P}\Big) - f_0\xi\frac{\partial(u-u_g)}{\partial P} - \frac{b}{a}v,\\ 2f_0\Big(\frac{\partial u}{\partial y}\frac{\partial v_g}{\partial P} - \frac{\partial v}{\partial y}\frac{\partial u_g}{\partial P}\Big) - f_0\xi\frac{\partial(v-v_g)}{\partial P} + \frac{b}{a}u\Big] \tag{7.120}$$

850 hPa 等压面的 ω 动力学诊断公式为：

$$\omega \approx a\boldsymbol{\nabla}\cdot\boldsymbol{Q}^P \tag{7.121}$$

其中，$a \approx 1.51\times10^{12}\,\mathrm{hPa^2 s^2}$，$f_0$ 取 30^0N 的 f 值，$b \approx 48$ hPa，ξ 为相对涡度。

7.7.3 C矢量

$\boldsymbol{Q}$ 矢量概念及其相应的分析方法已被广泛应用于理解和诊断天气尺度和锋区尺度的垂直环流，它不仅能提供简单的定性分析，而且利用它能够进行较为准确的定量计算。但是从 ω 方程所得到的垂直运动仅考虑了非地转环流的水平部分。这是由于在推导 $\boldsymbol{Q}$ 矢量方程的过程中，非地转环流的旋转（或无辐散）部分被排除在 ω 方程之外，而其恰又是常用于理解非地转环流的三维结构和动力机理的一个重要信息。尽管扰动非地转风的斜压部分可以从涡度方程中得到，但非地转风的正压部分却在推导 $\boldsymbol{Q}$ 矢量方程的过程中丢失了，这对于诊断非地转环流的三维空间结构来说无疑是个缺憾。为了恢复失去的信息，1992 年，XuQin(1992)在准地转 $\boldsymbol{Q}$ 矢量方程的基础之上，引进了垂直非地转涡度方程，并将其和准地转 $\boldsymbol{Q}$ 矢量的两个分量方程合并在一起，得到一个完整的三维准地转诊断方程即 $\boldsymbol{C}$ 矢量方程。$\boldsymbol{C}$ 矢量方程是准地转 $\boldsymbol{Q}$ 矢量方程的一个三维扩展，$\boldsymbol{C}$ 矢量概念的提出使得非地转环流的分析不仅简单、直接，而且为非地转流提供了一个新的求解方法。

三维地转强迫矢量即 $\boldsymbol{C}$ 矢量的一般形式为：$\boldsymbol{C}\equiv(C_H, C_3)\equiv(C_1, C_2, C_3)$，其中，$\boldsymbol{C}_H \equiv \boldsymbol{Q}\times\boldsymbol{k}$，Xu Qin(1992)在推导 $\boldsymbol{C}$ 矢量方程时，考虑了两种情况：

(1) f 和 N^2 为常数的情况：

$\boldsymbol{C}$ 矢量的三个分量的表达式如下

$$\begin{cases} C_1 \equiv -f\partial(u_g, v_g)/\partial(y,z) = -r(\partial_y\boldsymbol{V}_g)\cdot\boldsymbol{\nabla}\theta_g \\ C_2 \equiv -f\partial(u_g, v_g)/\partial(z,x) = r(\partial_x\boldsymbol{V}_g)\cdot\boldsymbol{\nabla}\theta_g \\ C_3 \equiv -f\partial(u_g, v_g)/\partial(z,y) = [(\partial_x\partial_y\Phi_g)^2 - (\partial_x^2\Phi_g)(\partial_y^2\Phi_g)]/f \end{cases} \tag{7.122}$$

其中，$\boldsymbol{V}_g = (u_g, v_g, 0)$ 为地转风，Φ_g 为位势，且 $\boldsymbol{\nabla}\equiv(\partial_x, \partial_y, \partial_z)$。

无量纲化的 **C** 矢量方程为：

$$\begin{cases}\nabla\times\boldsymbol{V}=2R_0\boldsymbol{C}\\ \nabla\cdot\boldsymbol{V}=0\end{cases}\tag{7.123}$$

其中，$R_0\equiv U/(fL)$ 是罗斯贝数，$\boldsymbol{V}\equiv(u,v,w)$ 是非地转风。除 f 和 r 被单位元素取代以外，无量纲 **C** 矢量如同(7.122)式的表达形式。在这种无量纲的形式中，非地转涡度正比于 **C** 矢量。因此，**C** 矢量流线可被视为非地转涡旋线，且有：

$$\begin{cases}2R_0\iint\boldsymbol{C}\cdot\boldsymbol{n}\mathrm{d}A=\oint\boldsymbol{V}\cdot\mathrm{d}X\\ \nabla\cdot\boldsymbol{C}=0\end{cases}\tag{7.124}$$

其中，A 为二维面积，$\boldsymbol{n}$ 为正交于面 A 的单位矢量，环形积分沿着面 A 的边界。

(2) f 和 N^2 为非常数的情况：

由于 β 效应，**C** 矢量的分量包含有更多项：

$$\begin{cases}C_1\equiv-f_0\partial(u_g,v_g)/\partial(y,z)+\beta yf_0(\partial_z v_g)/2=-r(\partial_y\boldsymbol{V}_g)\cdot\nabla\theta_g+\beta yr(\partial_\chi\theta_g)/2\\ C_2\equiv-f_0\partial(u_g,v_g)/\partial(z,x)-\beta yf_0(\partial_z u_g)/2=r(\partial_x\boldsymbol{V}_g)\cdot\nabla\theta_g+\beta yr(\partial_z u_g)/2\\ C_3\equiv-f_0\partial(u_g,v_g)/\partial(x,y)-f_0\beta(y\xi_g-u_g)/2\end{cases}\tag{7.125}$$

无量纲化的 **C** 矢量方程为：

$$\begin{cases}\nabla\times(\Lambda\boldsymbol{V})=2R_0\boldsymbol{C}\\ \nabla\cdot\boldsymbol{V}=0\end{cases}\tag{7.126}$$

其中，Λ 是对角矩阵，其无量纲的对角元素为 $(1,1,N^2)\leftarrow(f_0^2/f_0^2,f_0^2/f_0^2,N^2/N_0^2)$。

无量纲 **C** 矢量有如(7.125)式同样的形式，但 r 和 f_0 被单位元素所取代。在这种无量纲形式中，**C** 矢量正比于非地转拟涡度(pseudovorticity) $\nabla\times(\Lambda\boldsymbol{V})$。因此，**C** 矢量流线可被视为非地转拟速度(pseudovelocity) $\Lambda\boldsymbol{V}$ 的涡旋线，且 **C** 矢量场有如(7.124)式同样的特性，但 $\boldsymbol{V}$ 被 $\Lambda\boldsymbol{V}$ 所取代。

无论哪一种情况下的 **C** 矢量方程，其应用机理都是非常简单的。**C** 矢量在水平面上的投影向左旋转 90°，便是常规的 **Q** 矢量。如果知道 **Q** 矢量在天气图上的定性分析方法，那么对 **C** 矢量的水平分量(C_H)的分析也将迎刃而解。C_H 在物理上解释为由于地转平流作用而引起的科氏力和浮力的水平旋度的产生(率)，其实也就是相关于热成风不平衡时的涡度分量和热力分量。另外，**C** 矢量的垂直分量(C_3)正比于定压位势面的高斯曲率，通过日常天气图上的孤立的高压(或低压)、线性的槽或脊以及伴有伸展变形或扰动伸展变形的地转系统可以判断出 C_3 的正负号。因而 **C** 矢量的三维空间分布可以通过日常天气图作出定性分析与判断，再应用“涡度思想”即 **C**

矢量流线被认为是非地转假旋度线(二者之间符合右手螺旋法则),在考虑边界影响及湿过程的情况下,则可定性判断出三维非地转环流的空间分布形势。

7.7.4 广义 C 矢量

1996 年,缪锦海(1994)提出了在原始方程条件下的广义 **Q** 矢量的三维形式,即广义 **C** 矢量($\boldsymbol{C}^*$)。广义 **C** 矢量的计算表达式为:

$$C_1^* = -\frac{f}{2}\left[\frac{\partial u}{\partial z}\frac{\partial u}{\partial x} + \frac{\partial v}{\partial z}\frac{\partial u}{\partial y} + \frac{\partial u}{\partial y}\frac{\partial b}{\partial x} + \frac{\partial v}{\partial y}\frac{\partial b}{\partial y}\right] \tag{7.127}$$

$$C_2^* = -\frac{f}{2}\left[\frac{\partial u}{\partial z}\frac{\partial v}{\partial x} + \frac{\partial v}{\partial z}\frac{\partial v}{\partial y} - \frac{\partial u}{\partial x}\frac{\partial b}{\partial x} - \frac{\partial v}{\partial x}\frac{\partial b}{\partial y}\right] \tag{7.128}$$

$$C_3^* = -\frac{f}{2}\left[\left(\frac{\partial u}{\partial x}\right)^2 + 2\frac{\partial v}{\partial z}\frac{\partial u}{\partial y} + \left(\frac{\partial v}{\partial y}\right)^2\right] \tag{7.129}$$

$\boldsymbol{C}^* = (C_1^*, C_2^*, C_3^*)$ 为广义 **C** 矢量,其中 $z = \frac{c_p\theta_0}{g}\left[1 - \left(\frac{P}{P_0}\right)^{\frac{R}{c_p}}\right]$,$N^2 = f\frac{\partial b}{\partial z}$,$b = \frac{g}{f\theta_0}\theta$。以广义 **C** 矢量为强迫项表示的非地转 ω 方程为

$$\nabla(N^2\nabla\omega) + f^2\frac{\partial^2\omega}{\partial z^2} = 2\boldsymbol{k}\cdot\nabla\times\boldsymbol{C}^* \tag{7.130}$$

广义 **C** 矢量的提出不仅使 **Q** 矢量研究更加深入,同时可应用于非地转的中小尺度系统。但到目前为止,其在实际业气象务工作中还没有得到广泛的应用。

7.8 Q 矢量分解

许多研究(Keyser 等,1988,1992;Davies－Jones,1991;Kurz,1992;Barnes 和 Colman,1993,1994;Schar 和 Wernli,1993;Juesem 和 Atlas,1998;Martin,1999a,1999b,2006,2007;Morgan,1999;Donnadille et al.,2001;Yue 等,2003;Pyle 等,2004;Thomas 和 Martin,2007;岳彩军等,2007;岳彩军,2008;梁琳琳等,2008)表明,**Q** 矢量分解(Partitioning)更具有对实际天气系统诊断分析的应用价值,是一个非常有效的诊断分析工具,能分离出具有气象意义的过程和结构,而这些仅靠"总"的 **Q** 矢量是无法揭示(display)的。通常情况下,将 **Q** 矢量分解在以等位温线为参照线的自然坐标系中(简称为 PT 分解)。也有另外一种分解方法,即将 **Q** 矢量分解在以等高线为参照线的自然坐标系中(简称为 PG 分解)。无论哪种分解方法,分解后的各 **Q** 矢量分量与"总"的 **Q** 矢量具有相同的诊断特性。在实际研究工作中,究竟采用何种分解方法,取决于研究分析的目的。同时需要特别强调的是,应用 **Q** 矢量 PT 或

PG 分解时，要认真考虑到分解所得的各 Q 矢量分量应具有明确的物理意义，这样分解工作才有意义。

7.8.1　Q 矢量 PT 分解

(1)分解说明

传统的 Q 矢量分解方法是将 Q 矢量分解在沿等位温线的自然坐标系中(简称 PT 分解)，如图 7.5 所示，

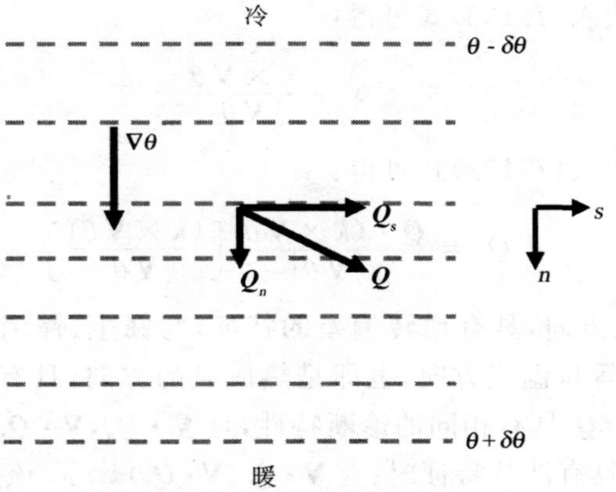

图 7.5　Q 矢量分解示意图

由图 7.5 可知，在沿等位温线的自然坐标系中，可将 Q 矢量分解为穿越等位温线分量 Q_n 和沿等位温线分量 Q_s 两个分量，即：

$$\boldsymbol{Q} = \boldsymbol{Q}_n + \boldsymbol{Q}_s \tag{7.131}$$

其中，

$$\boldsymbol{Q}_n = \left(\frac{\boldsymbol{Q} \cdot \nabla \theta}{|\nabla \theta|}\right)\boldsymbol{n} \tag{7.132}$$

$$\boldsymbol{Q}_s = \frac{\boldsymbol{Q} \cdot (\boldsymbol{k} \times \nabla \theta)}{|\nabla \theta|}\boldsymbol{s} \tag{7.133}$$

(7.133)式中 $\boldsymbol{n}$ 为沿位温升度方向上的单位向量，且

$$\boldsymbol{n} = \frac{\nabla \theta}{|\nabla \theta|} \tag{7.134}$$

(7.133)式中 $\boldsymbol{s}$ 为沿等位温线方向上的单位向量，当 $\boldsymbol{n}$ 反时针旋转 90^0 时可得单位向量 $\boldsymbol{s}$，即 $\boldsymbol{s}$ 与 $\boldsymbol{n}$ 之间的关系为：

$$\boldsymbol{s} = \boldsymbol{k} \times \boldsymbol{n} \tag{7.135}$$

(7.132)式、(7.133)式中 $\nabla\theta$, $|\nabla\theta|$ 分别为位温升度及其模，(7.133)式、(7.135)式中 $\boldsymbol{k}$ 为垂直方向上的单位向量。(7.132)式、(7.133)式分别为 $\boldsymbol{Q}_n$、$\boldsymbol{Q}_s$ 在自然坐标系中的表达式。

将(7.134)式代入(7.132)式可得：

$$\boldsymbol{Q}_n = \left(\frac{\boldsymbol{Q} \cdot \nabla\theta}{|\nabla\theta|}\right)\frac{\nabla\theta}{|\nabla\theta|} \tag{7.136}$$

将(7.134)式代入(7.135)式可得：

$$\boldsymbol{s} = \frac{\boldsymbol{k} \times \nabla\theta}{|\nabla\theta|} \tag{7.137}$$

将(7.137)式代入(7.133)式可得：

$$\boldsymbol{Q}_s = \frac{\boldsymbol{Q} \cdot (\boldsymbol{k} \times \nabla\theta)}{|\nabla\theta|}\left[\frac{(\boldsymbol{k} \times \nabla\theta)}{|\nabla\theta|}\right] \tag{7.138}$$

$\boldsymbol{Q}_n$ 沿穿越等位温线方向，具有地转偏差的特征，与锋生、锋消这些中尺度有关，反映中尺度信息；$\boldsymbol{Q}_s$ 沿等位温线方向，也即是热成风的方向，具有准地转的特征，反映大尺度信息。$\boldsymbol{Q}_n$，$\boldsymbol{Q}_s$ 与 $\boldsymbol{Q}$ 具有相同的诊断特性，且 $\nabla \cdot \boldsymbol{Q}_n$，$\nabla \cdot \boldsymbol{Q}_s$ 分别与中尺度、大尺度强迫有关。当 ω 场具有波状特征时，有 $\nabla \cdot \boldsymbol{Q}_n(\nabla \cdot \boldsymbol{Q}_s) \propto \omega$，该关系式可以用来判断垂直运动。当 $\nabla \cdot \boldsymbol{Q}_n(\nabla \cdot \boldsymbol{Q}_s) < 0$，则 $\omega < 0$，为中(大)尺度强迫产生的上升运动，反之亦然。

(2) p 坐标系中计算公式推导

下面是 $\boldsymbol{Q}_n$，$\boldsymbol{Q}_s$ 以及 $\nabla \cdot \boldsymbol{Q}_n$，$\nabla \cdot \boldsymbol{Q}_s$ 在 p 坐标系中计算表达式的具体推导过程。

在 p 坐标系中，

$$\nabla\theta = \frac{\partial\theta}{\partial x}\boldsymbol{i} + \frac{\partial\theta}{\partial y}\boldsymbol{j} \tag{7.139}$$

其中，$\boldsymbol{i}$,$\boldsymbol{j}$ 分别为 x，y 方向上的单位向量。

于是，

$$|\nabla\theta| = \sqrt{\left(\frac{\partial\theta}{\partial x}\right)^2 + \left(\frac{\partial\theta}{\partial y}\right)^2} \tag{7.140}$$

同时，$\boldsymbol{k} \times \nabla\theta = \frac{\partial\theta}{\partial x}(\boldsymbol{k} \times \boldsymbol{i}) + \frac{\partial\theta}{\partial y}(\boldsymbol{k} \times \boldsymbol{j}) = \frac{\partial\theta}{\partial x}\boldsymbol{j} + \frac{\partial\theta}{\partial y}(-\boldsymbol{i})$，即：

$$\boldsymbol{k} \times \nabla\theta = -\frac{\partial\theta}{\partial y}\boldsymbol{i} + \frac{\partial\theta}{\partial x}\boldsymbol{j} \tag{7.141}$$

又 $\boldsymbol{Q}=Q_x\boldsymbol{i}+Q_y\boldsymbol{j}$，其中 Q_x, Q_y 分别为 $\boldsymbol{Q}$ 在 x, y 方向上的分量，则：

$$\boldsymbol{Q}\cdot\nabla\theta=(Q_x\boldsymbol{i}+Q_y\boldsymbol{j})\cdot\left(\frac{\partial\theta}{\partial x}\boldsymbol{i}+\frac{\partial\theta}{\partial y}\boldsymbol{j}\right)=\frac{\partial\theta}{\partial x}Q_x+\frac{\partial\theta}{\partial y}Q_y \tag{7.142}$$

$$\boldsymbol{Q}\cdot(\boldsymbol{k}\times\nabla\theta)=(Q_x\boldsymbol{i}+Q_y\boldsymbol{j})\cdot\left(-\frac{\partial\theta}{\partial y}\boldsymbol{i}+\frac{\partial\theta}{\partial x}\boldsymbol{j}\right)=-\frac{\partial\theta}{\partial y}Q_x+\frac{\partial\theta}{\partial x}Q_y \tag{7.143}$$

将(7.139)式、(7.140)式及(7.142)式代入(7.136)式，可得：

$$\begin{aligned}\boldsymbol{Q}_n&=\frac{\left(\frac{\partial\theta}{\partial x}Q_x+\frac{\partial\theta}{\partial y}Q_y\right)}{\sqrt{\left(\frac{\partial\theta}{\partial x}\right)^2+\left(\frac{\partial\theta}{\partial y}\right)^2}}\cdot\frac{\left(\frac{\partial\theta}{\partial x}\boldsymbol{i}+\frac{\partial\theta}{\partial y}\boldsymbol{j}\right)}{\sqrt{\left(\frac{\partial\theta}{\partial x}\right)^2+\left(\frac{\partial\theta}{\partial y}\right)^2}}\\&=\left[\frac{\left(\frac{\partial\theta}{\partial x}Q_x+\frac{\partial\theta}{\partial y}Q_y\right)\frac{\partial\theta}{\partial x}}{\left(\frac{\partial\theta}{\partial x}\right)^2+\left(\frac{\partial\theta}{\partial y}\right)^2}\right]\boldsymbol{i}+\left[\frac{\left(\frac{\partial\theta}{\partial x}Q_x+\frac{\partial\theta}{\partial y}Q_y\right)\frac{\partial\theta}{\partial y}}{\left(\frac{\partial\theta}{\partial x}\right)^2+\left(\frac{\partial\theta}{\partial y}\right)^2}\right]\boldsymbol{j}\end{aligned} \tag{7.144}$$

又 $\boldsymbol{Q}_n=Q_{nx}\boldsymbol{i}+Q_{ny}\boldsymbol{j}$，其中 Q_{nx}, Q_{ny} 分别为 $\boldsymbol{Q}_n$ 在 x, y 方向上的分量，则得：

$$Q_{nx}=\frac{\left(\frac{\partial\theta}{\partial x}Q_x+\frac{\partial\theta}{\partial y}Q_y\right)\frac{\partial\theta}{\partial x}}{\left(\frac{\partial\theta}{\partial x}\right)^2+\left(\frac{\partial\theta}{\partial y}\right)^2}=\frac{\left(\frac{\partial\theta}{\partial x}\right)^2Q_x+\frac{\partial\theta}{\partial x}\frac{\partial\theta}{\partial y}Q_y}{\left(\frac{\partial\theta}{\partial x}\right)^2+\left(\frac{\partial\theta}{\partial y}\right)^2} \tag{7.145}$$

$$Q_{ny}=\frac{\left(\frac{\partial\theta}{\partial x}Q_x+\frac{\partial\theta}{\partial y}Q_y\right)\frac{\partial\theta}{\partial y}}{\left(\frac{\partial\theta}{\partial x}\right)^2+\left(\frac{\partial\theta}{\partial y}\right)^2}=\frac{\frac{\partial\theta}{\partial x}\frac{\partial\theta}{\partial y}Q_x+\left(\frac{\partial\theta}{\partial y}\right)^2Q_y}{\left(\frac{\partial\theta}{\partial x}\right)^2+\left(\frac{\partial\theta}{\partial y}\right)^2} \tag{7.146}$$

那么(7.145)式、(7.146)式就分别为 $\boldsymbol{Q}_n$ 在 x, y 方向上的分量 Q_{nx}, Q_{ny} 的计算表达式，即 p 坐标系中的 $\boldsymbol{Q}_n$ 计算表达式。

于是，有

$$\nabla\cdot\boldsymbol{Q}_n=\frac{\partial Q_{nx}}{\partial x}+\frac{\partial Q_{ny}}{\partial y} \tag{7.147}$$

(7.147)式即为 $\boldsymbol{Q}_n$ 散度在 p 坐标系中的计算表达式，其中 Q_{nx}, Q_{ny} 分别由(7.145)式、(7.146)式计算得到。

同理，将(7.140)式、(7.141)式及(7.143)式代入(7.138)式，可得：

$$\boldsymbol{Q}_s=\frac{\left(-\frac{\partial\theta}{\partial y}Q_x+\frac{\partial\theta}{\partial x}Q_y\right)}{\sqrt{\left(\frac{\partial\theta}{\partial x}\right)^2+\left(\frac{\partial\theta}{\partial y}\right)^2}}\cdot\frac{\left(-\frac{\partial\theta}{\partial y}\boldsymbol{i}+\frac{\partial\theta}{\partial x}\boldsymbol{j}\right)}{\sqrt{\left(\frac{\partial\theta}{\partial x}\right)^2+\left(\frac{\partial\theta}{\partial y}\right)^2}}$$

$$=\left[\frac{\left(\frac{\partial\theta}{\partial y}Q_x-\frac{\partial\theta}{\partial x}Q_y\right)\frac{\partial\theta}{\partial y}}{\left(\frac{\partial\theta}{\partial x}\right)^2+\left(\frac{\partial\theta}{\partial y}\right)^2}\right]\boldsymbol{i}+\left[\frac{\left(-\frac{\partial\theta}{\partial y}Q_x+\frac{\partial\theta}{\partial x}Q_y\right)\frac{\partial\theta}{\partial x}}{\left(\frac{\partial\theta}{\partial x}\right)^2+\left(\frac{\partial\theta}{\partial y}\right)^2}\right]\boldsymbol{j} \tag{7.148}$$

又 $\boldsymbol{Q}_s=Q_{sx}\boldsymbol{i}+Q_{sy}\boldsymbol{j}$，其中 Q_{sx}，Q_{sy} 分别为 $\boldsymbol{Q}_s$ 在 x，y 方向上的分量，则得：

$$Q_{sx}=\frac{\left(\frac{\partial\theta}{\partial y}Q_x-\frac{\partial\theta}{\partial x}Q_y\right)\frac{\partial\theta}{\partial y}}{\left(\frac{\partial\theta}{\partial x}\right)^2+\left(\frac{\partial\theta}{\partial y}\right)^2}=\frac{\left(\frac{\partial\theta}{\partial y}\right)^2Q_x-\frac{\partial\theta}{\partial x}\frac{\partial\theta}{\partial y}Q_y}{\left(\frac{\partial\theta}{\partial x}\right)^2+\left(\frac{\partial\theta}{\partial y}\right)^2} \tag{7.149}$$

$$Q_{sy}=\frac{\left(-\frac{\partial\theta}{\partial y}Q_x+\frac{\partial\theta}{\partial x}Q_y\right)\frac{\partial\theta}{\partial x}}{\left(\frac{\partial\theta}{\partial x}\right)^2+\left(\frac{\partial\theta}{\partial y}\right)^2}=\frac{-\frac{\partial\theta}{\partial x}\frac{\partial\theta}{\partial y}Q_x+\left(\frac{\partial\theta}{\partial x}\right)^2Q_y}{\left(\frac{\partial\theta}{\partial x}\right)^2+\left(\frac{\partial\theta}{\partial y}\right)^2} \tag{7.150}$$

那么(7.149)式、(7.150)式就分别为 $\boldsymbol{Q}_s$ 在 x，y 方向上的分量 Q_{sx}，Q_{sy} 的计算表达式，即 p 坐标系中 $\boldsymbol{Q}_s$ 的计算表达式。

于是，有

$$\nabla\cdot\boldsymbol{Q}_s=\frac{\partial Q_{sx}}{\partial x}+\frac{\partial Q_{sy}}{\partial y} \tag{7.151}$$

(7.151)式即为 $\boldsymbol{Q}_s$ 散度在 p 坐标系中的计算表达式，其中 Q_{sx}，Q_{sy} 分别由(7.149)式、(7.150)式计算得到。

7.8.2 Q 矢量 PG 分解

为了使进行 PG 分解后的 $\boldsymbol{Q}$ 矢量有明确的物理意义，因此，首先需要得到一种适合于 PG 分解的 $\boldsymbol{Q}$ 矢量。

(1)对非地转干 $\boldsymbol{Q}$ 矢量转化、处理

由前文可知，非地转干 $\boldsymbol{Q}$ 矢量在 p 坐标系的计算表达式为：

$$Q_x^G=\frac{1}{2}\left[f\left(\frac{\partial v}{\partial P}\frac{\partial u}{\partial x}-\frac{\partial u}{\partial P}\frac{\partial v}{\partial x}\right)-h\frac{\partial \mathbf{V}}{\partial x}\cdot\nabla\theta\right] \tag{7.152}$$

$$Q_y^G=\frac{1}{2}\left[f\left(\frac{\partial v}{\partial P}\frac{\partial u}{\partial y}-\frac{\partial u}{\partial P}\frac{\partial v}{\partial y}\right)-h\frac{\partial \mathbf{V}}{\partial y}\cdot\nabla\theta\right] \tag{7.153}$$

其中 $h=\frac{R}{P}\left(\frac{P}{1000}\right)^{\frac{R}{c_p}}$，$\theta=T\left(\frac{1000}{P}\right)^{\frac{R}{c_p}}$，$\mathbf{V}=u\boldsymbol{i}+v\boldsymbol{j}$，其他为气象上常用物理参数。

实际上，(7.152)式、(7.153)式可分别表示为：

$$Q_x^G=\frac{1}{2}\left[f\left(\frac{\partial v}{\partial P}\frac{\partial u}{\partial x}-\frac{\partial u}{\partial P}\frac{\partial v}{\partial x}\right)-\left(\frac{\partial u}{\partial x}\frac{\partial \alpha}{\partial x}+\frac{\partial v}{\partial x}\frac{\partial \alpha}{\partial y}\right)\right] \tag{7.154}$$

$$Q_y^G = \frac{1}{2}\left[f\left(\frac{\partial v}{\partial P}\frac{\partial u}{\partial y} - \frac{\partial u}{\partial P}\frac{\partial v}{\partial y}\right) - \left(\frac{\partial u}{\partial y}\frac{\partial \alpha}{\partial x} + \frac{\partial v}{\partial y}\frac{\partial \alpha}{\partial y}\right)\right] \tag{9.155}$$

其中 $\alpha = \frac{1}{\rho} = \frac{RT}{P}$。Dutton(1976)曾指出，替换平衡近似用地转风垂直切变代替实际风垂直切变，要比用地转风代替实际风更为精确。于是令 $\frac{\partial u}{\partial P} \approx \frac{\partial u_g}{\partial P}$，$\frac{\partial v}{\partial P} \approx \frac{\partial v_g}{\partial P}$，则式(7.154)式、(7.155)式可分别记为：

$$Q_x^N = \frac{1}{2}\left[\frac{\partial(fv_g)}{\partial P}\frac{\partial u}{\partial x} - \frac{\partial(fu_g)}{\partial P}\frac{\partial v}{\partial x} - \left(\frac{\partial u}{\partial x}\frac{\partial \alpha}{\partial x} + \frac{\partial v}{\partial x}\frac{\partial \alpha}{\partial y}\right)\right] \tag{7.156}$$

$$Q_y^N = \frac{1}{2}\left[\frac{\partial(fv_g)}{\partial P}\frac{\partial u}{\partial y} - \frac{\partial(fu_g)}{\partial P}\frac{\partial v}{\partial y} - \left(\frac{\partial u}{\partial y}\frac{\partial \alpha}{\partial x} + \frac{\partial v}{\partial y}\frac{\partial \alpha}{\partial y}\right)\right] \tag{7.157}$$

其中，将经转化、处理后的非地转干 $\boldsymbol{Q}$ 矢量记为 $\boldsymbol{Q}^N$，且 Q_x^N 和 Q_y^N 分别为 $\boldsymbol{Q}^N$ 矢量在 x 方向和 y 方向分量。

利用地转风平衡关系 $fv_g = \frac{\partial \Phi}{\partial x}$ 和 $fu_g = -\frac{\partial \Phi}{\partial y}$，以及将 $\frac{\partial \Phi}{\partial p} = -\alpha$ 代入，且整理合并(7.156)式、(7.157)式得到

$$\boldsymbol{Q}^N = (Q_x^N, Q_y^N) = -\boldsymbol{i}\left(\frac{\partial u}{\partial x}\frac{\partial \alpha}{\partial x} + \frac{\partial v}{\partial x}\frac{\partial \alpha}{\partial y}\right) - \boldsymbol{j}\left(\frac{\partial u}{\partial y}\frac{\partial \alpha}{\partial x} + \frac{\partial v}{\partial y}\frac{\partial \alpha}{\partial y}\right) \tag{7.158}$$

(7.158)式即为 $\boldsymbol{Q}^N$ 矢量的计算表达式。如果用地转风代替实际风，则 $\boldsymbol{Q}^N$ 矢量就完全退化为 Hoskins 等(1978)所定义的准地转 $\boldsymbol{Q}$ 矢量。

(2) $\boldsymbol{Q}^N$ 矢量 PG 分解

参照 Jusem 和 Atlas(1998)的工作思路，将(7.158)式中 $\boldsymbol{Q}^N$ 矢量分解在以等高线为参照线的自然坐标系(图 7.6)中，

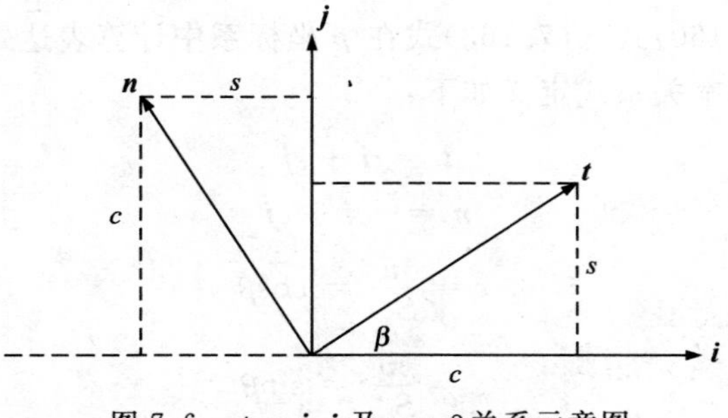

图 7.6　$\boldsymbol{t},\boldsymbol{n},\boldsymbol{i},\boldsymbol{j}$ 及 c,s,β 关系示意图

则有：

$$\boldsymbol{Q}^N = -\boldsymbol{t}\left(\frac{\partial S^*}{\partial s}\frac{\partial \alpha}{\partial s} + K_s S^* \frac{\partial \alpha}{\partial n}\right) - \boldsymbol{n}\left(\frac{\partial S^*}{\partial n}\frac{\partial \alpha}{\partial s} + K_n S^* \frac{\partial \alpha}{\partial n}\right) \tag{7.159}$$

上式中 t 轴与局地等高线平行，单位矢量为 $\boldsymbol{t}$，且 $\boldsymbol{t}$ 为风场方向。n 轴与局地等高线正交，单位矢量为 $\boldsymbol{n}$。$(\boldsymbol{t},\boldsymbol{n},\boldsymbol{k})$ 符合右手法则，其中 $\boldsymbol{k}$ 为垂直方向上单位矢量。K_s 为等高线曲率，对于北半球来讲，逆时针运动（气旋）$K_s>0$，顺时针运动（反气旋）$K_s<0$。K_n 为等高线的正交曲率即 K_n 曲率线正交于等高线，分流时 $K_n>0$，汇合时 $K_n<0$。S^* 为实际水平风速大小即 $S^*=\sqrt{u^2+v^2}$，α 为比容。需要强调说明的是，(7.159)式与(7.158)式是等同的，二者表达方式上的差异只不过是因为各自处于不同的自然坐标系中而已。

(7.159)式可分为以下四个部分：

$$\boldsymbol{Q}^N_{alst}=-\boldsymbol{t}\frac{\partial S^*}{\partial s}\frac{\partial\alpha}{\partial s}\tag{7.160}$$

$$\boldsymbol{Q}^N_{curv}=-\boldsymbol{t}S^*K_s\frac{\partial\alpha}{\partial n}\tag{7.161}$$

$$\boldsymbol{Q}^N_{shdv}=-\boldsymbol{n}\frac{\partial S^*}{\partial n}\frac{\partial\alpha}{\partial s}\tag{7.162}$$

$$\boldsymbol{Q}^N_{crst}=-\boldsymbol{n}S^*K_n\frac{\partial\alpha}{\partial n}\tag{7.163}$$

(7.160)式称为沿流伸展项(alongstream stretching)，表示等高线之间的水平空间收缩/伸展致使沿着气流的温度梯度增强/减弱。(7.161)式称为曲率项(curvature)，描述曲率效果，即等高线的气旋曲率在下游方向增加(减小)将引起下沉(上升)运动。(7.162)式称为切变平流项(shear advection)，表示由水平风切变所引起的温度平流。(7.163)称为穿流伸展项(crosstream stretching)，描述风场汇合、分流效果，即风场的汇合、分流致使穿越气流的温度梯度增强、减弱。$\boldsymbol{Q}^N_{alst}$ 矢量、$\boldsymbol{Q}^N_{curv}$ 矢量、$\boldsymbol{Q}^N_{shdv}$ 矢量、$\boldsymbol{Q}^N_{crst}$ 矢量与 $\boldsymbol{Q}^N$ 矢量具有同样的诊断特性。

下面将给出(7.160)式—(7.163)式在 p 坐标系中计算表达式的具体推导过程。

在图 7.6 中，基本关系式定义如下：

$$\boldsymbol{t}=c\boldsymbol{i}+s\boldsymbol{j}\tag{7.164}$$

$$\boldsymbol{n}=-s\boldsymbol{i}+c\boldsymbol{j}\tag{7.165}$$

$$c=\frac{u}{S^*}=\cos\beta\tag{7.166}$$

$$s=\frac{v}{S^*}=\sin\beta\tag{7.167}$$

由(7.164)式和(7.165)式可知：$\boldsymbol{t}\cdot\boldsymbol{n}=0$

$$S^*=cu+sv\tag{7.168}$$

$$S^*=\sqrt{u^2+v^2}\tag{7.169}$$

$$c^2 + s^2 = 1 \tag{7.170}$$

$$\frac{\partial}{\partial s} = c\,\frac{\partial}{\partial x} + s\,\frac{\partial}{\partial y} \tag{7.171}$$

$$\frac{\partial}{\partial n} = -s\,\frac{\partial}{\partial x} + c\,\frac{\partial}{\partial y} \tag{7.172}$$

由(7.170)式可知：

$$\frac{\partial S^*}{\partial s} = c\,\frac{\partial S^*}{\partial x} + s\,\frac{\partial S^*}{\partial y} \tag{7.173}$$

因为

$$\frac{\partial S^*}{\partial x} = c\,\frac{\partial u}{\partial x} + s\,\frac{\partial v}{\partial x} \tag{7.174}$$

及

$$\frac{\partial S^*}{\partial y} = c\,\frac{\partial u}{\partial y} + s\,\frac{\partial v}{\partial y} \tag{7.175}$$

将(7.174)式、(7.175)式代入(7.173)式可得：

$$\frac{\partial S^*}{\partial s} = c^2\,\frac{\partial u}{\partial x} + cs\left(\frac{\partial v}{\partial x} + \frac{\partial u}{\partial y}\right) + s^2\,\frac{\partial v}{\partial y} \tag{7.176}$$

由(7.172)式可知：

$$\frac{\partial S^*}{\partial n} = -s\,\frac{\partial S^*}{\partial x} + c\,\frac{\partial S^*}{\partial y} \tag{7.177}$$

将(7.174)式、(7.175)式代入(7.177)式可得：

$$\frac{\partial S^*}{\partial n} = c^2\,\frac{\partial u}{\partial y} + cs\left(\frac{\partial v}{\partial y} - \frac{\partial u}{\partial x}\right) - s^2\,\frac{\partial v}{\partial x} \tag{7.178}$$

因为

$$K_s = \frac{\partial \beta}{\partial s} = c\,\frac{\partial \beta}{\partial x} + s\,\frac{\partial \beta}{\partial y} = \frac{\partial s}{\partial x} - \frac{\partial c}{\partial y} \tag{7.179}$$

又

$$\frac{\partial s}{\partial x} = \frac{c}{S^*}\left(c\,\frac{\partial v}{\partial x} - s\,\frac{\partial u}{\partial x}\right) \tag{7.180}$$

及

$$\frac{\partial c}{\partial y} = \frac{s}{S^*}\left(s\,\frac{\partial u}{\partial y} - c\,\frac{\partial v}{\partial y}\right) \tag{7.181}$$

将(7.180)式、(7.181)式代入(7.179)式可得：

$$K_s = \frac{1}{S^*}\left[c^2 \frac{\partial v}{\partial x} + cs\left(\frac{\partial v}{\partial y} - \frac{\partial u}{\partial x}\right) - s^2 \frac{\partial u}{\partial y}\right] \tag{7.182}$$

于是

$$S^* K_s = c^2 \frac{\partial v}{\partial x} + cs\left(\frac{\partial v}{\partial y} - \frac{\partial u}{\partial x}\right) - s^2 \frac{\partial u}{\partial y} \tag{7.183}$$

因为

$$K_n = \frac{\partial \beta}{\partial n} = -s\frac{\partial \beta}{\partial x} + c\frac{\partial \beta}{\partial y} = \frac{\partial c}{\partial x} + \frac{\partial s}{\partial y} \tag{7.184}$$

又

$$\frac{\partial c}{\partial x} = \frac{s}{S^*}\left(s\frac{\partial u}{\partial x} - c\frac{\partial v}{\partial x}\right) \tag{7.185}$$

及

$$\frac{\partial s}{\partial y} = \frac{c}{S^*}\left(c\frac{\partial v}{\partial y} - s\frac{\partial u}{\partial y}\right) \tag{7.186}$$

将(7.185)式、(7.186)式代入(7.184)式可得：

$$K_n = \frac{1}{S^*}\left[c^2 \frac{\partial v}{\partial y} - cs\left(\frac{\partial v}{\partial x} + \frac{\partial u}{\partial y}\right) + s^2 \frac{\partial u}{\partial x}\right] \tag{7.187}$$

于是，

$$S^* K_n = c^2 \frac{\partial v}{\partial y} - cs\left(\frac{\partial v}{\partial x} + \frac{\partial u}{\partial y}\right) + s^2 \frac{\partial u}{\partial x} \tag{7.188}$$

最后，再分别利用(7.171)式、(7.172)式可得：

$$\frac{\partial \alpha}{\partial s} = c\frac{\partial \alpha}{\partial x} + s\frac{\partial \alpha}{\partial y} \tag{7.189}$$

$$\frac{\partial \alpha}{\partial n} = -s\frac{\partial \alpha}{\partial x} + c\frac{\partial \alpha}{\partial y} \tag{7.190}$$

基于上述基本关系式，则可得到(7.160)式、(7.161)式、(7.162)式及(7.163)式在 p 坐标系中的计算表达式，具体情况为：

将(7.164)式、(7.176)式及(7.184)代入式(7.160)式得：

$$\boldsymbol{Q}_{alst}^{N} = -\boldsymbol{t}\frac{\partial S^*}{\partial s}\frac{\partial \alpha}{\partial s} = -(c\boldsymbol{i} + s\boldsymbol{j})\left[c^2 \frac{\partial u}{\partial x} + cs\left(\frac{\partial v}{\partial x} + \frac{\partial u}{\partial y}\right) + s^2 \frac{\partial v}{\partial y}\right]\left(c\frac{\partial \alpha}{\partial x} + s\frac{\partial \alpha}{\partial y}\right) \tag{7.191}$$

令：$\boldsymbol{Q}_{alst}^{N} = Q_{alstx}^{N}\boldsymbol{i} + Q_{alsty}^{N}\boldsymbol{j}$，则：

$$Q_{alstx}^{N}=-\left[c^{2}\frac{\partial u}{\partial x}+cs\left(\frac{\partial v}{\partial x}+\frac{\partial u}{\partial y}\right)+s^{2}\frac{\partial v}{\partial y}\right]\left(c\frac{\partial \alpha}{\partial x}+s\frac{\partial \alpha}{\partial y}\right)c \tag{7.192}$$

$$Q_{alsty}^{N}=-\left[c^{2}\frac{\partial u}{\partial x}+cs\left(\frac{\partial v}{\partial x}+\frac{\partial u}{\partial y}\right)+s^{2}\frac{\partial v}{\partial y}\right]\left(c\frac{\partial \alpha}{\partial x}+s\frac{\partial \alpha}{\partial y}\right)s \tag{7.193}$$

将(7.166)式、(7.167)式、(7.169)式及 $\alpha=\dfrac{RT}{P}$ 代入(7.192)式、(7.193)式得：

$$Q_{alstx}^{N}=-\left[u^{2}\frac{\partial u}{\partial x}+uv\left(\frac{\partial v}{\partial x}+\frac{\partial u}{\partial y}\right)+v^{2}\frac{\partial v}{\partial y}\right]\left(u\frac{\partial T}{\partial x}+v\frac{\partial T}{\partial y}\right)\cdot\frac{uR}{P\ (u^{2}+v^{2})^{2}} \tag{7.194}$$

$$Q_{alsty}^{N}=-\left[u^{2}\frac{\partial u}{\partial x}+uv\left(\frac{\partial v}{\partial x}+\frac{\partial u}{\partial y}\right)+v^{2}\frac{\partial v}{\partial y}\right]\left(u\frac{\partial T}{\partial x}+v\frac{\partial T}{\partial y}\right)\cdot\frac{vR}{P\ (u^{2}+v^{2})^{2}} \tag{7.195}$$

同理，将(7.164)式、(7.183)式及(7.190)式代入(7.161)式得：

$$\boldsymbol{Q}_{curv}^{N}=-\boldsymbol{t}S^{*}K_{s}\frac{\partial \alpha}{\partial n}=-(c\boldsymbol{i}+s\boldsymbol{j})\left[c^{2}\frac{\partial v}{\partial x}+cs\left(\frac{\partial v}{\partial y}-\frac{\partial u}{\partial x}\right)-s^{2}\frac{\partial u}{\partial y}\right]\left(-s\frac{\partial \alpha}{\partial x}+c\frac{\partial \alpha}{\partial y}\right) \tag{7.196}$$

令：$\boldsymbol{Q}_{curv}^{N}=Q_{curvx}^{N}\boldsymbol{i}+Q_{curvy}^{N}\boldsymbol{j}$，则：

$$Q_{curvx}^{N}=-\left[c^{2}\frac{\partial v}{\partial x}+cs\left(\frac{\partial v}{\partial y}-\frac{\partial u}{\partial x}\right)-s^{2}\frac{\partial u}{\partial y}\right]\left(-s\frac{\partial \alpha}{\partial x}+c\frac{\partial \alpha}{\partial y}\right)c \tag{7.197}$$

$$Q_{curvy}^{N}=-\left[c^{2}\frac{\partial v}{\partial x}+cs\left(\frac{\partial v}{\partial y}-\frac{\partial u}{\partial x}\right)-s^{2}\frac{\partial u}{\partial y}\right]\left(-s\frac{\partial \alpha}{\partial x}+c\frac{\partial \alpha}{\partial y}\right)s \tag{7.198}$$

将(7.166)式、(7.167)式、(7.169)式及 $\alpha=\dfrac{RT}{P}$ 代入(7.197)式、(7.198)式得：

$$Q_{curvx}^{N}=-\left[u^{2}\frac{\partial v}{\partial x}+uv\left(\frac{\partial v}{\partial y}-\frac{\partial u}{\partial x}\right)-v^{2}\frac{\partial u}{\partial y}\right]\left(-v\frac{\partial T}{\partial x}+u\frac{\partial T}{\partial y}\right)\cdot\frac{uR}{P\ (u^{2}+v^{2})^{2}} \tag{7.199}$$

$$Q_{curvy}^{N}=-\left[u^{2}\frac{\partial v}{\partial x}+uv\left(\frac{\partial v}{\partial y}-\frac{\partial u}{\partial x}\right)-v^{2}\frac{\partial u}{\partial y}\right]\left(-v\frac{\partial T}{\partial x}+u\frac{\partial T}{\partial y}\right)\cdot\frac{vR}{P\ (u^{2}+v^{2})^{2}} \tag{7.200}$$

同理，将(7.165)式、(7.177)式及(7.189)式代入(7.162)式得：

$$\boldsymbol{Q}_{shdv}^{N}=-\boldsymbol{n}\frac{\partial S^{*}}{\partial n}\frac{\partial \alpha}{\partial s}=-(-s\boldsymbol{i}+c\boldsymbol{j})\left[c^{2}\frac{\partial u}{\partial y}+cs\left(\frac{\partial v}{\partial y}-\frac{\partial u}{\partial x}\right)-s^{2}\frac{\partial v}{\partial x}\right]\left(c\frac{\partial \alpha}{\partial x}+s\frac{\partial \alpha}{\partial y}\right) \tag{7.201}$$

令：$\boldsymbol{Q}_{shdv}^{N}=Q_{shdrvx}^{N}\boldsymbol{i}+Q_{shdvy}^{N}\boldsymbol{j}$，则：

$$Q_{shdvx}^{N} = \left[c^{2}\frac{\partial u}{\partial y} + cs\left(\frac{\partial v}{\partial y} - \frac{\partial u}{\partial x}\right) - s^{2}\frac{\partial v}{\partial x}\right]\left(c\frac{\partial \alpha}{\partial x} + s\frac{\partial \alpha}{\partial y}\right)s \tag{7.202}$$

$$Q_{shdvy}^{N} = -\left[c^{2}\frac{\partial u}{\partial y} + cs\left(\frac{\partial v}{\partial y} - \frac{\partial u}{\partial x}\right) - s^{2}\frac{\partial v}{\partial x}\right]\left(c\frac{\partial \alpha}{\partial x} + s\frac{\partial \alpha}{\partial y}\right)c \tag{7.203}$$

将(7.166)式、(7.167)式、(7.169)式及 $\alpha = \frac{RT}{P}$ 代入(7.202)式、(7.203)式得：

$$Q_{shdvx}^{N} = \left[u^{2}\frac{\partial u}{\partial y} + uv\left(\frac{\partial v}{\partial y} - \frac{\partial u}{\partial x}\right) - v^{2}\frac{\partial v}{\partial x}\right]\left(u\frac{\partial T}{\partial x} + v\frac{\partial T}{\partial y}\right)\cdot\frac{vR}{P\,(u^{2}+v^{2})^{2}} \tag{7.204}$$

$$Q_{shdvy}^{N} = -\left[u^{2}\frac{\partial u}{\partial y} + uv\left(\frac{\partial v}{\partial y} - \frac{\partial u}{\partial x}\right) - v^{2}\frac{\partial v}{\partial x}\right]\left(u\frac{\partial T}{\partial x} + v\frac{\partial T}{\partial y}\right)\cdot\frac{uR}{P\,(u^{2}+v^{2})^{2}} \tag{7.205}$$

同理，将(7.165)式、(7.188)式及(7.190)式代入(7.163)式得：

$$\boldsymbol{Q}_{crst}^{N} = -\boldsymbol{n}S^{*}K_{n}\frac{\partial \alpha}{\partial n} = -(-s\boldsymbol{i} + c\boldsymbol{j})\left[c^{2}\frac{\partial v}{\partial y} - cs\left(\frac{\partial v}{\partial x} + \frac{\partial u}{\partial y}\right) + s^{2}\frac{\partial u}{\partial x}\right]\left(-s\frac{\partial \alpha}{\partial x} + c\frac{\partial \alpha}{\partial y}\right) \tag{7.206}$$

令：$\boldsymbol{Q}_{crst}^{N} = Q_{crstx}^{N}\boldsymbol{i} + Q_{crsty}^{N}\boldsymbol{j}$，则：

$$Q_{crstx}^{N} = \left[c^{2}\frac{\partial v}{\partial y} - cs\left(\frac{\partial v}{\partial x} + \frac{\partial u}{\partial y}\right) + s^{2}\frac{\partial u}{\partial x}\right]\left(-s\frac{\partial \alpha}{\partial x} + c\frac{\partial \alpha}{\partial y}\right)s \tag{7.207}$$

$$Q_{crsty}^{N} = -\left[c^{2}\frac{\partial v}{\partial y} - cs\left(\frac{\partial v}{\partial x} + \frac{\partial u}{\partial y}\right) + s^{2}\frac{\partial u}{\partial x}\right]\left(-s\frac{\partial \alpha}{\partial x} + c\frac{\partial \alpha}{\partial y}\right)c \tag{7.208}$$

将(9.166)式、(9.167)式、(7.169)式及 $\alpha = \frac{RT}{P}$ 代入(7.207)式、(7.208)式得：

$$Q_{crstx}^{N} = \left[u^{2}\frac{\partial v}{\partial y} - uv\left(\frac{\partial v}{\partial x} + \frac{\partial u}{\partial y}\right) + v^{2}\frac{\partial u}{\partial x}\right]\left(-v\frac{\partial T}{\partial x} + u\frac{\partial T}{\partial y}\right)\cdot\frac{vR}{P\,(u^{2}+v^{2})^{2}} \tag{7.209}$$

$$Q_{crstx}^{N} = -\left[u^{2}\frac{\partial v}{\partial y} - uv\left(\frac{\partial v}{\partial x} + \frac{\partial u}{\partial y}\right) + v^{2}\frac{\partial u}{\partial x}\right]\left(-v\frac{\partial T}{\partial x} + u\frac{\partial T}{\partial y}\right)\cdot\frac{uR}{P\,(u^{2}+v^{2})^{2}} \tag{7.210}$$

通过(7.194)式与(7.195)式、(7.199)式与(7.200)式、(7.204)式与(7.205)式以及(7.209)式与(7.210)式则可分别计算出 p 坐标系中的 $\boldsymbol{Q}_{alst}^{N}$、$\boldsymbol{Q}_{curv}^{N}$、$\boldsymbol{Q}_{shdv}^{N}$ 及 $\boldsymbol{Q}_{crst}^{N}$。

此外，在 p 坐标系中 $\boldsymbol{Q}_{alst}^{N}$、$\boldsymbol{Q}_{curv}^{N}$、$\boldsymbol{Q}_{shdv}^{N}$ 及 $\boldsymbol{Q}_{crst}^{N}$ 的散度计算可分别通过以下各式：

$$\nabla\cdot\boldsymbol{Q}_{alst}^{N} = \frac{\partial Q_{alstx}^{N}}{\partial x} + \frac{\partial Q_{alsty}^{N}}{\partial y} \tag{7.211}$$

$$\nabla \cdot \boldsymbol{Q}_{curv}^{N} = \frac{\partial Q_{curvx}^{N}}{\partial x} + \frac{\partial Q_{curvy}^{N}}{\partial y} \tag{7.212}$$

$$\nabla \cdot \boldsymbol{Q}_{shdv}^{N} = \frac{\partial Q_{shdvx}^{N}}{\partial x} + \frac{\partial Q_{shdvy}^{N}}{\partial y} \tag{7.213}$$

$$\nabla \cdot \boldsymbol{Q}_{crst}^{N} = \frac{\partial Q_{crstx}^{N}}{\partial x} + \frac{\partial Q_{crsty}^{N}}{\partial y} \tag{7.214}$$

7.9　Q 矢量的应用

7.9.1　总的 Q 矢量应用

首先,运用改进的湿 Q 矢量(Q^{M})对 1991 年 7 月 5 日 20 时—6 日 20 时的典型江淮梅雨锋气旋暴雨过程进行具体诊断分析。通过结合降水过程分析可知,在梅雨锋气旋发展的时期,雨量增强,中尺度特征明显,在带状的雨区中存在着波状分布的降雨核,这也充分体现了气旋降水的不均匀性,600 hPa Q^{M} 矢量散度辐合场(图略)将主要降水中心的位置都准确地反映出来,并且在该层上 Q^{M} 矢量的散度辐合强度与降水强度对应的也非常好,Q^{M} 矢量的散度辐合中心的位置与其散度辐合强度对降水的落区及降水的强度有非常好的指示作用。在梅雨锋气旋成熟阶段(图 7.7),

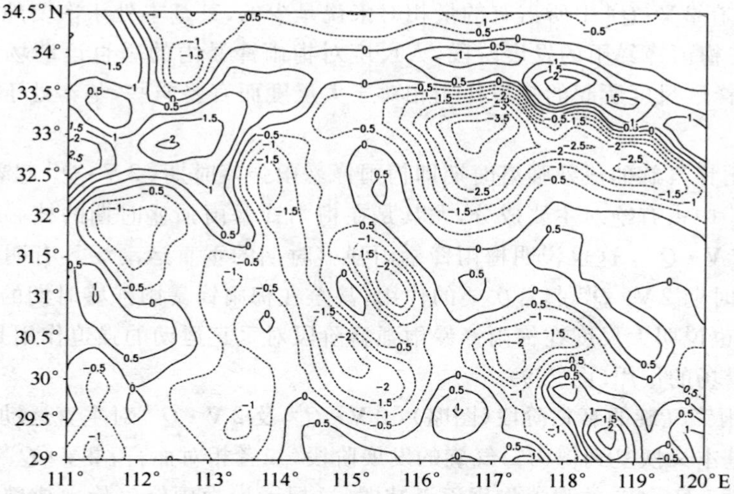

图 7.7　1991 年 7 月 6 日 08 时 600 hPa 改进的湿 Q 矢量散度($2\nabla \cdot \boldsymbol{Q}^{M}$)场分布

图中实线代表辐散,虚线代表辐合,单位为:10^{-15} hPa$^{-1} \cdot$ s^{-3}。

600 hPa Q^M 矢量散度场不仅将所有雨区都反映出来了，而且整个雨区的降水不均匀性也被充分表现，每个降水中心都有 Q^M 矢量散度辐合中心与其对应，二者不仅在位置上，而且在强度上对应的都很好。这说明当中尺度雨区的非地转特性及凝结潜热释放特征越来越明显时，600 hPa Q^M 矢量散度辐合区与同时刻地面雨区对应的越来越好，Q^M 矢量的诊断效果也越来越好。在梅雨锋气旋的衰弱阶段（图略），600 hPa Q^M 矢量散度辐合区基本上将主要降水区的分布特征反映出来了，只不过在中心位置配置上稍有一定偏差。总的说来，600 hPa 改进的湿 Q 矢量散度辐合场能很好地反映出地面雨带及降水中心的分布特征，对降水场有很好的指示意义，尤其在梅雨锋暴雨强盛时期，其对同时刻地面降水分布特征反映最好。

7.9.2 Q 矢量 PT 分解的应用

利用改进的湿 Q 矢量 PT 分解对 1991 年 7 月 5 日 20 时—6 日 20 时此次江淮梅雨锋气旋暴雨过程进行诊断分析，不仅发现在整个梅雨锋暴雨过程中多尺度作用始终存在，更为重要的是，还揭示出了在梅雨锋暴雨的不同阶段不同尺度所起的作用不同。具体情况如下：

在江淮梅雨锋气旋的发展阶段，也即梅雨锋暴雨发展时期，对各个时刻的 600 hPa $2\nabla\cdot Q_T^M$（即为总的 Q^M 矢量散度 $2\nabla\cdot Q^M$）、$2\nabla\cdot Q_n^M$ 及 $2\nabla\cdot Q_s^M$ 的分布特征比较分析发现，这一时期 $2\nabla\cdot Q_s^M$ 与 $2\nabla\cdot Q_T^M$ 的分布特征很相似，而 $2\nabla\cdot Q_n^M$ 与 $2\nabla\cdot Q_T^M$ 的分布特征存在一定的差异，这说明 $2\nabla\cdot Q_s^M$ 是 $2\nabla\cdot Q_T^M$ 的主要成分，其占有主导地位，而 $2\nabla\cdot Q_n^M$ 在 $2\nabla\cdot Q_T^M$ 中所占有的量相对来说是少的，其基本处于次要地位。这也充分反映出在梅雨锋暴雨的发展阶段，大尺度对梅雨锋暴雨的垂直运动场的强迫作用是主要的，锋区尺度所起的强迫作用相对于大尺度而言要弱些，基本处于次要的位置（图 7.8）。

在梅雨锋气旋的成熟强盛时期即梅雨锋暴雨强盛时期，$2\nabla\cdot Q_n^M$ 起着主要作用，在 $2\nabla\cdot Q_T^M$ 中占有绝对主要成分，尤其是在梅雨锋暴雨强盛时期的核心时段基本上可以代表 $2\nabla\cdot Q_T^M$，这也说明梅雨锋暴雨强盛时期的垂直运动场具有明显的锋区特征，而这个时期 $2\nabla\cdot Q_s^M$ 起着次要的作用，甚至在梅雨锋暴雨强盛时期的核心时段可以忽略，这也说明大尺度在梅雨锋暴雨强盛阶段对垂直运动的强迫作用是次要的，至多起着背景场的作用（图 7.9）。

在梅雨锋气旋的衰亡阶段（图略），$2\nabla\cdot Q_n^M$ 及 $2\nabla\cdot Q_s^M$ 对垂直运动场所发挥的强迫作用基本又恢复到梅雨锋气旋的发展阶段，二者相对而言，$2\nabla\cdot Q_s^M$ 的强迫作用逐渐增强而 $2\nabla\cdot Q_n^M$ 的强迫作用逐渐减弱，这揭示出梅雨锋气旋由成熟走向衰亡的过程也是其锋区特征逐渐消失的过程。

通过改进的湿 Q 矢量分解分析，从定量地角度揭示出了锋区尺度和天气尺度在

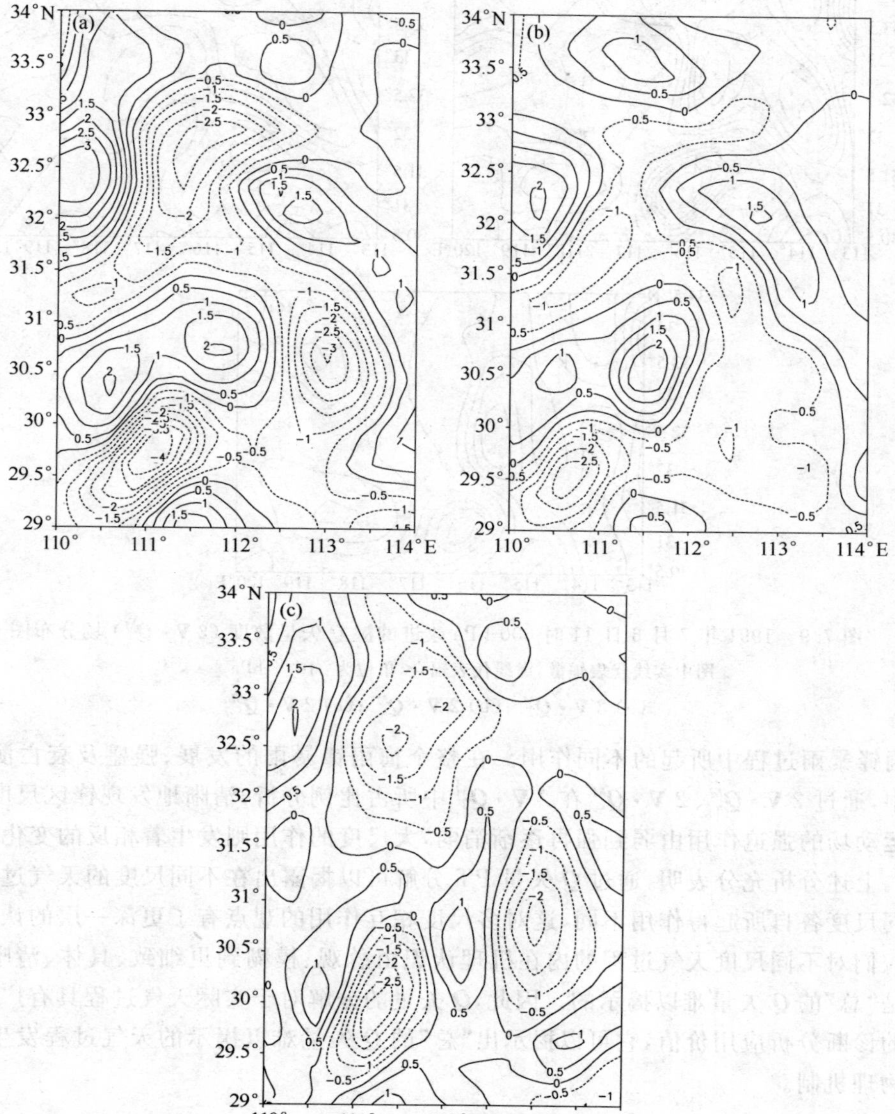

图 7.8　1991 年 7 月 5 日 23 时 600 hPa 改进的湿 Q 矢量散度（$2\nabla\cdot Q^M$）场分布图

图中实线代表辐散，虚线代表辐合，单位为：10^{-15} $\mathrm{hPa^{-1}\cdot s^{-3}}$

(a) $2\nabla\cdot Q_T^M$；(b) $2\nabla\cdot Q_n^M$；(c) $2\nabla\cdot Q_s^M$

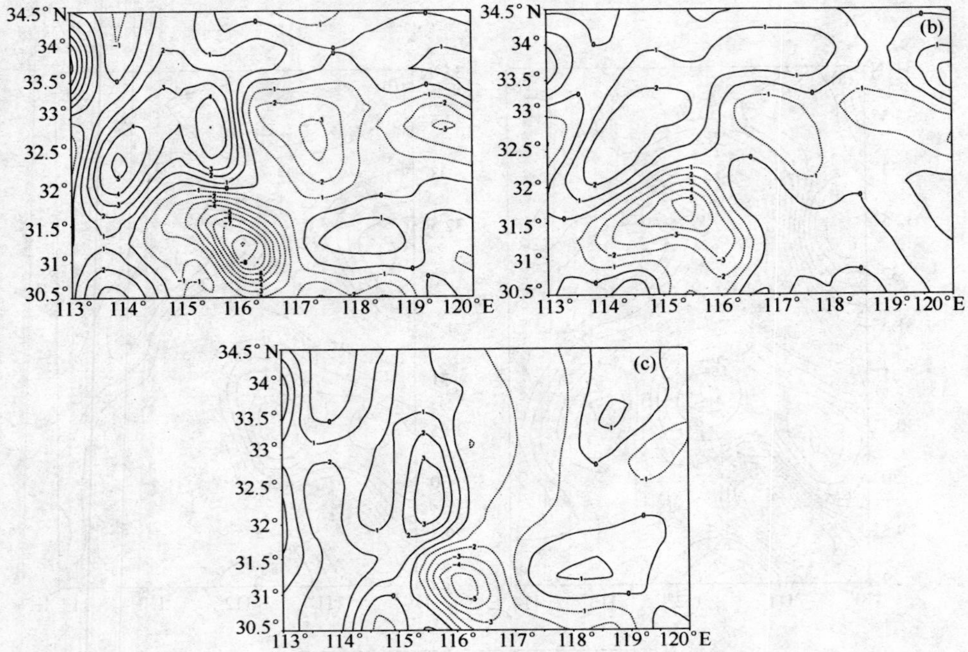

图 7.9　1991 年 7 月 6 日 11 时 600 hPa 改进的湿 Q 矢量散度（$2\nabla\cdot Q^M$）场分布图

图中实线代表辐散，虚线代表辐合，单位为：$10^{-15}\ \mathrm{hPa^{-1}\cdot s^{-3}}$

(a) $2\nabla\cdot Q_T^M$；(b) $2\nabla\cdot Q_n^M$；(c) $2\nabla\cdot Q_s^M$

梅雨锋暴雨过程中所起的不同作用。在整个梅雨锋暴雨的发展、强盛及衰亡演变过程中，通过 $2\nabla\cdot Q_n^M$、$2\nabla\cdot Q_s^M$ 在 $2\nabla\cdot Q_T^M$ 中所占比例分析，清晰地发现锋区尺度对垂直运动场的强迫作用由弱到强再逐渐消弱，大尺度的作用则发生着相反的变化。

上述分析充分表明，通过 Q 矢量 PT 分解可以揭露出在不同尺度的天气过程中，不同尺度各自所起得作用不同，这对多尺度相互作用的观点有了更深一层的认识，也使人们对不同尺度天气过程的内在机理认识由总观、模糊到更细致、具体、清晰。这也是“总”的 Q 矢量难以揭示的。因此，Q 矢量的分解对于实际天气过程具有广泛、良好的诊断分析应用价值，它可以揭示出“总”的 Q 矢量难以揭示的天气过程发生的潜在物理机制。

7.9.3　Q 矢量 PG 分解的应用

将 Q^N 矢量进行 PG 分解，所得各项 Q_{alst}^N 矢量（沿流伸展项）、Q_{curv}^N 矢量（曲率项）、Q_{shdv}^N 矢量（切变平流项）及 Q_{crst}^N 矢量（穿流伸展项）具有明确物理意义。对 1991 年 7 月 5 日 20 时—6 日 20 时此次江淮梅雨锋气旋暴雨过程进行 Q^N 矢量 PG 分解研究表明，Q^N 矢量 PG 分解可以揭示出天气现象过程中“总”的 Q^N 矢量（即 Q^N 矢量）难以揭示的潜在物理机制。结合 $2\nabla\cdot Q^N$（图 7.10a）来看，$2\nabla\cdot Q^N_{alst}$（图 7.10b）、$2\nabla\cdot Q^N_{shdv}$（图 7.10d）水平分布特征与 $2\nabla\cdot Q^N$ 最为相似，二者占有较大比重。Q^N_{curv}（图 7.10c）矢量散度辐合场只是对主雨带有所反映，但与雨区对应的辐合强度较弱。这表明，降水主要由 Q^N_{alst} 矢量、Q^N_{shdv} 矢量及 Q^N_{curv} 矢量共同强迫产生，其中 Q^N_{alst} 矢量、Q^N_{shdv} 矢量的贡献更大，降水中心主要由二者共同强迫所致。Q^N_{crst} 矢量对整个降水的发生基本无贡献（图 7.10e）。

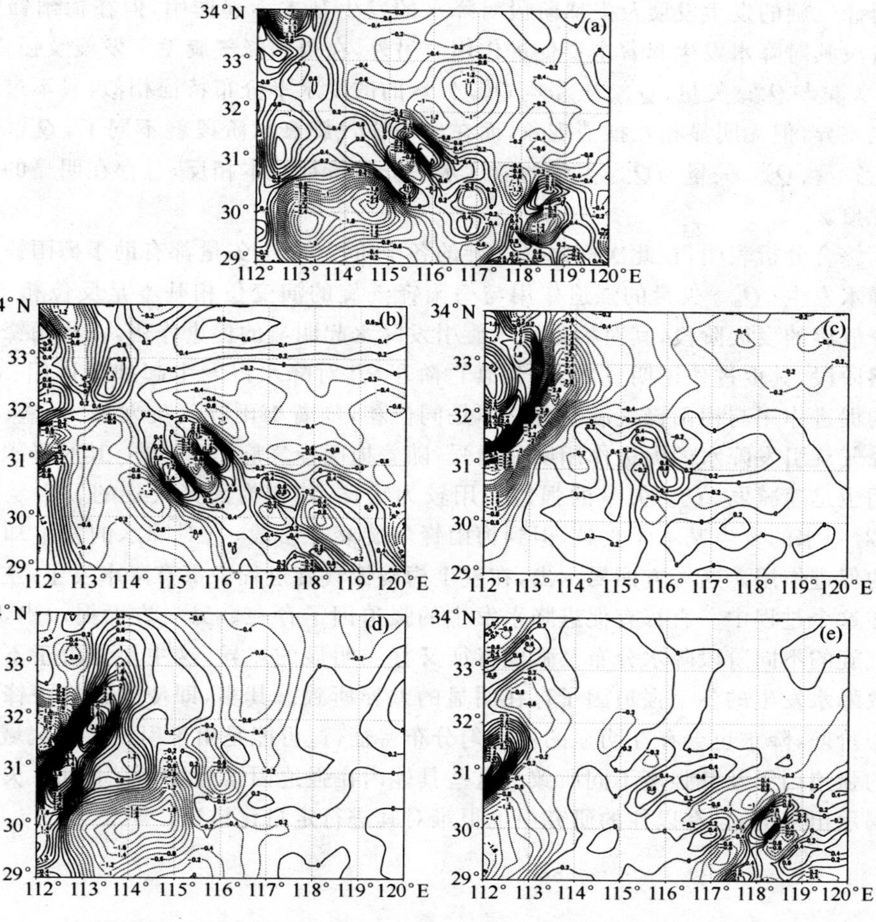

图 7.10　1991 年 7 月 6 日 08 时 700 hPa Q^N 矢量散度场分布图

图中实线代表辐散，虚线代表辐合，单位：10^{-15} hPa^{-1} · s^{-3}。

(a) $2\nabla\cdot Q^N$，(b) $2\nabla\cdot Q^N_{alst}$，(c) $2\nabla\cdot Q^N_{curv}$，(d) $2\nabla\cdot Q^N_{shdv}$，(e) $2\nabla\cdot Q^N_{crst}$

具体地讲，在梅雨锋气旋不同阶段，Q_{alst}^N 矢量散度场的水平分布特征都与总 Q^N 矢量散度场相似，其散度辐合场在总 Q^N 矢量散度辐合场中都占有较大比例，对总 Q^N 矢量散度对垂直运动产生的激发与强迫作用贡献大，对梅雨锋气旋引发降水的发生始终都起着主要的促进强迫作用。Q_{curv}^N 矢量在整个梅雨锋气旋暴雨演变过程中，对降水发生的促进作用逐渐减小，直至起到抑制作用。Q_{shdv}^N 矢量对降水发生的促进作用则随着梅雨锋气旋发生发展而明显增强，但随着梅雨锋气旋的东移衰亡，其对降水发生的促进作用迅速减弱，直至对降水的发生基本无影响。对于 Q_{crst}^N 矢量来讲，其在梅雨锋气旋的发生发展及强盛阶段对降水的发生基本不起作用，但在梅雨锋气旋衰亡阶段其对降水发生起着主要促进作用。另外，在梅雨锋气旋发生发展及强盛时期，Q_{alst}^N 矢量与 Q_{curv}^N 矢量、Q_{shdv}^N 矢量与 Q_{crst}^N 矢量的散度水平分布特征相似，只不过强度上存在差异，但无明显相互抵消现象，而在梅雨锋气旋衰亡阶段就不同了，Q_{alst}^N 矢量与 Q_{curv}^N 矢量、Q_{shdv}^N 矢量与 Q_{crst}^N 矢量的散度水平分布特征基本相反，且存在明显的相互抵消现象。

综合分析表明，在此次梅雨锋气旋的各个阶段，Q_{alst}^N 矢量都有助于梅雨锋气旋引发降水发生；Q_{curv}^N 矢量的强迫作用与梅雨锋气旋的演变位相基本是反位相，即在梅雨锋气旋的发展阶段，其对梅雨锋气旋引发降水起明显的促进作用，在梅雨锋气旋的强盛阶段，其促进作用明显减弱，到衰亡阶段，其对降水得发生起抑制作用；Q_{shdv}^N 矢量的促进作用与梅雨锋气旋发展基本是同位相，随着梅雨锋气旋发展、强盛，其对梅雨锋气旋引发降水的促进作用明显增强，随着梅雨锋气旋东移减弱，其对降水的促进作用也迅速减弱；Q_{crst}^N 矢量的强迫作用较为特殊，其在梅雨锋气旋的发生及强盛时期，对降水的发生基本无贡献，但到梅雨锋气旋衰亡阶段，它对降水的发生却起了明显的促进作用。这一方面揭示出，在整个梅雨锋气旋过程中都有降水发生，主要是因为在这个过程中一直都有促进降水发生的强迫因子存在。另一方面揭示出，在梅雨锋气旋的不同阶段降水分布及强度特征又存在明显的差异，这主要是由于不同阶段导致降水发生的各个强迫因子存在明显的差异所致。其实，即使处在梅雨锋气旋同一个阶段，降水也会存在明显的不均匀分布特征，这可能是由于引发不同区域降水产生的强迫因子及其强度不同所致。这些具体内在强迫因素通过“总”的 Q^N 矢量是无法揭示出来的，且在以往的研究中也很难对其进行定量化描述。

第 8 章　螺旋度分析和应用

在磁流体或电动力学中，通常引入螺旋度（Helicity）概念来研究磁场的结构和特点。例如，在磁流体中，当流动呈现螺旋性特点时，平均磁场就会加强，并被称为 α-效应。在大气科学方面，自 20 世纪 80 年代开始研究螺旋度在大气运动中的贡献，并试验其在强天气分析预报中的应用。气象学中螺旋度是一个用于衡量环境风场具有多少沿气流方向的水平涡度及其贡献的参数，它的大小反映了旋转与沿旋转轴方向运动的强弱程度。由于大气中许多流动具有螺旋性特征，而螺旋度是表征流体边旋转边沿旋转方向运动的动力性质的物理量，因此，国内外气象学家对大气中的螺旋度进行了很多研究，揭示了螺旋度与大气运动的某些特有现象在动力学、运动学性质之间的内在联系。从广义的概念又将螺旋度引申为垂直螺旋度和水平螺旋度，它能较好地反映大气的三维物理结构特征。螺旋度既考虑了大气旋转、扭曲的特性，同时又考虑了水平和垂直方向的输送作用，比单一地用涡度或散度描述大气物理结构，意义更加清晰。由于在一般运动方程中体现不出，它类似于能量和涡度拟能，所以螺旋度为强对流天气的预报增加了一个极好的动力因子。随着螺旋度理论研究的逐步深入，也极大丰富了螺旋度的种类，主要包括总螺旋度、完全螺旋度、局地螺旋度、水平螺旋度、切变风螺旋度、（第一、二类）热成风螺旋度、风暴相对螺旋度、旋转风螺旋度、垂直螺旋度、水汽螺旋度、超螺旋度等。目前各种螺旋度已广泛应用于台风、暴雨、暴雪、沙尘暴及强对流等灾害性天气研究。本章将对国内外关于螺旋度的研究及应用工作进行全面、系统地归纳、总结，以便使人们对螺旋度概念及其应用状况有一个更为全面的认识和了解。

8.1　螺旋度定义

螺旋度是一个描述大气三维运动特征的重要物理量，表征了流体边旋转边沿旋转方向运动的动力特性，最早用来研究流体力学中的湍流问题，其从物理本质上反映了流体涡管扭结的程度，大小反映了旋转与沿旋转轴方向运动的强弱程度，在等熵流体中具有守恒性质。其严格定义式为风速和涡度点积的体积分：

$$H=\iiint_{\tau}\mathbf{V}\cdot\nabla\times\mathbf{V}\mathrm{d}\tau \tag{8.1}$$

其中，$\boldsymbol{V}$ 为三维风速矢量，$\boldsymbol{\nabla}$ 为三维微分算子，$\boldsymbol{\nabla}\times\boldsymbol{V}$ 是涡度，单位为 m^2/s^2。

通常人们所说的螺旋度是局地或单位体积的螺旋度 h，它表示单位体积中所包含的螺旋度，故又称作螺旋度密度。定义为：

$$h=\boldsymbol{V}\cdot\boldsymbol{\nabla}\times\boldsymbol{V} \tag{8.2}$$

为了区别起见，(8.1)式中 H 称为总螺旋度，(8.2)式中 h 称为完全螺旋度。

8.2 完全螺旋度计算表达式

8.2.1 z 坐标系表达式

z 坐标系中完全螺旋度定义为：

$$h=(u\boldsymbol{i}+v\boldsymbol{j}+w\boldsymbol{k})\cdot(\xi\boldsymbol{i}+\eta\boldsymbol{j}+\zeta\boldsymbol{k}) \tag{8.3}$$

其中，u,v,w 和 ξ,η,ζ 分别为速度矢量 $\boldsymbol{V}$ 和绝对涡度矢量在 (x,y,z) 坐标系中 $\boldsymbol{i},\boldsymbol{j},\boldsymbol{k}$ 三个方向的分量。

采用相对涡度矢量代替绝对涡度矢量，z 坐标系中的完全螺旋度定义为：

$$h=\left(\frac{\partial w}{\partial y}-\frac{\partial v}{\partial z}\right)u+\left(\frac{\partial u}{\partial z}-\frac{\partial w}{\partial x}\right)v+\left(\frac{\partial v}{\partial x}-\frac{\partial u}{\partial y}\right)w=h_x+h_y+h_z \tag{8.4}$$

(8.4)式中 h_x,h_y,h_z 分别代表完全螺旋度 h 在 $\boldsymbol{i},\boldsymbol{j},\boldsymbol{k}$ 三个方向的分量，且分别与 x，y，z 方向的涡度分量和风速相联系，可称之为 x-螺旋度、y-螺旋度、z-螺旋度。

值得注意的是，(8.4)式与(8.3)式的区别在于(8.4)式中计算用的是相对涡度矢量而(8.3)式中计算用的是绝对涡度矢量。

如果 $\frac{\partial w}{\partial x}$ 和 $\frac{\partial w}{\partial y}$ 相对于 $\frac{\partial u}{\partial z}$ 和 $\frac{\partial v}{\partial z}$ 来说很小，可以忽略不计，则对(8.4)式进行简化处理可得：

$$h\approx\left(-\frac{\partial v}{\partial z}\right)u+\left(\frac{\partial u}{\partial z}\right)v+\left(\frac{\partial v}{\partial x}-\frac{\partial u}{\partial y}\right)w \tag{8.5}$$

(8.3)—(8.5)式中 h 螺旋度的单位为 m/s^2。

8.2.2 p 坐标系表达式

对于任一变量 F 来讲，由 z 坐标系向 p 坐标系的转换关系式为：

$$\left(\frac{\partial F}{\partial x}\right)_z=\left(\frac{\partial F}{\partial x}\right)_p+\frac{\partial F}{\partial p}\left(\frac{\partial p}{\partial x}\right)_z \tag{8.6}$$

$$\left(\frac{\partial F}{\partial y}\right)_z=\left(\frac{\partial F}{\partial y}\right)_p+\frac{\partial F}{\partial p}\left(\frac{\partial p}{\partial y}\right)_z \tag{8.7}$$

$$\frac{\partial F}{\partial z}=\frac{\partial F}{\partial p}\frac{\partial p}{\partial z} \tag{8.8}$$

对于(8.4)式中 $\frac{\partial w}{\partial y}$ 来讲，利用(8.7)式进行转换处理得：

$$\left(\frac{\partial w}{\partial y}\right)_z=\left(\frac{\partial w}{\partial y}\right)_p+\frac{\partial w}{\partial p}\left(\frac{\partial p}{\partial y}\right)_z=\frac{\partial w}{\partial y}+\frac{\partial w}{\partial p}\frac{\partial p}{\partial \Phi}\frac{\partial \Phi}{\partial y} \tag{8.9}$$

其中，Φ 为重力位势。

将 $\omega=-\rho g w$，$\frac{\partial \Phi}{\partial p}=-\frac{1}{\rho}$ 以及 $\frac{\partial \Phi}{\partial y}=-fu_g$ 代入(8.9)式等号右端可得：

$$\left(\frac{\partial w}{\partial y}\right)_z=-\frac{1}{\rho g}\frac{\partial \omega}{\partial y}+\left(-\frac{1}{\rho g}\frac{\partial \omega}{\partial p}\right)(-\rho)(-fu_g) \tag{8.10}$$

其中，ω 为 p 坐标系垂直速度。

整理(8.10)式可得：

$$\left(\frac{\partial w}{\partial y}\right)_z=-\frac{1}{\rho g}\left(\frac{\partial \omega}{\partial y}+f\rho u_g\frac{\partial \omega}{\partial p}\right) \tag{8.11}$$

对于(8.4)式中 $\frac{\partial v}{\partial z}$ 来讲，利用(8.8)式进行转换处理得：

$$\frac{\partial v}{\partial z}=\frac{\partial v}{\partial p}\frac{\partial p}{\partial z} \tag{8.12}$$

将 $\frac{\partial p}{\partial z}=-\rho g$ 代入(8.12)式得：

$$\frac{\partial v}{\partial z}=-\rho g\frac{\partial v}{\partial p} \tag{8.13}$$

类似地，对于(8.4)式中 $\frac{\partial u}{\partial z}$ 来讲，利用(8.8)式进行转换处理得：

$$\frac{\partial u}{\partial z}=-\rho g\frac{\partial u}{\partial p} \tag{8.14}$$

对于(8.4)式中 $\frac{\partial w}{\partial x}$ 来讲，利用(8.6)式进行转换处理得：

$$\left(\frac{\partial w}{\partial x}\right)_z=\left(\frac{\partial w}{\partial x}\right)_p+\frac{\partial w}{\partial p}\left(\frac{\partial p}{\partial x}\right)_z=\left(\frac{\partial w}{\partial x}\right)_p+\frac{\partial w}{\partial p}\frac{\partial p}{\partial \Phi}\frac{\partial \Phi}{\partial x} \tag{8.15}$$

将 $\omega=-\rho g w$，$\frac{\partial \Phi}{\partial p}=-\frac{1}{\rho}$ 以及 $\frac{\partial \Phi}{\partial x}=fv_g$ 代入(8.15)式等号右端可得：

$$\left(\frac{\partial w}{\partial x}\right)_z=-\frac{1}{\rho g}\left(\frac{\partial \omega}{\partial x}\right)_p+\left(-\frac{1}{\rho g}\frac{\partial \omega}{\partial p}\right)(-\rho)(fv_g) \tag{8.16}$$

整理(8.16)式可得：

$$\left(\frac{\partial w}{\partial x}\right)_z=-\frac{1}{\rho g}\left[\left(\frac{\partial \omega}{\partial x}\right)_p-f\rho v_g\frac{\partial \omega}{\partial p}\right] \tag{8.17}$$

类似地，对于(8.4)式中 $\frac{\partial v}{\partial x}$, $\frac{\partial u}{\partial y}$ 来讲，分别利用(8.6)、(8.7)进行转换处理可得：

$$\left(\frac{\partial v}{\partial x}\right)_z=\left(\frac{\partial v}{\partial x}\right)_p+\frac{fv_g}{g}\frac{\partial v}{\partial p} \tag{8.18}$$

$$\left(\frac{\partial u}{\partial y}\right)_z=\left(\frac{\partial u}{\partial y}\right)_p-\frac{fu_g}{g}\frac{\partial v}{\partial p} \tag{8.19}$$

将 $\omega=-\rho g w$ 以及(8.11)式、(8.13)式、(8.14)式、(8.17)式、(8.18)式、(8.19)式代入(8.4)式等号右端，则将(8.4)式转化到 p 坐标系中，具体表达为：

$$h=u\cdot\left[-\frac{1}{\rho g}\left(\frac{\partial \omega}{\partial y}+f\rho u_g\frac{\partial \omega}{\partial p}\right)+\rho g\frac{\partial v}{\partial P}\right]+v\cdot\left[\frac{1}{\rho g}\left(\frac{\partial \omega}{\partial x}-f\rho v_g\frac{\partial \omega}{\partial p}\right)-\rho g\frac{\partial u}{\partial p}\right]+$$
$$\left(-\frac{\omega}{\rho g}\right)\cdot\left[\frac{\partial v}{\partial x}-\frac{\partial u}{\partial y}+\rho f\left(v_g\frac{\partial v}{\partial p}+u_g\frac{\partial u}{\partial p}\right)\right] \tag{8.20}$$

其中，$\rho=\frac{p}{RT}$ 为空气密度，$\omega=-\rho g w$ 为 p 坐标系的垂直速度，其他为气象上常用物理量符号。

采用与(8.4)式相似的定义方式，可直接将 p 坐标系的完全螺旋度定义为：

$$h=\mathbf{V}\cdot\nabla\times\mathbf{V}=\left(\frac{\partial \omega}{\partial y}-\frac{\partial v}{\partial p}\right)u+\left(\frac{\partial u}{\partial p}-\frac{\partial \omega}{\partial x}\right)v+\left(\frac{\partial v}{\partial x}-\frac{\partial u}{\partial y}\right)\omega=h_x+h_y+h_p \tag{8.21}$$

(8.21)式中 ω 为 p 坐标系中的垂直速度，h_x, h_y, h_p 分别代表完全螺旋度 h 在 $\boldsymbol{i},\boldsymbol{j},\boldsymbol{k}$ 三个方向的分量，其他为气象上常用物理量符号。

同样，如果 $\frac{\partial \omega}{\partial x}$ 和 $\frac{\partial \omega}{\partial y}$ 相对于 $\frac{\partial u}{\partial p}$ 和 $\frac{\partial v}{\partial p}$ 来说很小，可以忽略不计，则对(8.21)式进行简化处理可得：

$$h\approx\left(-\frac{\partial v}{\partial p}\right)u+\left(\frac{\partial u}{\partial p}\right)v+\left(\frac{\partial v}{\partial x}-\frac{\partial u}{\partial y}\right)\omega \tag{8.22}$$

(8.21)—(8.22)式中 h 单位为 $\mathrm{hPa/s^2}$。

完全螺旋度 h 既包括水平方向螺旋度(h_x, h_y)又包括垂直方向螺旋度(h_z 或 h_p)的计算。水平螺旋度和垂直螺旋度揭示的物理意义侧重面不同，反映的现象也有所不同：一方面水平螺旋度更具预示性，对预报强对流天气更具有指示意义，而垂直螺旋度更倾向为能反映系统的维持状况和系统发展、天气现象剧烈程度的一个参数；另一方面，水平螺旋度在上升气流中可以扭曲转化为垂直螺旋度，而垂直螺旋度对应的运动也可能对水平螺旋度产生影响。可见两者并不是孤立地存在的，因此在诊断水平和垂直螺旋度的同时，研究完全螺旋度的演变特征，将有助于全面认识天气过程的演变机理。

8.3 超螺旋度及切变风螺旋度

8.3.1 超螺旋度

基于完全螺旋度定义，利用涡度场替换风场，则得到超螺旋度，具体定义为：

$$h = (\nabla \times \boldsymbol{V}) \cdot \nabla \times (\nabla \times \boldsymbol{V}) \tag{8.23}$$

将超螺旋度与螺旋度结合起来的研究结果表明：超螺旋度在流体黏性作用的影响下，可反映出螺旋度密度空间积分的时间变化趋势，负的超螺旋度可使螺旋度增加。

8.3.2 切变风螺旋度

基于(8.2)式完全螺旋度定义，利用风速垂直切变替换风场，考虑绝对涡度场，则得到切变风螺旋度，具体定义为：

$$h_s = \tilde{\boldsymbol{\omega}}_a \cdot \frac{\partial \boldsymbol{V}}{\partial z} \tag{8.24}$$

其中，$\tilde{\boldsymbol{\omega}}_a = \left(\frac{\partial w}{\partial y} - \frac{\partial v}{\partial z}\right)\boldsymbol{i} + \left(\frac{\partial u}{\partial z} - \frac{\partial w}{\partial x}\right)\boldsymbol{j} + \left(\frac{\partial v}{\partial x} - \frac{\partial u}{\partial y} + f\right)\boldsymbol{k}$ 为绝对涡度。

(8.24)式有清晰的物理意义，表示由于风速垂直切变对涡管的扭转，可以使得水平涡度向垂直涡度转换，而垂直涡度发展与天气系统的发展密切相关。

8.4 热成风螺旋度

8.4.1 第一类热成风螺旋度

第一类热成风螺旋度是水平风速取地转近似的切变风螺旋度，即：

$$h_1 = \tilde{\boldsymbol{\omega}}_{agh} \cdot \frac{\partial \boldsymbol{V}_{hg}}{\partial z} + (\zeta + f)\frac{\partial w}{\partial z} \tag{8.25}$$

其中，$\tilde{\boldsymbol{\omega}}_{agh}=\left(\frac{\partial w}{\partial y}-\frac{\partial v_g}{\partial z}\right)\boldsymbol{i}+\left(\frac{\partial u_g}{\partial z}-\frac{\partial w}{\partial x}\right)\boldsymbol{j}$，$V_{hg}=u_g\boldsymbol{i}+v_g\boldsymbol{j}$，$\zeta=\frac{\partial v}{\partial x}-\frac{\partial u}{\partial y}$。

利用热成风关系式：$\frac{\partial u_g}{\partial z}=-\frac{g}{f}\frac{\partial \ln T}{\partial y}$ 及 $\frac{\partial v_g}{\partial z}=\frac{g}{f}\frac{\partial \ln T}{\partial x}$，则(8.25)式变为：

$$h_1=-\frac{g}{f}(\nabla \ln T\cdot\nabla w)+(\zeta+f)\frac{\partial w}{\partial z} \tag{8.26}$$

显然，第一类热成风螺旋度 h_1 是在热成风关系成立的前提下得到的，其大小反映的是涡度与风速垂直切变之间的配置对涡度变化的影响。

(8.26)式等号右端第一项表示温度梯度在垂直速度梯度方向上的投影，综合体现了大气的热力效应和动力效应，其强度取决于上升气流和暖湿空气的配置。当暖侧上升冷侧下沉，为负值；反之为正。同时，其计算只需要单平面层的资料即可，避免了垂直差分计算，这大大弥补了台站观测中垂直层密度稀疏或者边界层的处理等问题的不足，使得计算大大简化，便于业务应用。

利用连续方程，(8.26)式右端第二项可写为 $-\left(\frac{\partial v}{\partial x}-\frac{\partial u}{\partial y}+f\right)\left(\frac{\partial u}{\partial x}+\frac{\partial v}{\partial y}\right)$，即为涡度方程中的辐合辐散项，它直接与系统的涡度变化相联系，从而影响系统的发展。同时，它的符号取决于绝对垂直涡度和水平散度的配置，正的绝对垂直涡度配合对流层中低层（或高层）的水平辐合（或辐散）时，其在中低层（或高层）为正值（或负值），系统发展。

8.4.2 第二类热成风螺旋度

(1)近似水平螺旋度

在一般情形下，涡度 $\tilde{\boldsymbol{\omega}}$ 表示速度 $\mathbf{V}$ 的旋度，即：

$$\tilde{\boldsymbol{\omega}}=\nabla\times\mathbf{V} \tag{8.27}$$

如果采用相对涡度将(8.27)式在 z 坐标系中展开，可得到：

$$\tilde{\boldsymbol{\omega}}=\left(\frac{\partial w}{\partial y}-\frac{\partial v}{\partial z}\right)\boldsymbol{i}+\left(\frac{\partial u}{\partial z}-\frac{\partial w}{\partial x}\right)\boldsymbol{j}+\left(\frac{\partial v}{\partial x}-\frac{\partial u}{\partial y}\right)\boldsymbol{k} \tag{8.28}$$

如果考虑一般情况下，水平涡度比垂直涡度大过量级 $10^1\sim10^2$，则可将垂直涡度忽略，即：

$$\tilde{\boldsymbol{\omega}}\approx\left(\frac{\partial w}{\partial y}-\frac{\partial v}{\partial z}\right)\boldsymbol{i}+\left(\frac{\partial u}{\partial z}-\frac{\partial w}{\partial x}\right)\boldsymbol{j} \tag{8.29}$$

一般垂直速度比水平风速的量级小 $10^1\sim10^2$，水平的空间尺度比垂直方向的空间尺度大 $10^1\sim10^2$，从而有 $\frac{\partial w}{\partial y}\ll\frac{\partial v}{\partial z}$，$\frac{\partial w}{\partial x}\ll\frac{\partial u}{\partial z}$。所以(8.29)式变为：

$$\tilde{\boldsymbol{\omega}} \approx -\frac{\partial v}{\partial z}\boldsymbol{i} + \frac{\partial u}{\partial z}\boldsymbol{j} \tag{8.30}$$

利用(8.30)式，则(8.2)式变换为：

$$\boldsymbol{V} \cdot \nabla \times \boldsymbol{V} \approx -u\frac{\partial v}{\partial z} + v\frac{\partial u}{\partial z} \tag{8.31}$$

为了与完全水平螺旋度中所包含的 $\left(\frac{\partial w}{\partial y} - \frac{\partial v}{\partial z}\right)u + \left(\frac{\partial u}{\partial z} - \frac{\partial w}{\partial x}\right)v$ 项区别，将(8.31)式称为 z 坐标系中的近似水平螺旋度。

对(8.21)式采用上述相似的近似处理，可得到 p 坐标系中的近似水平螺旋度，即：

$$h \approx -u\frac{\partial v}{\partial p} + v\frac{\partial u}{\partial p} \tag{8.32}$$

(2)第二类热成风螺旋度

第二类热成风螺旋度 h_2 定义为：

$$h_2 = -u\frac{\partial v}{\partial z} + v\frac{\partial u}{\partial z} \tag{8.33}$$

(8.33)式表征了水平环境风垂直切变形成的水平涡管和天气系统风矢的扭结。

采用地转风(u_g, v_g)代替(u, v)，并考虑热成风关系：$\frac{\partial u_g}{\partial z} = -\frac{g}{f}\frac{\partial \ln T}{\partial y}$ 及 $\frac{\partial v_g}{\partial z} = \frac{g}{f}\frac{\partial \ln T}{\partial x}$，则(8.33)式变为：

$$h_2 = -u\frac{\partial v_g}{\partial z} + v\frac{\partial u_g}{\partial z} = -\frac{g}{fT}\left(u\frac{\partial T}{\partial x} + v\frac{\partial T}{\partial y}\right) \tag{8.34}$$

由(8.34)式可以看出，h_2 能反映温度场水平不均匀分布产生的风垂直切变和风矢之间的相互作用，相当于温度平流的作用，可以大致反映出大气的热力状况。同时(8.34)式也表明，当某天气系统的水平风矢方向和温度水平梯度方向呈正交时，h_2 为零；当系统的水平风矢方向和温度水平梯度方向呈平行且方向一致时，h_2 为正且最大；而当系统的水平风矢方向和温度水平梯度方向呈平行且方向相反时，h_2 为负且最小。

8.4.3　螺旋度与温度平流的关系

对于 p 坐标系的近似水平螺旋度来讲，(8.32)式可表示为：

$$-u\frac{\partial v}{\partial p} + v\frac{\partial u}{\partial p} = -\boldsymbol{k} \cdot \left(\boldsymbol{V}_h \times \frac{\partial \boldsymbol{V}_h}{\partial p}\right) \tag{8.35}$$

其中，$\boldsymbol{V}_h = u\boldsymbol{i} + v\boldsymbol{j}$ 为水平风场。

考虑到非地转风分量 $\boldsymbol{V}_{ha} = \boldsymbol{V}_h - \boldsymbol{V}_{hg}$，则(8.35)式等号右端可表示为：

$$-\boldsymbol{k}\cdot\left(\boldsymbol{V}_h\times\frac{\partial\boldsymbol{V}_h}{\partial p}\right)=-\boldsymbol{k}\cdot\left(\boldsymbol{V}_h\times\frac{\partial\boldsymbol{V}_{hg}}{\partial p}\right)-\boldsymbol{k}\cdot\left(\boldsymbol{V}_h\times\frac{\partial\boldsymbol{V}_{ha}}{\partial p}\right) \tag{8.36}$$

对于(8.36)式等号右端第一项，利用热成风关系：$\frac{\partial u_g}{\partial p}=\frac{R}{fp}\frac{\partial T}{\partial y}$、$\frac{\partial v_g}{\partial p}=-\frac{R}{fp}\frac{\partial T}{\partial x}$，则有：

$$-\boldsymbol{k}\cdot\left(\boldsymbol{V}V_h\times\frac{\partial\boldsymbol{V}_{hg}}{\partial p}\right)=\frac{R}{fp}\left(u\frac{\partial T}{\partial x}+v\frac{\partial T}{\partial y}\right)=-\frac{R}{fp}(-\boldsymbol{V}_h\cdot\boldsymbol{\nabla}_h T) \tag{8.37}$$

其中，$\boldsymbol{\nabla}_h$ 为水平微分算子。(8.37)式表明，水平温度梯度(斜压性)可产生螺旋度。

另外，在计算低层螺旋度时，由于一般其动量平流很弱，可以认为变压风是低层非地转风的一个很好的近似，则有：

$$V_{ha}=-\frac{1}{f^2}\boldsymbol{\nabla}_h\left(\frac{\partial\Phi}{\partial t}\right) \tag{8.38}$$

其中，$\Phi = gz$ 为重力位势。

对(8.38)式两端作 $\frac{\partial}{\partial p}$ 处理，并利用 $\frac{\partial\Phi}{\partial p}=-\frac{1}{\rho}$ 及 $p=\rho RT$，则得到：

$$\frac{\partial\boldsymbol{V}_{ha}}{\partial p}=\frac{R}{p}\frac{1}{f^2}\boldsymbol{\nabla}_h\left(\frac{\partial T}{\partial t}\right) \tag{8.39}$$

利用(8.39)式对(8.36)式等号右端第二项作变换，则得到：

$$-\boldsymbol{k}\cdot\left(\boldsymbol{V}_h\times\frac{\partial\boldsymbol{V}_{ha}}{\partial p}\right)=-\frac{R}{f^2p}\boldsymbol{k}\cdot\left[\boldsymbol{V}_h\times\boldsymbol{\nabla}_h\left(\frac{\partial T}{\partial t}\right)\right] \tag{8.40}$$

考虑到 $\boldsymbol{k}\times\boldsymbol{V}_h=-\boldsymbol{V}_h'$（式中，$\boldsymbol{V}_h'$ 的大小与 $\boldsymbol{V}_h$ 相同，其方向是 $\boldsymbol{V}_h$ 顺时针旋转 $\frac{\pi}{2}$ 后的方向)，可将(8.40)式改写为：

$$-\boldsymbol{k}\cdot\left(\boldsymbol{V}_h\times\frac{\partial\boldsymbol{V}_{ha}}{\partial p}\right)=-\frac{R}{f^2p}\left[-\boldsymbol{V}_h'\cdot\boldsymbol{\nabla}_h\left(\frac{\partial T}{\partial t}\right)\right] \tag{8.41}$$

(8.41)式表明，当实际风左边的局地温度变率大于风的右边时，变压风的垂直变化也可产生螺旋度。

将(8.37)式和(8.41)式代入(8.36)式，可得：

$$-\boldsymbol{k}\cdot\left(\boldsymbol{V}_h\times\frac{\partial\boldsymbol{V}_h}{\partial p}\right)=-\frac{R}{fp}(-\boldsymbol{V}_h\cdot\boldsymbol{\nabla}_h T)-\frac{R}{f^2p}\left[-\boldsymbol{V}_h'\cdot\boldsymbol{\nabla}_h\left(\frac{\partial T}{\partial t}\right)\right] \tag{8.42}$$

(8.42)式中右端第一项为温度平流对螺旋度的贡献，第二项为变压风的垂直变化对螺旋度的贡献。通过比较这两项量级可以发现，如果要使右端第二项与第一项达到相同的量级，则实际风产生的不均匀加热率，必须在 100 km 距离内要达到的温差为 10 K/6 h。在实际大气中上述条件很少能够达到。因此，变压风的垂直变化对螺旋度的贡献要远小于与温度平流对螺旋度的贡献。

8.5 风暴相对螺旋度

8.5.1 风暴相对螺旋度的定义

螺旋度定义为风矢量与旋度点乘的体积分。为了定量描述沿气流方向上的水平涡度大小与入流强弱对风暴旋转性的贡献，提出了“风暴相对螺旋度(Storm Relative Helicity，简称 SRH)”的概念，定义为：

$$SRH = \iiint_{\tau} (\boldsymbol{V} - \boldsymbol{C}) \cdot \nabla \times \boldsymbol{V} \mathrm{d}\tau \tag{8.43}$$

其中，$\boldsymbol{V}$，$\boldsymbol{C}$ 分别为三维的环境风矢量和风暴的移动速度，$\nabla \times \boldsymbol{V}$ 为三维的相对涡度。

考虑到风暴入流空气主要来自于对流层低层几公里范围内，故对于气层厚度为 h 的风暴相对螺旋度可定义为：

$$SRH = \int_0^h (\boldsymbol{V} - \boldsymbol{C}) \cdot \tilde{\boldsymbol{\omega}} \mathrm{d}z \tag{8.44}$$

其中，$\tilde{\boldsymbol{\omega}} = \nabla \times \boldsymbol{V} = \left(\frac{\partial w}{\partial y} - \frac{\partial v}{\partial z}\right)\boldsymbol{i} + \left(\frac{\partial u}{\partial z} - \frac{\partial w}{\partial x}\right)\boldsymbol{j} + \left(\frac{\partial v}{\partial x} - \frac{\partial u}{\partial y}\right)\boldsymbol{k}$。由于 $\tilde{\boldsymbol{\omega}} \approx \tilde{\boldsymbol{\omega}}_h = \boldsymbol{k} \times \frac{\partial \boldsymbol{V}_h}{\partial z}$，其中 $\boldsymbol{V}_h = (u(z), v(z))$ 为水平环境风场，$\tilde{\boldsymbol{\omega}}_h = \boldsymbol{k} \times \frac{\partial \boldsymbol{V}_h}{\partial z}$ 为水平涡度矢量，因此，(8.44)式可简化为：

$$SRH = \int_0^h (\boldsymbol{V}_h - \boldsymbol{C}) \cdot \tilde{\boldsymbol{\omega}}_h \mathrm{d}z \tag{8.45}$$

其中，$\boldsymbol{C} = (C_x, C_y)$ 为风暴传播速度。(8.45)式中风暴相对螺旋度的单位是 $\mathrm{m^2/s^2}$。

风暴相对螺旋度可以理解为低层大气中相对于风暴的风速与风随高度旋转的乘积。大的正值螺旋度是有利于长生命期对流风暴发生发展的环境条件。

针对利用单站探空风资料进行计算，风暴相对螺旋度的计算公式可以写成如下形式：

$$SRH = \sum_{n=0}^{N-1} [(u_{n+1} - C_x)(v_n - C_y) - (u_n - C_x)(v_{n+1} - C_y)] \tag{8.46}$$

其中，(u_0, v_0) 为地面风，(u_1, v_1)，…，(u_{N-1}, v_{N-1}) 依次为 0 到 h 气层内各高度上的

风，(u_N, v_N)为 h 高度上的风。

值得一提的是，风暴相对螺旋度与垂直风切变密切相关，但与风切变相比，SRH有如下特性：(a)理论上与上升气流旋转有关；(b)考虑了风暴的移动；(c)正比于相对风暴风的大小和风的垂直切变；(d)包含的是积分，体现了低层风结构的整体效应，不像风切变那样对个别层次的资料过分敏感，因此有利于在业务中使用。

8.5.2 风暴相对螺旋度的类型

(1)平均风暴相对螺旋度

①整层平均风暴相对螺旋度($ASRH$)：

$$ASRH = \frac{1}{h}\int_0^h (\boldsymbol{V}_h - \boldsymbol{C}) \cdot \tilde{\boldsymbol{\omega}}_h \mathrm{d}z = \frac{1}{h}\int_0^h (\boldsymbol{V}_h - \boldsymbol{C}) \cdot \boldsymbol{k} \times \frac{\partial \boldsymbol{V}_h}{\partial z}\mathrm{d}z \tag{8.47}$$

②分别考虑低层入流旋转、高层出流旋转的平均风暴螺旋度：

低层平均风暴相对螺旋度($ASRH$ 1)

$$ASRH1 = \frac{1}{h_1 - h_{1000}}\int_{h_{1000}}^{h_1} (\boldsymbol{V}_h - \boldsymbol{C}) \cdot \tilde{\boldsymbol{\omega}}_h \mathrm{d}z = \frac{-1}{h_1 - h_{1000}}\int_{h_{1000}}^{h_1} \boldsymbol{k} \cdot (\boldsymbol{V}_h - \boldsymbol{C}) \times \frac{\partial \boldsymbol{V}_h}{\partial z}\mathrm{d}z \tag{8.48}$$

其中，h_{1000}是 1000 hPa 的高度，h_1是在积分下限 1000 hPa 之上，其散度必须小于零的条件下，由下而上积分的第一个无辐散层的位势高度。

高层平均风暴相对螺旋度($ASRH2$)

$$ASRH2 = \frac{1}{h_2 - h_{100}}\int_{h_{100}}^{h_2} (\boldsymbol{V}_h - \boldsymbol{C}) \cdot \tilde{\boldsymbol{\omega}}_h \mathrm{d}z = \frac{-1}{h_2 - h_{100}}\int_{h_{100}}^{h_2} \boldsymbol{k} \cdot (\boldsymbol{V}_h - \boldsymbol{C}) \times \frac{\partial \boldsymbol{V}_h}{\partial z}\mathrm{d}z \tag{8.49}$$

其中，h_{100}是 100 hPa 的高度，h_2是在积分下限 100 hPa 之上，其散度必须小于零的条件下，由上而下积分的第一个无辐散层的位势高度。

类似于(8.46)式，(8.47)—(8.49)式的解析几何性质计算公式可统一表示为：

$$ASRH = \frac{1}{h_{N-1} - h_0}\sum_{n=0}^{N-1}\left[(u_{n+1} - C_x)(v_n - C_y) - (u_n - C_x)(v_{n+1} - C_y)\right] \tag{8.50}$$

(2)局地风暴相对螺旋度

如果风暴相对螺旋度不考虑垂直方向的积分，则得到局地风暴相对螺旋度($SRHD$)，即：

$$SRHD = (\boldsymbol{V}_h - \boldsymbol{C}) \cdot \tilde{\boldsymbol{\omega}}_h = (\boldsymbol{V}_h - \boldsymbol{C}) \cdot \boldsymbol{k} \times \frac{\partial \boldsymbol{V}_h}{\partial z} \tag{8.51}$$

类似于(8.47)式,(8.52)式的解析几何性质计算公式可表示为:

$$SRHD = [(u_{n+1} - C_x)(v_n - C_y) - (u_n - C_x)(v_{n+1} - C_y)] \quad (8.52)$$

由(8.47)式—(8.52)式知,风暴相对螺旋度和平均风暴相对螺旋度指的是一定气层厚度内螺旋度的总的大小和平均大小。局地风暴相对螺旋度是某一高度的单位气层厚度内的总螺旋度大小,可以分析其空间变化特征。

(3)旋转风螺旋度

实际风可以分解成无旋风 $\boldsymbol{V}_{\Phi}$ 和无散风 $\boldsymbol{V}_{\Psi}$,即:

$$\boldsymbol{V} = \boldsymbol{V}_{\Phi} + \boldsymbol{V}_{\Psi} \quad (8.53)$$

其中,无散风 $\boldsymbol{V}_{\Psi}$ 表征了实际风中的旋转情况。用无散风(u_{Ψ}, v_{Ψ})来计算风暴相对螺旋度,则称为旋转风螺旋度。

(4)水汽螺旋度

在风暴相对螺旋度的基础上,考虑水汽因子,得到水汽螺旋度,定义为:

$$M = qh \quad (8.54)$$

其中,q 为比湿,h 为局地相对风暴螺旋度。

8.5.3　风暴移动速度 C 的处理

计算风暴相对螺旋度时,首先必须确定风暴移动速度 $\boldsymbol{C}$,但目前确定 $\boldsymbol{C}$ 的方法尚不统一。

如果(8.45)式中风暴移速 $\boldsymbol{C}$ 为 0,则其变为:

$$SRH(0) = \int_0^h \boldsymbol{k} \cdot \left(\boldsymbol{V}_h \times \frac{\partial \boldsymbol{V}_h}{\partial z}\right) \mathrm{d}z \quad (8.55)$$

上式称为相对地面螺旋度。

如果(8.45)式中风暴移速 $|\boldsymbol{C}| \neq 0$,则基于环境场的一定高度气柱内的平均风速、平均风向来估算 $\boldsymbol{C}$ 的大小、方向,目前对其处理方式主要有:

(1)用于计算平均风速、平均风向的环境场的气柱厚度取值情况为:850～300 hPa、850～400 hPa、900～500 hPa、950～400 hPa、1000～200 hPa、700～400 hPa。

(2)$\boldsymbol{C}$ 的大小确定情况为:①平均风风速的 75%;②等于平均风风速;③当 700～400 hPa 的平均风风速＜ 15m/s 时,$\boldsymbol{C}$ 的大小取为平均风风速的 75 %,方向定为平均风风向右偏 30°;当 700～400 hPa 的平均风风速＞15 m/s 时,$\boldsymbol{C}$ 的大小取为平均风风速的 85%,方向定为平均风风向右偏 20°。

(3)$\boldsymbol{C}$ 的方向确定情况为:平均风风向右偏 40°或右偏 30°。

此外,还有一种处理方式:风暴移速 $\boldsymbol{C}$ 以平均风速乘以 850 hPa 与 500 hPa 的实际风速比值，风向右移 850 hPa 与 400 hPa 的偏转角度来确定，平均风向、风速取近地面 925 hPa、850 hPa 和 700 hPa 三层中的平均风计算。

8.6 垂直螺旋度

垂直螺旋度是垂直涡度和垂直速度的积，其中，垂直涡度大的系统与剧烈大气现象联系紧密，垂直速度是实际大气中造成大气现象最直接的原因。单有涡旋缺乏垂直上升运动，大气辐散辐合，天气现象不会发生；而单有垂直上升运动，大气辐散辐合，运动难以维持，系统持续时间不长、影响小。垂直螺旋度充分反映了两个与天气现象紧密联系的物理量的配合情况，在一定程度上不仅能反映系统的维持状况，还能反映系统发展、天气现象的剧烈程度。

8.6.1 局地垂直螺旋度

在 z 坐标系中，局地垂直螺旋度的计算表达式被定义为：

$$h_z = \left(\frac{\partial v}{\partial x} - \frac{\partial u}{\partial y}\right)w = w\zeta \tag{8.56}$$

其中，w 为 z 坐标系中的垂直速度，$\zeta = \frac{\partial v}{\partial x} - \frac{\partial u}{\partial y}$ 是相对涡度的垂直分量，其余为气象上常用物理量符号。对于(8.56)式来讲，在上升运动区 ($w > 0$)，若有正涡度 ($\zeta > 0$)，则有正 h_z 螺旋度；若有负涡度 ($\zeta < 0$)，则有负 h_z 螺旋度。(8.56)式中 h_z 的单位为 m/s^2。

在 p 坐标系中，局地垂直螺旋度的计算表达式主要有以下三种定义形式：

$$h_p = \left(\frac{\partial v}{\partial x} - \frac{\partial u}{\partial y}\right)(-\omega) = -\omega\zeta \tag{8.57}$$

$$h_p = \left(\frac{\partial v}{\partial x} - \frac{\partial u}{\partial y}\right)\left(-\frac{\omega}{\rho g}\right) = -\frac{\omega}{\rho g}\zeta \tag{8.58}$$

$$h_p = \left[\frac{\partial v}{\partial x} - \frac{\partial u}{\partial y} + f\rho\left(v_g\frac{\partial v}{\partial P} - u_g\frac{\partial u}{\partial P}\right)\right]\left(-\frac{\omega}{\rho g}\right) \tag{8.59}$$

其中，ω 为 p 坐标系中的垂直速度，$\zeta = \frac{\partial v}{\partial x} - \frac{\partial u}{\partial y}$ 是相对涡度的垂直分量，其余为气象上常用物理量符号。对于(8.57)—(8.59)式来讲，都符合右手准则，即在上升运动区($\omega < 0$)，若有正涡度 ($\zeta > 0$)，则有正 h_p 螺旋度；若有负涡度 ($\zeta < 0$)，则有负 h_p 螺旋度。

(8.56)是在 z 坐标系中对垂直螺旋度的直接定义且符合右手准则，类似地，(8.57)式(不含负号部分)是在 p 坐标系中对垂直螺旋度的直接定义，但同时又考虑到右手准则的判别习惯，于是又加上了负号。(8.58)式是(8.56)式中的垂直速度采

用在 p 坐标系的表示形式而得。(8.58)式与(8.57)式差异仅在于系数 ρg。(8.59)式是由(8.56)式严格基于 z 坐标系向 p 坐标系的转换关系式而得到的。(8.57)—(8.59)式中垂直螺旋度的单位为 hPa/s^2。

另外,若用地转涡度 ζ_g 代替实测风涡度铅直分量 ζ,则可得到地转垂直螺旋度;若用地转风 $\boldsymbol{V}_g$ 替代实测风 $\boldsymbol{V}$,则可得到地转风垂直螺旋度,但二者物理意义存在不同。

8.6.2　积分垂直螺旋度

为了在实际应用中,特别是在大量使用我国数值预报产品时,计算方便,定义 p 坐标系的积分垂直螺旋度的计算表达式为:

$$h_{pi} = -\int \omega\left(\frac{\partial v}{\partial x} - \frac{\partial u}{\partial y}\right)\mathrm{d}p \tag{8.60}$$

其中,ω 为 p 坐标系中的垂直速度,其余为气象上常用物理量符号。(8.60)式中 h_{pi} 单位为 hPa^2/s^2。

根据有利于暴雨发生的天气学模型,为简化计算,在具体应用时,又将(8.60)式分为低层螺旋度和高层螺旋度来计算,并附加一定的约束条件。

低层螺旋度(记为 h_{pil}):

$$h_{pil} = -\int_{1000}^{P_u} \omega\left(\frac{\partial v}{\partial x} - \frac{\partial u}{\partial y}\right)\mathrm{d}p \tag{8.61}$$

其中,P_u 是在积分下限 1000 hPa 之上,散度 D 必须小于零的条件下,由下而上积分的第一个无辐散层的位势高度,并只对 $\omega < 0$,$\left(\frac{\partial v}{\partial x} - \frac{\partial u}{\partial y}\right) > 0$ 时进行计算。

高层螺旋度(记为 h_{piu}):

$$h_{piu} = \int_{100}^{P_u} \omega\left(\frac{\partial v}{\partial x} - \frac{\partial u}{\partial y}\right)\mathrm{d}p \tag{8.62}$$

其中,P_u 是在 100 hPa 之下,散度 D 必须大于零的条件下,由上而下积分的第一个无辐散层的位势高度,并只对 $\omega < 0$,$\left(\frac{\partial v}{\partial x} - \frac{\partial u}{\partial y}\right) < 0$ 时进行计算。

不符合上述条件的垂直螺旋度设置为 0。

上面的计算方案表明,h_{pil} 就是从下向上积到第一个无辐散层高度的垂直螺旋度,h_{piu} 是从上向下积到第一个无辐散层高度的垂直螺旋度。同时 h_{pil}、h_{piu} 也有明确的天气意义,前者往往与低槽前部切变、低涡等联系在一起,后者与具有微弱上升气流的高压后部形势及高空急流配合,二者耦合表示的结构是:低层为具有正涡度的辐合上升区,高层配合有较深厚的辐散区。这显然是一种典型的天气学降水的垂直模型。其耦合强度越大越有利于强降水的发生。h_{pil}，h_{piu} 的高值轴（即各经度上垂直螺旋度相对高值点的连线）常用来研究暴雨的落区。

也有研究将 p 坐标系的积分垂直螺旋度构造为：

$$H_{3i}=\int\omega\left(\frac{\partial v}{\partial x}-\frac{\partial u}{\partial y}\right)\mathrm{d}P \tag{8.63}$$

为了减少积分垂直螺旋度在日常业务应用中的空报率，提高其实用效果，对上述计算方案做了进一步修正：

①低层螺旋度积分条件修正为：散度 $D<0$，从 1000 hPa 积分下限到第一个无辐散层，且其积分厚度要$\geqslant$100 hPa、散度 $D\leqslant-1\times10^{-5}\,\mathrm{s}^{-1}$，并只对 $\omega<-3\times10^{-3}$ hPa·s^{-1}，$\zeta>0$ 时进行计算，否则，螺旋度设置为 0。

②高层螺旋度积分条件修正为：散度 $D>0$，从 100 hPa 向下积分到第一个无辐散层，且其积分厚度要$\geqslant$100 hPa、散度 $D\geqslant2\times10^{-5}\,\mathrm{s}^{-1}$，并只对 $\omega<-3\times10^{-3}$ hPa·s^{-1}，$\zeta<0$ 时进行计算，否则，螺旋度设置为 0。

8.6.3 垂直螺旋度的拓展研究

在传统垂直螺旋度的定义$\left[\omega\left(\frac{\partial v}{\partial x}-\frac{\partial u}{\partial y}\right)\right]$基础上，引入权重因子密度，开展了垂直螺旋度的拓展研究，相应的 p 坐标系中垂直螺旋度写为：

$$h=\frac{\omega}{\rho}\left(\frac{\partial v}{\partial x}-\frac{\partial u}{\partial y}\right) \tag{8.64}$$

其中，ρ 为密度。引入密度的作用在本质上是弱化对流层低层的传统垂直螺旋度，而强化对流层高层的传统垂直螺旋度。(8.64)式的物理意义很明确，代表相对垂直涡度的垂直通量：在等压坐标系中，气旋区的上升（下沉）运动和反气旋区的下沉（上升）运动分别意味着正垂直涡度的向上（下）输送和负垂直涡度的向下（上）输送，此时垂直螺旋度为负（正）值。

低层大气辐合和高层大气辐散是降水过程的一个典型动力学特征，因此水平散度在强降水过程中的重要性是不言而喻的。与(8.64)式类似，把垂直速度与水平散度的乘积称为散度通量，即

$$\Gamma=\frac{\omega}{\rho}\left(\frac{\partial u}{\partial x}+\frac{\partial v}{\partial y}\right) \tag{8.65}$$

(8.65)式代表水平散度的垂直通量，在 p 坐标系中，辐合区的上升（下沉）运动和辐散区的下沉（上升）运动分别意味着负水平散度的向上（下）输送和正水平散度的向下（上）输送，此时的散度通量为正（负）值。

垂直螺旋度和散度通量表征的是大气动力学过程，没有体现大气中水汽的效应。

若考虑水汽效应，垂直螺旋度和散度通量与水汽相结合，那么它们与暴雨的联系可能更紧密，对暴雨发生发展的指示作用可能更显著，为此对垂直螺旋度和散度通量进行拓展，引入水汽垂直螺旋度（垂直速度与水汽通量涡度的乘积）和水汽散度通量（垂直速度与水汽通量散度的乘积）两个参数，即：

$$h_m = \frac{\omega}{\rho}\left[\frac{\partial}{\partial x}(vq_v) - \frac{\partial}{\partial y}(uq_v)\right] \tag{8.66}$$

$$\Gamma_m = \frac{\omega}{\rho}\left[\frac{\partial}{\partial x}(uq_v) + \frac{\partial}{\partial y}(vq_v)\right] \tag{8.67}$$

其中，q_v 为比湿。由(8.66)式和(8.67)式可见，水汽垂直螺旋度和水汽散度通量的物理意义在于它们分别代表水汽通量涡度和水汽通量散度的垂直输送状况。

此外，通过考虑水汽因子，得到 p 坐标系中的湿螺旋散度，即：

$$F_{700} = \omega\zeta\nabla\cdot(\mathbf{V}q) = \omega\left(\frac{\partial v}{\partial x} - \frac{\partial u}{\partial y}\right)\left[\frac{\partial(uq)}{\partial x} + \frac{\partial(vq)}{\partial y}\right] \tag{8.68}$$

其中，q 为比湿。F_{700} 在 2×10^{-14} hPa/s^3 以上一般会有暴雨，并且一般情况下正值越大，降水越强。

8.7 螺旋度在天气诊断分析中的应用

近年来，螺旋度理论的研究不断深入开展，螺旋度分析方法已被广泛应用于台风、暴雨、暴雪、沙尘暴、强对流等严重灾害性天气过程的分析与预报研究之中，并取得了显著效果，下面分别进行实例介绍。

8.7.1 暴雨天气过程

1991 年 5—7 月，我国江淮地区出现了严重的大范围暴雨和洪涝，期间 7 月 5—6 日的暴雨过程是一次高层冷空气与低层中尺度的低涡和地面气旋相互作用而产生的较为典型的梅雨锋暴雨。基于数值模拟资料，对此次暴雨过程进行了旋转风螺旋度诊断分析研究。图 8.1 是 3 h 降雨量与相应时刻的螺旋度值的时间变化曲线。通过比较可发现，7 月 6 日 08 时以前两者的趋势对应很好，7 月 5 日 23 时—7 月 6 日 02 时、7 月 6 日 05—08 时之间的暴雨增幅最大，为 15 mm/3 h，而螺旋度值也相应出现了最大的增幅 46.7 m^2/s^2/3 h 和 85 m^2/s^2/3 h。7 月 6 日 11 时，暴雨出现峰值，但螺旋度却开始减小，此后两者又一致地逐渐减弱。上述分析表明，旋转风螺旋度的强度变化对于暴雨的演变有一定的指示意义。

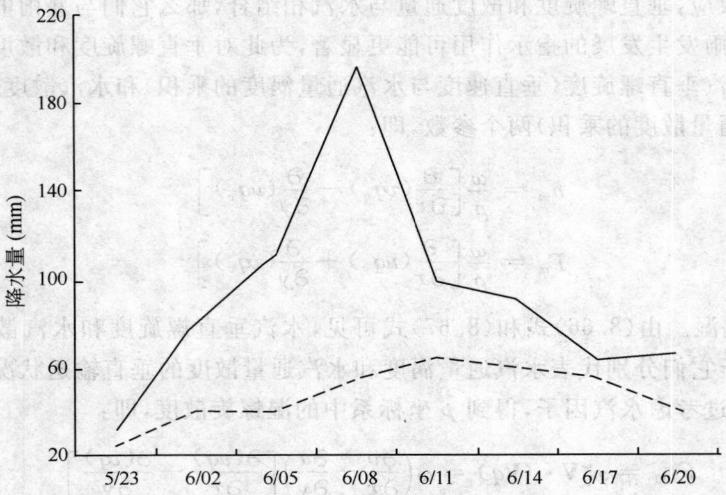

图 8.1　3 h 暴雨量(实线,单位:mm)与螺旋度强度(虚线,单位:m^2/s^2)的时间变化曲线

2003 年 6 月 30 日—7 月 4 日江淮地区、河南、陕西一带出现一次大暴雨过程。采用平均风暴相对螺旋度(*ASRH*)对本次暴雨进行了诊断分析。从图 8.2 中可以看出,河南、陕西、江苏和安徽的雨区都位于低层平均风暴相对螺旋度 *ASRH*1 的大值区内,此时暴雨区的 *ASRH*1 值大都在 0.04～0.06 m/s^2之间,还有一些地区大于 0.06 m/s^2,只是暴雨区的偏北的小部分地区的值略小于 0.04 m/s^2,暴雨区的其他地区的 *ASRH*1 的值都相当地大。从图 8.3 可以看出,雨区也都位于高层平均风暴相对螺旋度 *ASRH*2 大值区内,暴雨区的 *ASRH*2 量值大都在－0.03 m/s^2以下,而且随着暴雨的发生发展 *ASRH*2 值也有着与之对应的变化。同时,高空的 *ASRH*2 值也与低空的 *ASRH*1 值有很好的匹配,这种上下的匹配也为暴雨中上升气流的维持起到了至关重要的作用。

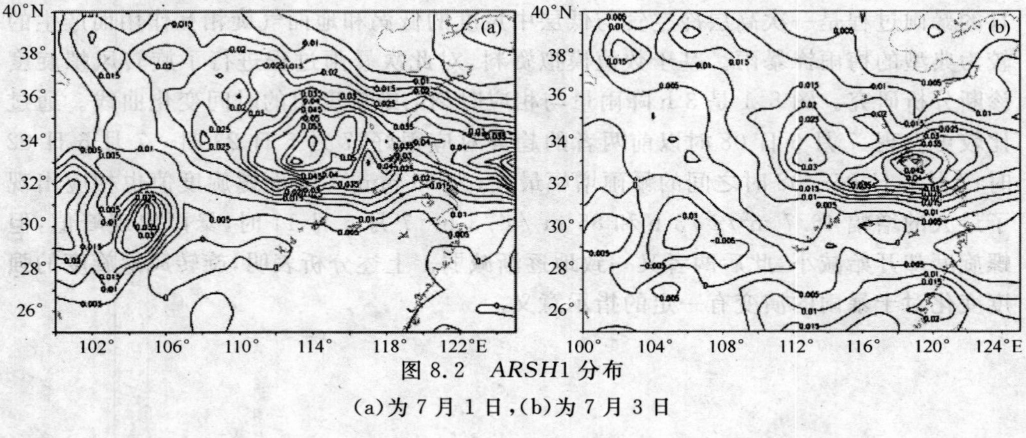

图 8.2　*ARSH*1 分布

(a)为 7 月 1 日,(b)为 7 月 3 日

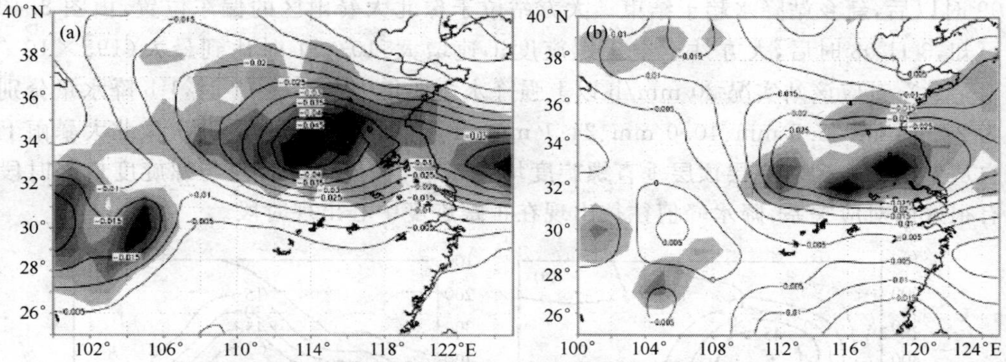

图 8.3　*ASRH*2(实线,单位:mm)与降水分布(阴影,单位:m/s²)

(a)为 7 月 1 日,(b)为 7 月 3 日

就低层 *ASRH*1 和高层 *ASRH*2 对降水的贡献看,*ASRH*1 和 *ASRH*2 相互匹配较好的大值区,能很好地反映降水落区。一方面,如果 *ASRH*1 值为零或很小,即使 *ASRH*2 值很大,低层无辐合,基本上不产生降水。另一方面,如果 *ASRH*2 值为零或很小,即使计算出的 *ASRH*1 的值很大,实际上实况雨量也较小、或者根本没有降水。因此,在考虑 *ASRH*1 对降水落区的贡献时,不能忽视 *ASRH*2 在暴雨中的作用。

利用 WRF 中尺度数值模式对 2006 年 7 月 2—3 日豫北区域性大暴雨过程的数值模拟结果,开展了 p 坐标系垂直螺旋度诊断分析。由图 8.4a 可见,7 月 3 日 03—06 时,月山站上空垂直螺旋度均在 30×10^{-6} hPa/s² 以上,正螺旋度中心主要分布在 600～300 hPa 之间,其中 04 时左右,在 400 hPa 附近有一量值为 60×10^{-6} hPa/s² 的螺旋度中心。对应月山站实况降水,10 mm/h 以上强降水时段主要集中在 3 日 03—06 时,其中 03—04 时降水达到峰值(37.9 mm/h)。同样,在图 8.4b 中,3 日 03—07 时大辛站上空 850～400 hPa 之间螺旋度均在 60×10^{-6} hPa/s² 以上,其中 04—05 时在 700～550 hPa 之间出现量值为 90×10^{-6} hPa/s² 的螺旋度正中心,06 时螺旋度强度略有减弱,07 时其量值为 60×10^{-6} hPa/s² 的螺旋度等值线又回升至 400 hPa 以上。对应大辛站实况降水,20 mm/h 以上强降水主要集中在 04—07 时之间,其中 04—05 时降水达到峰值(40.3 mm/h),05—06 时降水强度有所减弱,1 h 降水量 24.9 mm,但 06—07 时降水强度又有所回升,达到 34.3 mm/h,09 时以后降水趋于结束。对于新乡站来讲,降水时间短、强度大,具有明显的中尺度特征。分析图 8.4c 可以看到,正螺旋度强中心呈狭长的柱状且主要集中出现在 05—07 时,其中 06 时螺旋度强中心量值达到 90×10^{-6} hPa/s²,并主要位于 700～400 hPa 之间。对应新乡站实况降水,其强降水时段与螺旋度强中心分布时段一致,且主要集中在 05—07 时,04—05 时、05—06 时、06—07 时雨强分别为 28.1 mm/h、51.0 mm/h、23.6 mm/h,

09 时以后，新乡站降水趋于结束。大方站位于豫北大暴雨区的偏东位置，由图 8.4d 可知，3 日 08 时后，大方站上空正螺旋度迅速增大，10—11 时达到最大（195×10^{-6} hPa/s^2），对应该站实况 20 mm/h 以上强降水主要集中在 08—11 时，1 h 降水量分别为 22.9 mm、36.5 mm、40.0 mm、24.1 mm。综合以上分析可知，此次豫北大暴雨上空从低层一直到对流层顶层垂直螺旋度均为正值，且强降水时段与螺旋度最强时段有很好的对应关系，降水峰值往往出现在正螺旋度中心出现时段。

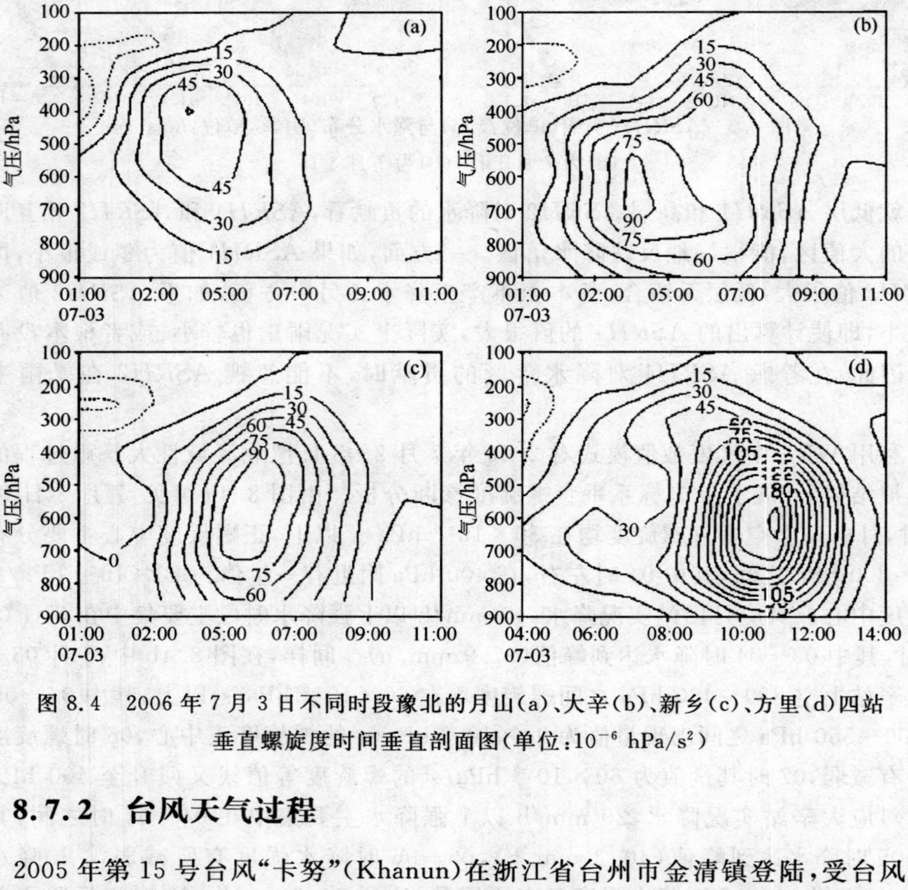

图 8.4　2006 年 7 月 3 日不同时段豫北的月山(a)、大辛(b)、新乡(c)、方里(d)四站垂直螺旋度时间垂直剖面图（单位：10^{-6} hPa/s^2）

8.7.2　台风天气过程

2005 年第 15 号台风“卡努”(Khanun)在浙江省台州市金清镇登陆，受台风环流直接影响，浙江东部、上海和江苏南部出现暴雨、大暴雨和特大暴雨天气。利用 MM5 模拟结果，对台风暴雨过程的螺旋度（z 坐标系垂直螺旋度）特征进行了诊断分析。图 8.5 为台风登陆前后过暴雨中心螺旋度纬向垂直剖面。由图 8.5 可见，暴雨区螺旋度呈中低层正中心、高层负值区的配置，但高层负值区绝对值远远小于低层正值区，正螺旋度正值中心主要出现在 700～850 hPa 之间。

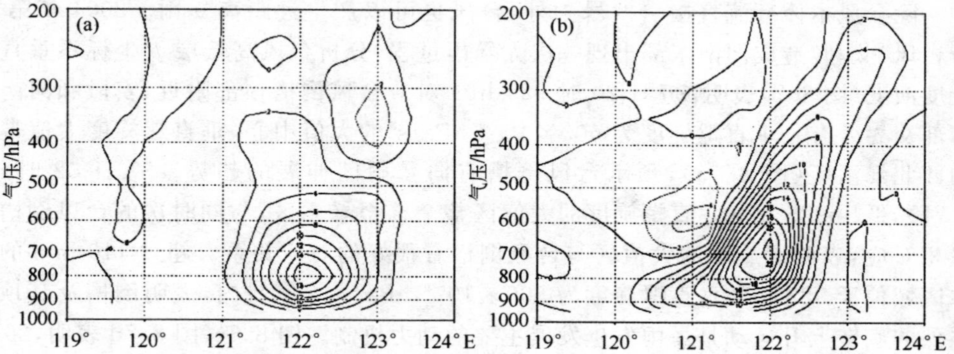

图 8.5　过暴雨中心的螺旋度纬向垂直剖面(单位:10^{-5} m/s^2)
(a)为 11 日 14 时,(b)为 11 日 20 时

为揭示螺旋度时间演变特征与此次台风暴雨强度的关系,选取春晓站上空对流层低层 700 hPa 和 850 hPa 每隔 3 h 螺旋度值与随后 3 h 降水量进行对比分析(图 8.6)。由图 8.6 可知,春晓站螺旋度在 11 日 20 时至 11 日 3 时突然增大,出现一个波峰,700 hPa 和 850 hPa 螺旋度分别达 28.9×10^{-5} m/s^2 和 16.6×10^{-5} m/s^2,此前和以后量值很小。测站降水强度的演变与螺旋度分布类似,也呈波状分布。分析图 6 还可知,螺旋度峰值的出现与随后 3 h 降水强度具有很好的正相关关系,暴雨发生之前螺旋度的增长即环境风场对正涡度和暖湿气流的输送为随后暴雨的发生发展提供了充分的水汽和能量,即为降水创造了有利条件,这也是螺旋度可以作为一个暴雨预报参数的根据所在。

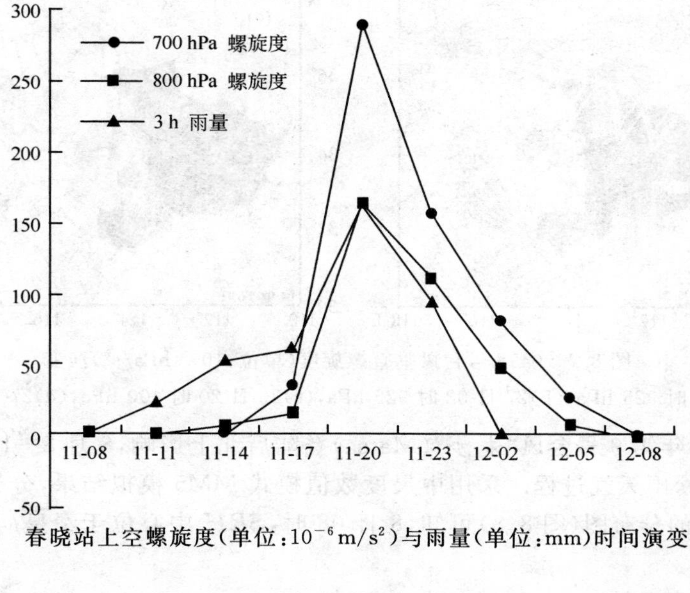

图 8.6　春晓站上空螺旋度(单位:10^{-6} m/s^2)与雨量(单位:mm)时间演变趋势

除台风本体环流直接引发暴雨外，台风也可以产生远距离暴雨。2004 年第 18 号台风“艾利”造成河南东部出现一次大暴雨过程，分析台风高低层 p 坐标系垂直螺旋度演变(图 8.7)表明，26 日 20 时 925 hPa 对应台风倒槽顶部附近，安徽和河南东南部交界处有一垂直螺旋度为 600×10^{-9} hPa/s² 的大值中心，垂直螺旋度大值带伸向西北暴雨区(图 8.7a)，预示台风倒槽有向暴雨区伸展的趋势。27 日 02 时(图 8.7b)，低层 925 hPa 垂直螺旋度的大值区整个移至暴雨区，与同时次的台风倒槽位置相对应，表明螺旋度的大值区与台风倒槽有很好的对应关系。超过 110 mm 的降水区域位于 925 hPa 垂直螺旋度为 500×10^{-9} hPa/s² 等值线内，表明倒槽及其顶部强烈的旋转上升运动是暴雨发生发展主要的动力机制。图 8.7c、图 8.7d 表明，26 日夜间暴雨区上空 400 hPa 均为负的垂直螺旋度控制，这种低层为正高层为负的垂直螺旋度配置有利于该区域垂直运动的发展，从而促使降水产生并加强。

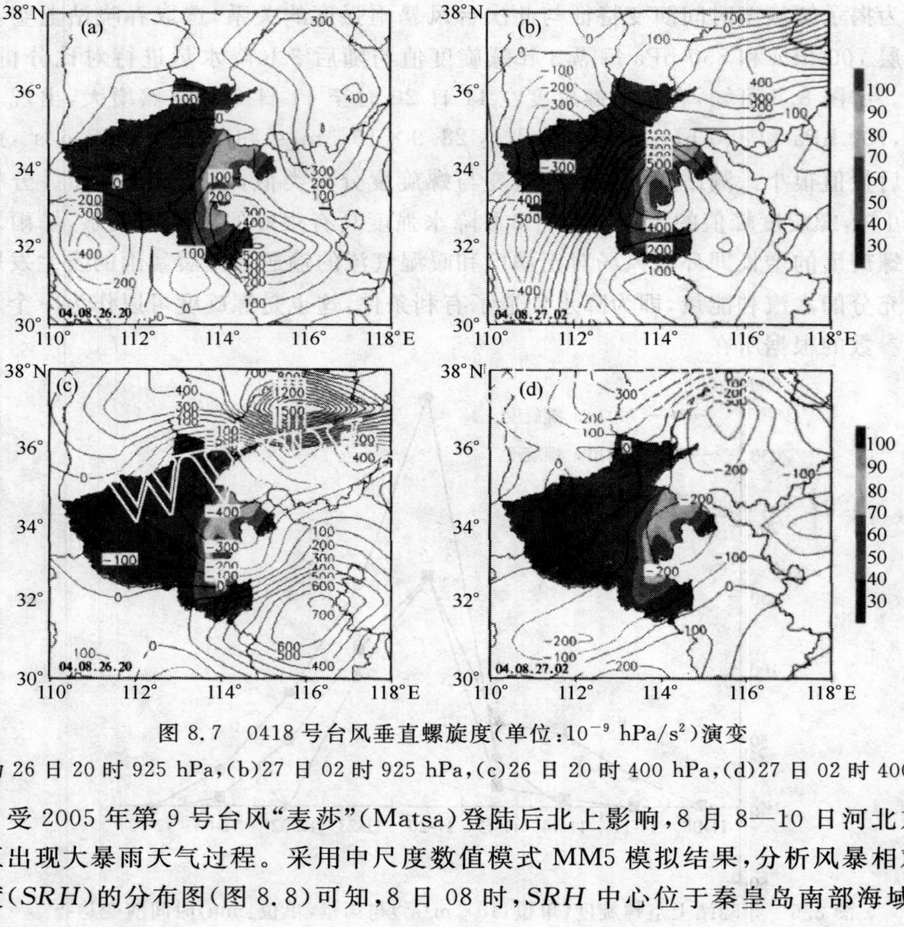

图 8.7　0418 号台风垂直螺旋度(单位：10^{-9} hPa/s²)演变

(a)为 26 日 20 时 925 hPa，(b)27 日 02 时 925 hPa，(c)26 日 20 时 400 hPa，(d)27 日 02 时 400 hPa

受 2005 年第 9 号台风“麦莎”(Matsa)登陆后北上影响，8 月 8—10 日河北东部地区出现大暴雨天气过程。采用中尺度数值模式 MM5 模拟结果，分析风暴相对螺旋度(*SRH*)的分布图(图 8.8)可知，8 日 08 时，*SRH* 中心位于秦皇岛南部海域，中心值 450 m^2/s^2，该正值中心逐渐向西移动，8 日 16 时（图 8.8a），正值中心移到秦皇岛南部、唐山东南部一带，中心值是 450 m^2/s^2，该区域降水强度明显加大；而后，正值中心向北移动，一直到 20 时，正值中心在承德南部到唐山北部一带徘徊，中心值降到 200 m^2/s^2，强降水区 *SRH* 值为 120～180 m^2/s^2，位于螺旋度大值区东南部的等值线密集区域；21 时后，该正值中心向西移动，秦皇岛南部、唐山东部的 *SRH* 值减小，降水随之减弱；9 日 10 时，*SRH* 中心移到张家口南部、北京西部一带，中心值 260 m^2/s^2（图 8.8b），在其东南部的等值线密集区域降水强度增大，到 14 时北京东部、廊坊北部和天津西北部多个站点出现短时暴雨，其中大厂、顺义、三河 3 个站出现大暴雨，强降水区 *SRH* 值为 120～160 m^2/s^2，此后，该 *SRH* 中心向西北移动并减弱，与此同时，位于山东北部的另一个 *SRH* 中心加强并向东北方向移动，唐山、秦皇岛地区

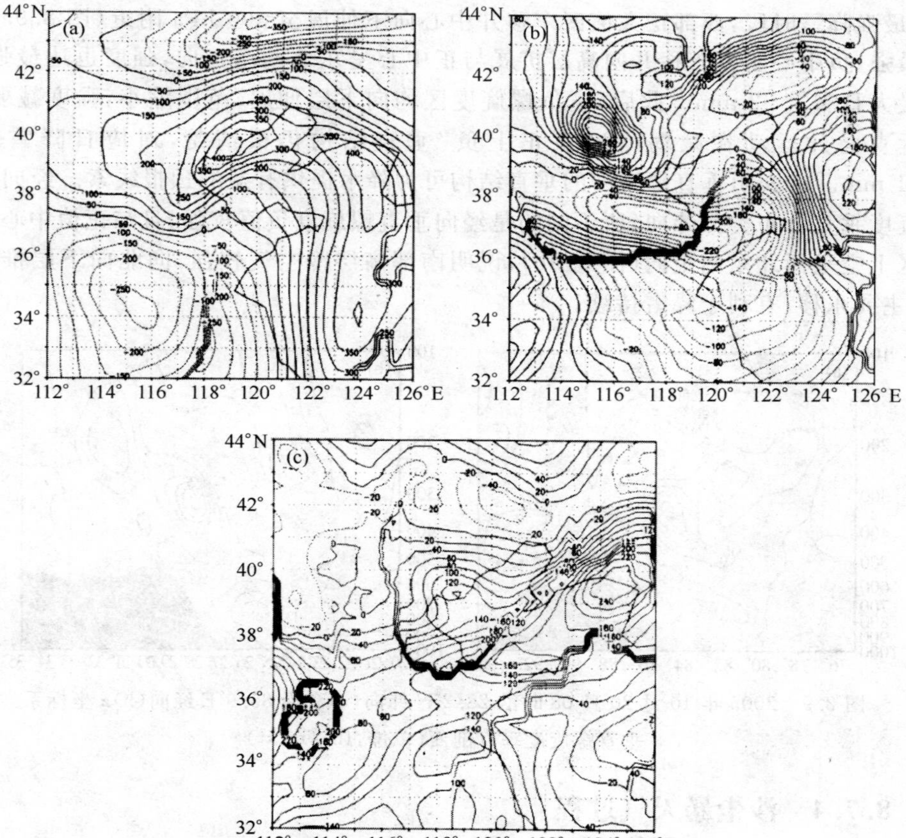

图 8.8　2005 年 8 月风暴相对螺旋度分布图（单位：m^2/s^2）

(a)8 日 16 时，(b)9 日 10 时，(c)10 日 05 时

SRH 值又逐渐加大，10 日 05 时，在唐山南部又出现大值中心，中心值 140 m^2/s^2（图 8.8c），导致乐亭又出现一场短时暴雨。可见，强降水区发生在风暴相对螺旋度的大值中心或其东南部的等值线密集区域。另外，在暴雨期间或前期，暴雨区风暴相对螺旋度一直大于 120 m^2/s^2，说明 *SRH* 值大的区域，旋转性的环境风场有利于加强上升运动，为强对流系统提供充足的浮力能，造成局地强降水。

8.7.3 暴雪天气过程

2005 年 10 月 19—23 日，西藏中东部出现了一次大范围的降雪（雨）天气过程，其中，日喀则南部的聂拉木及帕里、那曲中东部、昌都地区北部和雅鲁藏布江沿江的东部普降大到暴雪，一些地区降了特大暴雪。利用 *z* 坐标系垂直螺旋度诊断分析表明，最强降雪时段，西部正大值区东移并中心向下伸展至 300 hPa 附近（图 8.9a），强度最强，负中心明显东移并向高层扩展与正中心呈东北西南走向，强度也达最强，对应最大日雪量 62 mm。此后，正负螺旋度区均向下层伸展，范围缩小，强度减弱，表明垂直上升运动在减弱，但“下正上负”垂直结构仍很清楚，对应日降雪量为 22.1 mm。这表明垂直螺旋度的垂直结构可为降水提供有益的预报线索。经向垂直螺旋度垂直分布类似纬向，所不同的是经向垂直螺旋度负值较强，且与正值中心在暴雪区上空呈西北东南走向（图 8.9b），说明南部高层冷空气较强，向北向下层推进缓慢，主要东移，有利于降雪持续。

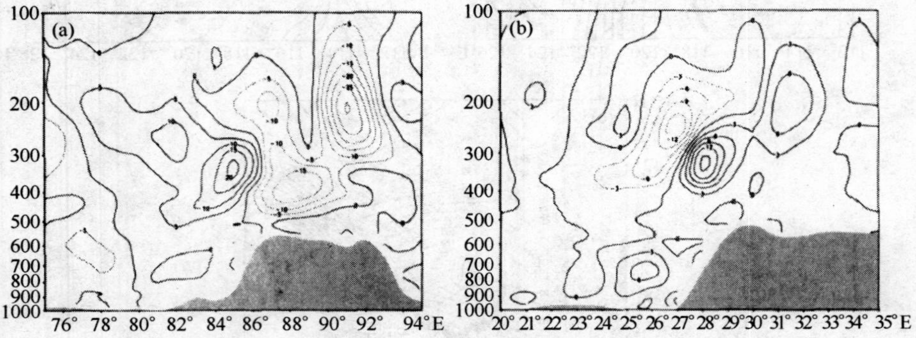

图 8.9 2005 年 10 月 20 日 08 时沿 28.2°N 纬向（a）和沿 85.6°E 经向（b）*z* 坐标系垂直螺旋度垂直剖面（单位：10^{-7} m/s^2）

8.7.4 沙尘暴天气过程

2000 年 4 月 12 日在甘肃省金昌、武威和民勤等地出现一次大范围的大风、强沙尘暴天气。基于 MM5 模拟结果，开展了 *z* 坐标系垂直螺旋度诊断分析。由每隔 3 h 沿强沙尘暴区中心（38°N，103°E）的螺旋度纬向垂直剖面图（图 8.10）可知，螺旋度的分布呈上负下正，在 400 hPa 以上为负值区，400 hPa 以下为正值区，最大正值中心位于 550 hPa。沙尘暴发生区上空螺旋度的垂直分布特征是在对流层中下层为正值区（对应气旋式涡度区），对流层上层为负值区（对应反气旋式涡度区），这种垂直结构十分有利于对流系统的发展。

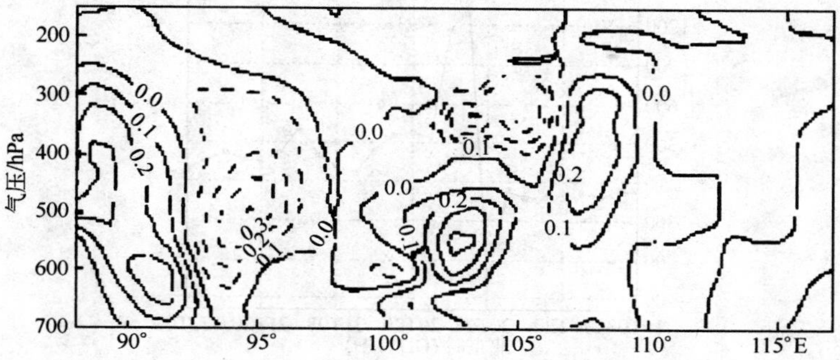

图 8.10 沿强沙尘暴区中心垂直螺旋度纬向垂直剖面图（单位：10^{-6} m/s²）

图 8.11 给出了沙尘暴爆发前后在沙尘暴发生区上空 500 hPa 平均局地螺旋度的演变情况。从图中可看出，积分 18 h，螺旋度的值为最大，达 34.89×10^{-7} m/s²，而在这一时刻的前后，螺旋度的值都比较小。螺旋度的最大值出现在沙尘暴爆发前 3 h。可见，沙尘暴爆发时间滞后于螺旋度峰值出现的时间。结合上面对螺旋度垂直剖面图的分析，可以发现，二者的结果是一致的，即在螺旋度峰值出现以后，沙尘暴随之出现，这一现象说明螺旋度峰值出现的同时，对流层中下层的风场亦发展成为有利于气旋性环流生成和促进对流系统发展的形式。

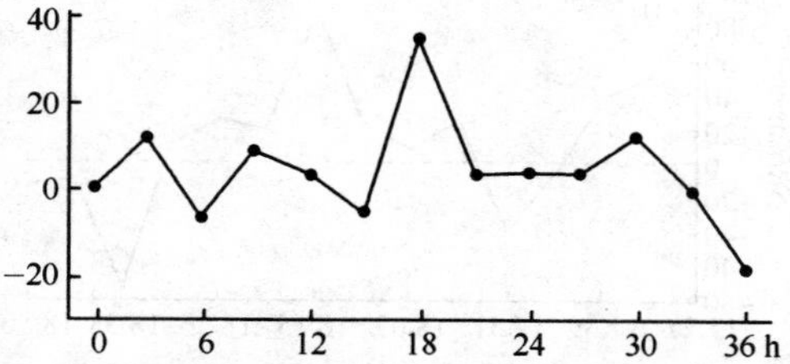

图 8.11 沙尘暴发生区上空 500 hPa 平均垂直螺旋度时间演变情况（单位：10^{-7} m/s²）

从以上分析可知，对流层中下层螺旋度最大正值区和 500 hPa 螺旋度最大正值均在临近沙尘暴爆发前出现，这将对沙尘暴的预报有一定的指示意义。

2002 年 3 月 18—22 日，受西伯利亚强冷空气东移南下影响，我国北方地区出现了近年来影响最为严重的强沙尘暴天气。利用 MM5 中尺度模式模拟结果，计算析了完全螺旋度的分布及演变特征。图 8.12 给出了 19 日 08 时至 22 日 08 时河北境内强沙尘暴中心（41.5°N，116°E）400 hPa 完全螺旋度的演变情况。可以看出，强沙尘暴爆发前 10 h 和爆发后，完全螺旋度的绝对值均较小，但从 20 日 08—11 时，完全螺旋度急剧陡升，由负值转为正值，最大波峰出现在 20 日 11 时。这说明中层完全螺旋度的急剧变化对强沙尘暴的发生预示意义明显。

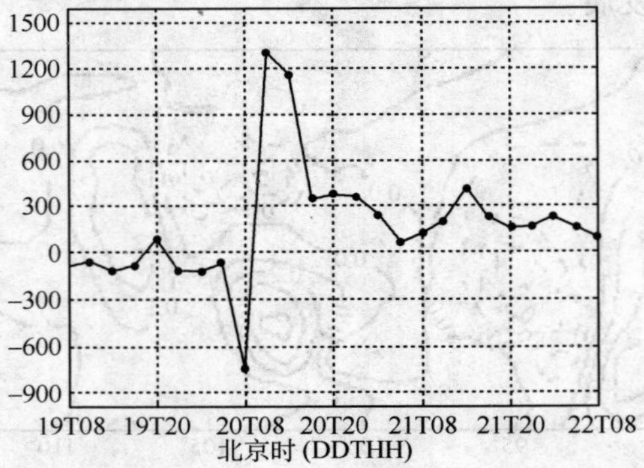

图 8.12　400 hPa 完全螺旋度中心(41.5°N,116°E)的逐 3h 演变情况(单位：10^{-4} m/s^2)

8.7.5　强对流天气过程

2006 年 7 月 7 日、8 月 10 日在甘肃河西走廊中部发生两次强对流天气。7 月 7 日飑线对流系统产生于北部沙漠戈壁由北向南移动，右移飑线前部结构为气旋式旋转；8 月 10 日对流系统产生于青藏高原由南向北移动，来自高原上的暖湿气流水汽充足，不稳定层比 7 月 7 日深厚，产生冰雹的左移超级单体结构为反气旋式旋转。

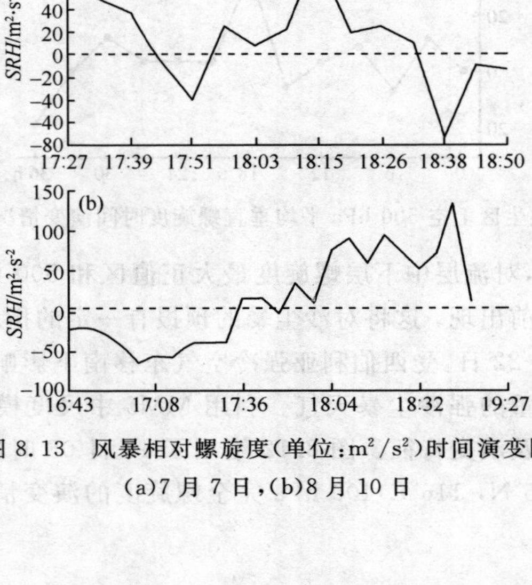

图 8.13　风暴相对螺旋度(单位：m^2/s^2)时间演变图

(a)7 月 7 日，(b)8 月 10 日

图8.13a是2006年7月7日17:27—18:50右移飑线风暴相对螺旋度时间演变图，从图中可以看出，*SRH*时间演变存在两个波峰波谷，两个波谷对应两次降雹。在发展期0～3 km *SRH*均为正值，主要是因为0～3 km垂直风切变矢量顺时针旋转占优势。降雹开始后*SRH*下降到$-40\ m^2/s^2$以下，主要是因为0～3 km垂直风切变矢量逆时针旋转占优势。图8.13b是2006年8月10日16:43—18:32左移反气旋超级单体发展维持期相对风暴螺旋度时间演变图，从图中可以看出，在左移超级单体发展期0～3 km *SRH*在$-70\sim0\ m^2/s^2$之间，最小值为$-68\ m^2/s^2$，主要是因为0～3 km垂直风切变矢量逆时针旋转。维持期*SHR*在$0\ m^2/s^2$附近波动；降雹开始后，*SRH*跃增到$60\ m^2/s^2$以上，主要是因为底层0～3 km垂直风切变矢量逐渐转为顺时针旋转。上述分析表明，7月7日右移飑线相对风暴螺旋度降雹前为正值，降雹开始后转为负值；8月10日左移反气旋超级单体相对风暴螺旋度在发展期为负值，降雹开始后跃增到$60\ m^2/s^2$以上。可见，两次强对流天气过程中*SRH*演变特征有明显差异。

第9章　大气重力波分析

大气重力波是因静力稳定大气受到扰动而产生的一种波动。当气块受到扰动离开平衡位置向上移动时发生绝热冷却，在重力作用下回到平衡位置。同样向下移动时发生绝热增温，浮力使其回到平衡位置。这种振动向外转播形成的波动由于恢复力为重力或浮力因此称为重力波，如果考虑科氏力的影响就称为惯性重力波。重力波在暴雨等中尺度对流天气发生发展中可以起到一种触发机制的作用，还可以起到传输能量和动量的作用，因此研究其发生发展具有重要的意义。

9.1　重力波的活动规律

在重力波研究中使用的资料主要有两种，一种是利用常规的大气分析资料，使用直观图来表示重力波过程，例如：有的以在700、850 hPa高度的散度场上存在着辐合辐散交替出现的链式分布确定为一个重力波的过程；有的使用散度剖面图中辐合辐散交替、位温剖面图中等值线的波动和垂直运动来表征惯性重力波。另一种是使用精密的仪器观测而得到的重力波资料。重力波观测方法主要有：微压计、空间遥感观测、无线电探空、激光雷达和雷达探测、飞机观测等。下面采用观测方法对重力波进行研究，使用的观测仪器为微压计，它是早年观测重力波的主要工具，现代观测中微压计仍是主要仪器之一。

9.1.1　重力波的观测方法

1993—1997年在贵州省贵阳市和普定县进行重力波观测研究。这里对其作简要介绍。该研究所使用观测仪器为中国科学院声学研究所研制的高灵敏度（10^{-1}～10^{-2} Pa/mV）、宽频带响应（10^{-1}～10^{-3} Hz）的电容式微压波传感器，利用李启泰等（1993）首创的大气重力波动态谱微机程控实时监测分析系统，采用大气重力波三测点布阵探测方法进行重力波观测。

大气重力波动态谱计算分析方法：观测为连续进行，每一分钟计算一次重力波周期—振幅谱，每次计算所使用的数据是从当前时刻起向前取4200个微气压采样值，进行一次不同周期的傅里叶分析，计算出在该时间到达的波振幅和周期。计算的最大周期为$4200\times\Delta T$（ΔT为采样间隔，单位为秒）。周期分辨率为$32\times\Delta T$，如用$\Delta T=$

4，则计算最长的周期为 280 分，周期分辨率为 2.1 分。不同周期波振幅的计算方法为：$P = A \times P_0 \times S \times F$（单位：Pa）

A—数据采样单位系数（单位：2.44 mV）

P_0—数采单位（个）

S—探头在周期为 7.5 分时的灵敏度（单位：Pa/mV）

F—不同周期的频率响应订正值

每次计算结果显示为一条垂直的彩色直线，在不同的垂直坐标位置（即重力波周期）分别用 16 种颜色表示该周期段上不同的重力波振幅级，最大振幅为 1000 Pa。如此每一分钟计算并显示一条波周期—振幅谱线，连续不断进行下去，即为大气重力波的动态谱（或称三维谱，因为它包含了三个变量：时间、波周期和波振幅）。它可以连续地显示不同时间大气重力波的周期—振幅谱特征及其演变情况。

9.1.2 重力波的活动规律分析

赵彩等（1998 年）在对贵阳重力波观测资料统计的基础上进一步分析总结出贵阳市重力波具有以下的活动规律：

（1）重力波强度的季节变化特征

重力波年平均强度为 20 Pa，平均振幅有明显的季节变化特征，冬春季强度明显强于夏秋季，最强月为 3 月，平均值接近 25 Pa，最弱月为 9 月仅为 13 Pa 左右，最强月和最弱月的强度差平均约为 12 Pa。重力波振幅在 5 月和 10 月发生急剧下降和上升的转变，从 5 月下降到 6 月达到次低值后略上升到 8 月，之后下降到 9 月达到最低值（见图 9.1）。

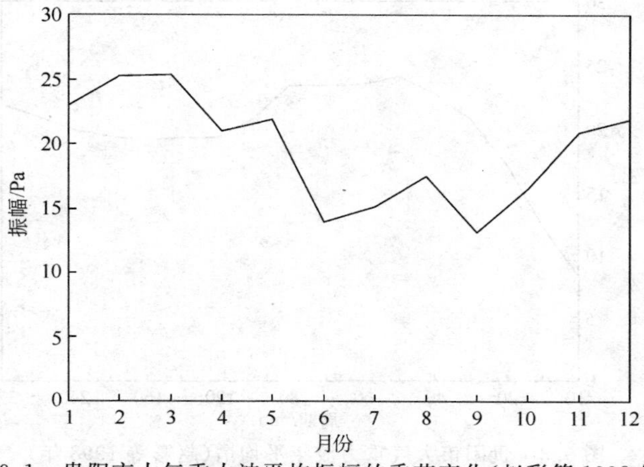

图 9.1 贵阳市大气重力波平均振幅的季节变化（赵彩等 1998 年）

(2)重力波强度的日变化特征

重力波日平均强度为 21 Pa,日变化相对季节变化来说变化小,平均强度最高和最低的差仅为 5 Pa 左右,没有天气过程时一般在午后强度较弱,午夜强度较强,长周期波中午较强,短周期波午夜较强,平均值在 01 时达到最大值,17 时达到最低值(见图 9.2)。

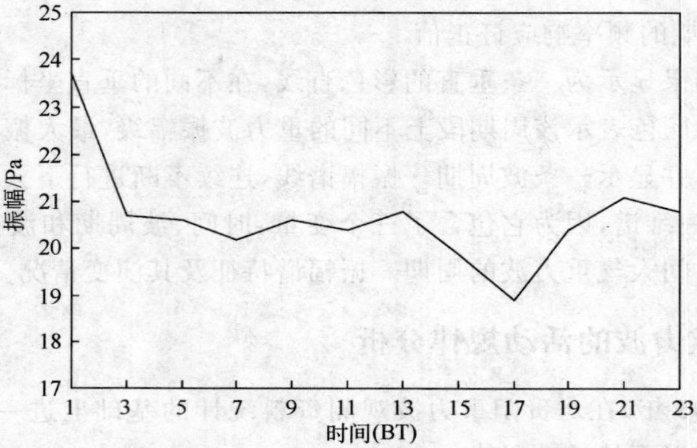

图 9.2 贵阳市大气重力波振幅的日变化(赵彩等 1998 年)

(3)各周期重力波强度的分布特征

利用观测资料统计各周期重力波的强度结果得到 40～80 min 周期的重力波强度最强,周期小于 20 min 的重力波强度最弱,其次为 120～240 min 周期的重力波。重力波强度在小于 30 min 周期范围内存在着重力波强度随周期变短有急剧减弱的趋势,而在 80～120 min 周期范围内存在重力波强度随周期增大有明显的减弱现象,周期在 120～320 min 范围的重力波强度变化比较平稳(见图 9.3)。

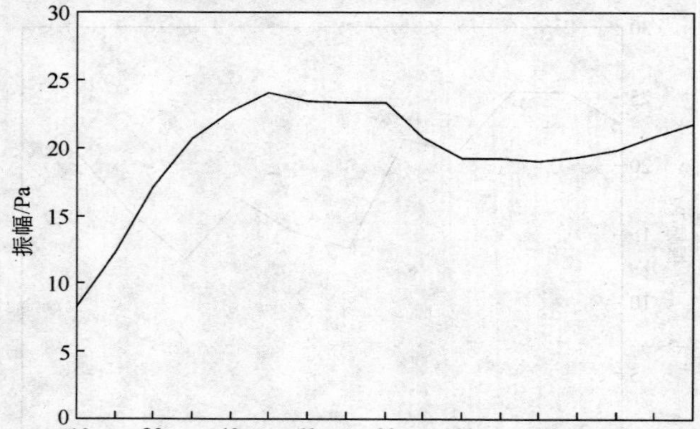

图 9.3 贵阳市大气重力波年平均谱(赵彩等 1998 年)

9.2　影响重力波发生发展的动力学因子分析

本节将从基本大气运动方程出发，利用积云加热参数化、Taylor 公式展开等方法，推导出重力波的非线性 KdV 方程，由椭圆函数理论求出椭圆余弦波解或孤立波的振幅，即重力波振幅解，利用振幅解来对大气重力波活动规律进行动力学解释。

9.2.1　重力波的基本方程

为考虑急流风速垂直切变、大气层结稳定度、科氏力参数、积云对流加热等因子对惯性重力波发生发展的影响，不考虑大气的摩擦力和耗散项，重力波基本大气方程组写为：

$$\frac{\mathrm{d}u}{\mathrm{d}t}=-\frac{\partial}{\partial x}\left(\frac{p}{\rho_0}\right)+fv \tag{9.1}$$

$$\frac{\mathrm{d}v}{\mathrm{d}t}=-\frac{\partial}{\partial y}\left(\frac{p}{\rho_0}\right)-fu \tag{9.2}$$

$$\frac{\mathrm{d}w}{\mathrm{d}t}=-\frac{\partial}{\partial z}\left(\frac{p}{\rho_0}\right)-g \tag{9.3}$$

$$\frac{\partial v}{\partial y}+\frac{\partial w}{\partial z}=0 \tag{9.4}$$

$$\frac{\mathrm{d}\theta}{\mathrm{d}t}=Q \tag{9.5}$$

上面方程组中 Q 为积云对流加热。

假设 $u=\overline{u}+u'$，$v=v'$，$w=w'$，$p=\overline{p}+p'$，$\theta=\theta_0+\theta'$，$\rho=\rho_0+\rho'$ 代入(9.1)—(9.5)式，并进行 Boussinesq 近似，定义 $\overline{\zeta}_a=f-\frac{\partial\overline{u}}{\partial y}$ 为背景流场绝对涡度，$U_z=\frac{\partial\overline{u}}{\partial z}$ 为急流风速垂直切变，$\overline{U}_z=-\frac{g}{f}\frac{\partial}{\partial y}\left(\frac{\overline{\theta}}{\theta_0}\right)$ 为背景场上的热成风，$N^2=\frac{g}{\theta_0}\frac{\partial\overline{\theta}}{\partial z}$ 为层结稳定度，设以上参数为常数，物理量与 x 无关(即 $\frac{\partial A}{\partial x}=0$，$A$ 为物理量)，对积云对流加热进行参数化采用了 Li Tianming 和 Zhu Yongti(1989 年)提出的处理方法：$Q=N^2\mu[a(w')^3+b(w')^2+cw']$，$a,b,c$ 是常数，μ 为加热参数，w' 为扰动垂直速度，得到下面方程：

$$\frac{\partial u'}{\partial t}=v'\,\overline{\zeta}_a-U_z w' \tag{9.6}$$

$$\left(\frac{\partial}{\partial t}+v'\frac{\partial}{\partial y}+w'\frac{\partial}{\partial z}\right)v'=-\frac{\partial}{\partial y}\left(\frac{p'}{\rho_0}\right)-fu' \tag{9.7}$$

$$\left(\frac{\partial}{\partial t}+v'\frac{\partial}{\partial y}+w'\frac{\partial}{\partial z}\right)w'=-\frac{\partial}{\partial z}\left(\frac{p'}{\rho_0}\right)+\frac{\theta'}{\theta_0}g \tag{9.8}$$

$$\frac{\partial v'}{\partial y}+\frac{\partial w'}{\partial z}=0 \tag{9.9}$$

$$\left(\frac{\partial}{\partial t}+w'\frac{\partial}{\partial z}\right)\left(\frac{\theta'}{\theta_0}g\right)=f\overline{U}_zv'-N^2w'+N^2\mu[a(w')^3+b(w')^2+cw'] \tag{9.10}$$

以上式中 ρ_0 和 θ_0 分别表示平均大气中的密度参考值和位温参考值。热力学方程中考虑了积云对流加热，略去水平平流项。

9.2.2 非线性重力波 KdV 方程的推导

刘式适等(1983)、夏友龙等(1995)、沈新勇等(2002)提出了一些 KdV 方程推导方法，覃卫坚等(2007)在上述研究的基础上做了以下的方程推导和分析：

设 $u'=U(\Phi)$，$v'=V(\Phi)$，$w'=W(\Phi)$，$\frac{p'}{\rho_0}=P(\Phi)$，$\frac{\theta'}{\theta_0}g=\Theta(\Phi)$，$\Phi=my+nz-\sigma t$，代入(9.6)—(9.10)式可得到：

$$-\sigma U'=V\overline{\zeta}_a-U_zW \tag{9.11}$$

$$(-\sigma+mV+nW)V'=-mP'-fU \tag{9.12}$$

$$(-\sigma+mV+nW)W'=-nP'+\Theta \tag{9.13}$$

$$mV+nW=0 \tag{9.14}$$

$$(-\sigma+nW)\Theta'=f\overline{U}_zV+N^2(c\mu-1)W+bN^2\mu W^2+aN^2\mu W^3 \tag{9.15}$$

(9.14)式代入(9.11)式得：

$$U'=\left(\frac{n\overline{\zeta_a}}{\sigma m}+\frac{U_z}{\sigma}\right)W \tag{9.16}$$

(9.12) × n − (9.13) × m 得

$$W'=-\frac{m^2n}{\sigma(m^2+n^2)}\left(\frac{\Theta}{n}+\frac{fU}{m}\right) \tag{9.17}$$

对(9.17)式两边偏微分一次后把(9.16)式代入得：

$$\sigma^2(m^2+n^2)W''+\sigma m^2\Theta'+nf(n\overline{\zeta}+mU_z)W=0 \tag{9.18}$$

(9.14)式代入(9.15)式得

$$\Theta' = \frac{mN^2(1-c\mu)+nf\overline{U}_z}{m(\sigma-nW)}W - \frac{bN^2\mu W^2}{(\sigma-nW)} - \frac{aN^2\mu W^3}{(\sigma-nW)} \tag{9.19}$$

在 $W=0$ 附近，即 W 近似等于零，因此 $\frac{n}{\sigma}W \ll 1$，对(9.19)式右边进行Taylor展开得：

$$\begin{aligned}\Theta' = &\frac{mN^2(1-c\mu)+nf\overline{U}_z}{m\sigma}\left(W+\frac{n}{\sigma}W^2+\frac{n^2}{\sigma^2}W^3+\cdots\right)- \\ &\frac{bN^2\mu}{\sigma}\left(W^2+\frac{n}{\sigma}W^3+\frac{n^2}{\sigma^2}W^4+\cdots\right)- \\ &\frac{aN^2\mu}{\sigma}\left(W^3+\frac{n}{\sigma}W^4+\frac{n^2}{\sigma^2}W^5+\cdots\right)\end{aligned} \tag{9.20}$$

由(9.20)式取 W 二次阶，得：

$$\Theta' = \frac{mN^2(1-c\mu)+nf\overline{U}_z}{m\sigma}W + \frac{mnN^2(1-c\mu)+n^2f\overline{U}_z-\sigma mbN^2\mu}{m\sigma^2}W^2 \tag{9.21}$$

把(9.21)式代入(9.18)式，得非线性微分方程：

$$W'' + A_1W + A_2W^2 = 0 \tag{9.22}$$

$$A_1 = \frac{mnfU_z + mnf\overline{U}_z + n^2f\overline{\zeta}_a + m^2N^2(1-c\mu)}{(m^2+n^2)\sigma^2} \tag{9.23}$$

$$A_2 = \frac{mn^2f\overline{U}_z + m^2nN^2(1-c\mu) - m^2\sigma bN^2\mu}{(m^2+n^2)\sigma^3} \tag{9.24}$$

将(9.22)式两边对 Φ 微导得到既包含非线性因子又包含频散因子的 KdV 方程：

$$W''' + A_1W' + 2A_2WW' = 0 \tag{9.25}$$

9.2.3　KdV 方程椭圆余弦波解或孤立波的振幅解

由(9.22)两边乘以 W' 后，再对 Φ 积分一次有

$$(W')^2 = -\frac{1}{3}A_2\left(W^3 + \frac{3A_1}{2A_2}W^2 + B\right) \tag{9.26}$$

其中 B 为积分常数。这样就把非线性偏微分方程——KdV 方程化成了非线性常微分方程。设(9.26)式右端 W 的三次多项式 $W^3+\frac{3A_1}{2A_2}W^2+B$ 有三个实的零点 W_1，W_2 和 W_3。把(9.26)式改写为

$$(W')^2 = -\frac{1}{3}A_2(W - W_1)(W - W_2)(W - W_3) \tag{9.27}$$

由刘式达等(1982)提出的椭圆函数理论求解方程方法,得到方程(9.27)的解为:

$$W(y,z,t) = W_2 + (W_1 - W_2)cn^2\sqrt{\frac{A_2(W_1 - W_3)}{12}}(my + nz - \sigma t) \tag{9.28}$$

其中 $cn(\quad)$ 为 Jacobi 椭圆余弦函数。解式(9.28)就是 KdV 方程的行波解,它称为椭圆余弦波。由于 cn^2x 的周期为 $2K(m)$,其中

$$K(m) = \int_0^{\pi/2}\frac{1}{\sqrt{1 - m^2\sin^2\Phi}}\mathrm{d}\Phi \tag{9.29}$$

称为第一类 Legendre 完全椭圆积分,模数 m 满足

$$m^2 = \frac{W_1 - W_2}{W_1 - W_3} \qquad (0 < m < 1) \tag{9.30}$$

因而

$$W|_{\Phi=0} = W_1 \tag{9.31}$$

$$W\Big|_{\sqrt{\frac{A_2(W_1 - W_3)}{12}} = \pm K} = W_2 \tag{9.32}$$

KdV 方程所表征的非线性波的基本形式是椭圆余弦波,它的特殊情况是孤立波($m \to 1$),由(9.30)式得 $W_2 \to W_3$ 时 $m \to 1$,可求 $W^3 + \frac{3A_1}{2A_2}W^2 + B = 0$ 的三个解为:

$$W_1 = \frac{A_1}{2A_2}, W_2 = W_3 = -\frac{A_1}{A_2} \tag{9.33}$$

由此可求得 KdV 方程椭圆余弦波解或孤立波的振幅:

$$A = W_1 - W_2 = \frac{3A_1}{2A_2} = \frac{3\sigma}{2m}\frac{[mnfU_z + mnf\overline{U}_z + n^2f\overline{\zeta}_a + m^2N^2(1 - c\mu)]}{[n^2f\overline{U}_z + mnN^2(1 - c\mu) - \sigma mN^2b\mu]} \tag{9.34}$$

在假设 m, n, $\overline{U}_z$, $\overline{\zeta}_a$, N^2, c, b, μ 为常数的情况下可画出解的数值图(如图 9.4)。

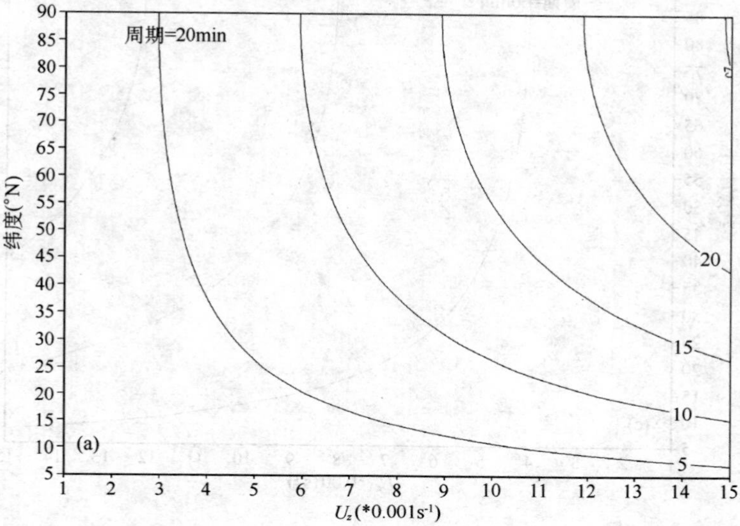
周期=20min
纬度(°N)
U_z(*0.001s^{-1})
(a)
5
10
15
20

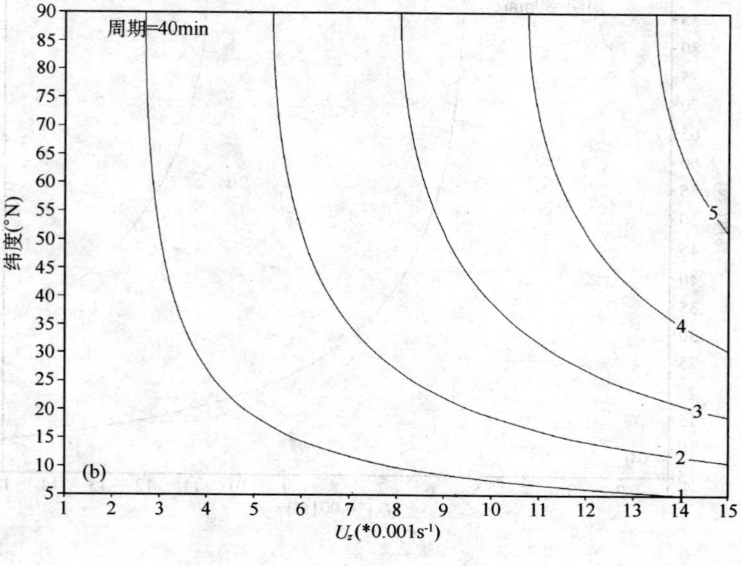
周期=40min
纬度(°N)
U_z(*0.001s^{-1})
(b)
1
2
3
4
5

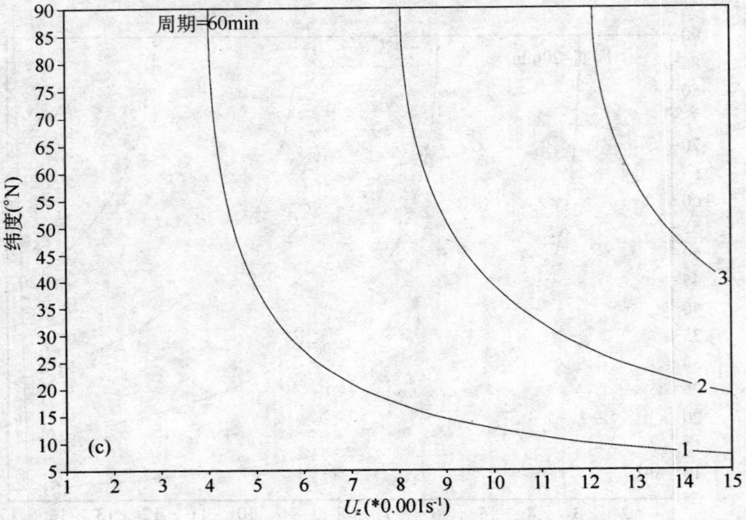
周期=60min
纬度(°N)
U_z(*0.001s^{-1})
(c)
1
2
3

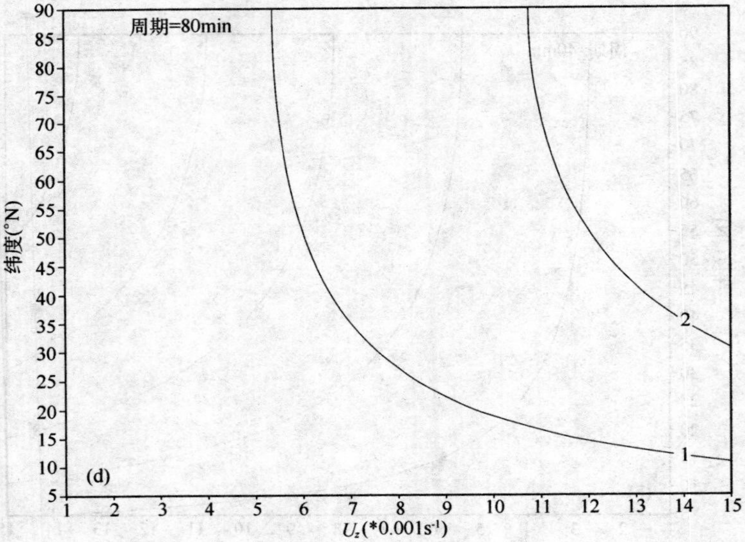
周期=80min
纬度(°N)
U_z(*0.001s^{-1})
(d)
1
2

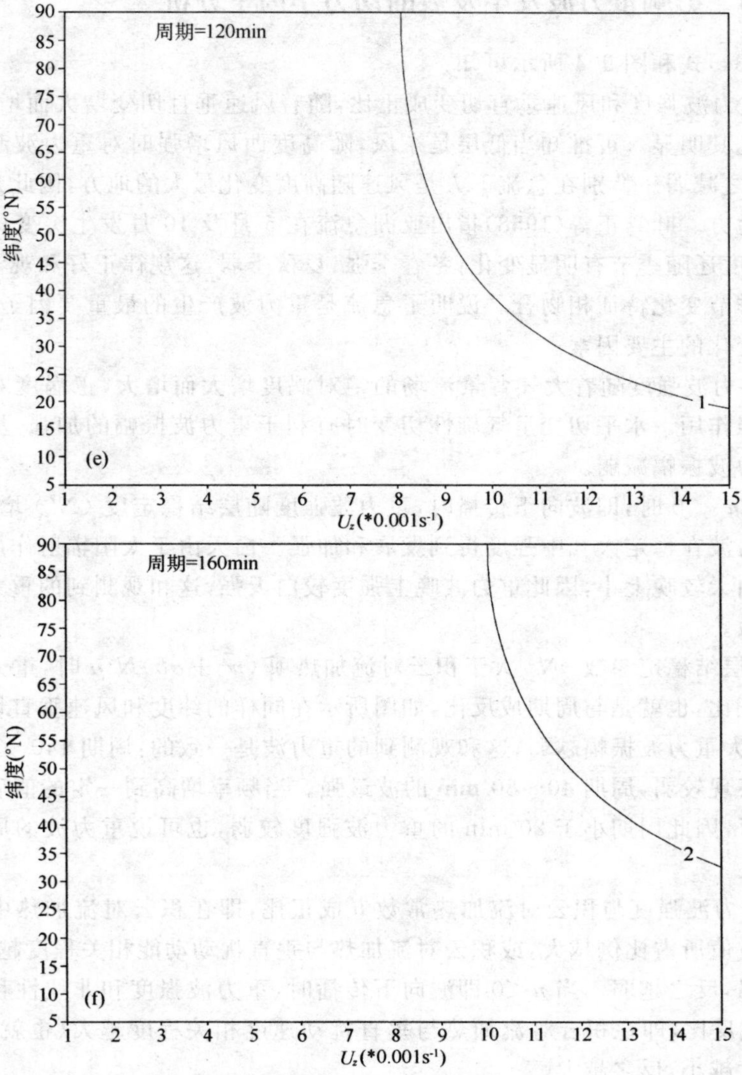

图 9.4　不同周期[20 min (a), 40 min (b), 60 min (c), 80 min (d), 120 min (e), 160 min (f)]惯性重力波振幅(Pa)随纬度和 U_z 的变化图

(m=n=1, $\overline{U}_z = 0.000001$, $\overline{\zeta}_a = 0.00001$, $N^2 = 0.000000001$, $c*\mu = b*\mu = 0.9$)

9.2.4 影响重力波发生发展的动力学因子分析

由(9.34)式和图 9.4 所示可知：

(1) 重力波强度和风速垂直切变成正比，随着风速垂直切变增大而增大，在中高纬度地区尤其明显。可推知当低层是东风，随高度西风增强时对重力波起激发和增强作用，反之减弱。特别在急流下方是风速随高度变化最大的地方，因此是激发重力波最强的地方。叶笃正等(1958)指出亚洲急流在 5 月及 10 月发生突变即北跃和南落，急流强度还随季节有明显变化：冬春季强、夏秋季弱，这规律正好和观测到的惯性重力波的季节变化特征相吻合。说明了急流是重力波产生的最重要因子，是重力波发生季节变化的主要因素。

(2) 重力波强度随着大气背景流场的绝对涡度增大而增大，正涡度对重力波起激发和增强作用。水平切变呈气旋性切变时有利于重力波振幅的加强，呈反气旋切变时使重力波振幅减弱。

(3)当 $n<0$ 时，即波向下传播时，重力波强度随层结稳定度 (N^2) 增大而增大，说明了重力波在稳定大气中强度得到发展和加强。白天由于太阳辐射作用使大气稳定度一般白天较晚上小，因此重力波晚上强度较白天强，这和观测到的重力波强度日变化是一致。

(4)当层结稳定参数 nN^2 大于积云对流加热项 $(nc+\sigma b)N^2\mu$ 时，重力波强度和与频率成正比，也就是与周期成反比，如图所示在同样的纬度和风速垂直切变的情况下，周期越大重力波振幅越弱，这和观测到的重力波是一致的：周期 140～200 min 的波全年都表现较弱，周期 40～80 min 的波最强。当频率增高到一定的值后这样的重力波较少了，因此周期小于 20 min 的重力波强度较弱，也可说重力波的周期一般在 20 min以上。

(5) 重力波强度与积云对流加热常数 b 成正比，即在积云对流加热中垂直扰动风速的平方值所占比例越大，或积云对流加热与垂直扰动动能相关程度越大，重力波的强度越强，反之越弱。当 $n<0$ 即波向下传播时，重力波强度和非线性积云对流加热常数 c 成反比，即在积云对流加热与垂直扰动速度相关程度越大(也就是 c 越大)重力波强度越小，反之越大。

(6) 重力波强度与科氏力参数 f 成正比，在一样的条件下，纬度越高振幅越大，纬度越低振幅越小，如图所示在风速垂直切变达到 $5\times10^{-3}\ s^{-1}$ 以上时，重力波振幅随纬度变化更加明显。

9.3　冰雹过程重力波活动规律的观测和数值模拟分析

对流层大气重力波研究最大的困难是如何得到更多的重力波信息，只有对重力波的分布和变化规律有更多的了解，才能更好地对其动力学机制进一步的研究。下面利用 1998 年 4 月 11 日发生在贵州省普定县一次降冰雹过程的重力波观测资料，分析得到重力波在这一次过程中的发生发展规律。利用 WRF 中尺度模式对这次冰雹过程进行模拟，使用 Morlet 小波方法对模拟结果进行计算分析，得到了在各高度层重力波分布变化和传播规律。

9.3.1　冰雹过程重力波观测资料分析

图 9.5 为李启泰等(2001)在 1998 年 4 月 11 日普定县(东经 105.75°，北纬 26.33°)观测到的一次降冰雹过程的大气重力波动态谱图。从图中可看出降雹前的时间里，每隔 1～4 小时出现一次周期为 20～70 Pa 的重力波阵性增强现象，这些强的重力波出现具体时间为：01:00—02:00 出现强重力波周期为 20～60 min；05:20—06:20 出现强重力波周期为 20～70 min；07:30—08:00 出现强重力波周期为 20～40 min；08:10—08:30 出现周期范围比较大的强重力波，周期为 20～320 min；10:00—10:20 出现强重力波周期为 30～70 min；13:50—14:00 出现强重力波周期为 30～40 min；14:20—15:20 出现范围比较大的强重力波，周期为 40～320 min。这些观测事实证实了黄荣辉等(2002 年)提出的地转偏差使重力波激发在地转适应过程开始到 3h 前最为强烈的观点。

16:10 普定开始降冰雹，16:20 左右结束。从图中可看出降冰雹后重力波的强度明显加强了，强重力波的周期范围变宽了。16:10—17:20 出现了振幅大于 150 Pa 的超强重力波过程，周期范围为 20～320 min，其中 45～80 min 周期的重力波最强，在 16:30 振幅达到了最大值 400～500 Pa。这可能是强烈发展的雹云在很短的时间里激发了很强的浮力振荡，产生向下传播的重力波所致。16:30 之后重力波振幅略减，但还是比降冰雹前强，出现的较强重力波分别如下：17:20—18:00 出现一次强的重力波，振幅为 40～80 Pa，周期为 30～240 min；19:10—20:00 出现一次强的振幅为 40～80 Pa，周期为 20～160 min 的重力波；20:30—22:50 出现一次强的振幅为 40～150 Pa，周期为 20～240 min 的重力波。

通过观测分析还发现，在相同强度而周期不同的重力波中，短周期重力波的出现和消亡相对于长周期重力波在时间上来得稍早。在地面观测到的大气重力波基本上都是从西边和北边方向传来的。

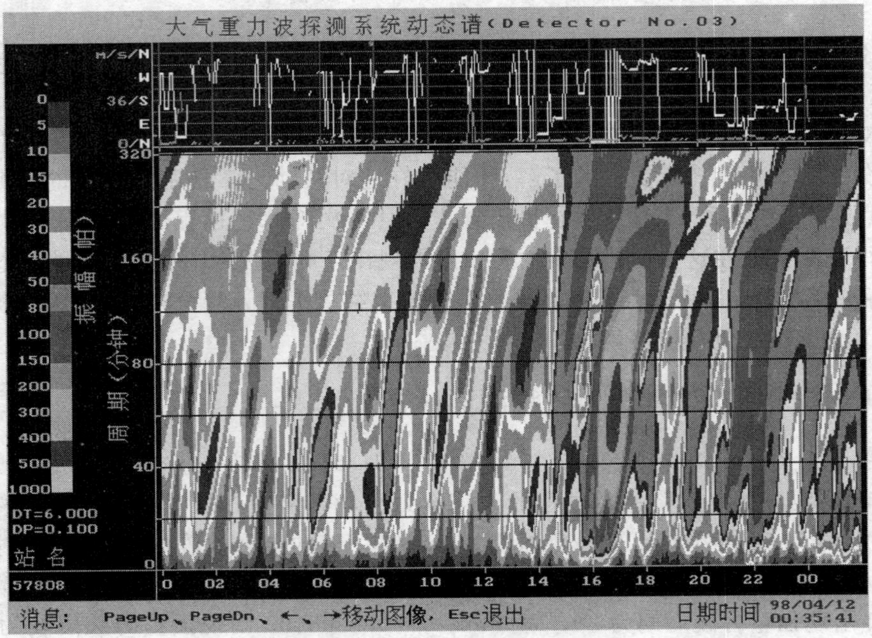

图 9.5 1998 年 4 月 11 日在普定县探测到的大气重力波的动态谱(李启泰,2001)

9.3.2 重力波发生发展规律的数值模拟分析

(1)贵州省普定县上空各高度层重力波发生发展情况

重力波模拟结果如表 9.1 所示,贵州省普定县(海拔高度为 1250 m)上空在海拔 2.5 km 处,降冰雹前 380～400、260、200～220、160、120 min 的重力波比较强,降冰雹后主要为 260、200 min 的重力波;在海拔 4 km 处,降冰雹前主要有 400、260～280、140 min 强的重力波,降冰雹后主要为 400、320、160～180 min 强的重力波;在海拔 6 km 处,降冰雹前主要为强的 380、160～180 min 强的重力波,降冰雹后主要为 320～340、160～180 min 强的重力波;在海拔 9 km 处,降冰雹前主要有 400、280、260、140～160 min 强的重力波,降冰雹后为 400、300～340、260、140～160 min 周期的重力波。以上强的重力波均通过 0.05 的信度检验,它们具体出现和消亡时间如表中所示。

由小波分析的实部图(图略)和能量谱图(图 9.6)可见,这次降冰雹过程中,除了近地面层存在短周期重力波比长周期重力波强以外,长周期重力波一般强于短周期重力波,长周期出现时间早持续的时间长,短周期出现时间晚持续的时间短。近地面层在降冰雹前几个小时有强的短周期重力波出现,这可能跟降冰雹前强对流酝酿前期引起的大气的扰动有关,特别是 Gokhale N R 等(1975 年)提出的雹云发展和雹块增长中存在上升气流的多次起伏及其平稳间歇期，强对流过程间歇性增强的这一特征在重力波信息里得到了表现，这可能是重力波产生的根源之一。各高度层都出现长周期重力波在降冰雹以后周期明显变短的现象，且随高度越发明显。在海拔 4 km 以上各高度层，降冰雹前后周期在 120 min 以上的重力波有明显增强的现象，这是因为降冰雹过程是一次能量释放过程中，对流扰动激发和加强了重力波，并通过重力波传播和耗散能量。

表 9.1　1998 年 4 月 11 日贵州省普定县上空各高度层较强的重力波分布

海拔高度	时间(时) 0 1 2 3 4 5 6 7 8 9 10 11 12 13 14 15 16 17 18 19 20 21 22 23 0
2.5 km	|←380～400 min→|
	|←260 min→|
	|←200～220 min→|
	|←160 min→|
	|120 min|
4 km	|←400 min→|
	|←320 min→|
	|←260～280 min→|
	|←160～180 min→|
6 km	|←380 min→|
	|←320～340 min→|
	|←160～180 min→|
9 km	|←400 min→|
	|←300～340 min→|
	|←280 min→|
	|←260 min→|
	|←140～160 min→|

（2）贵州省普定县上空重力波垂直传播情况

小波能量谱数值越大表示重力波的强度就越强，图 9.6a 为 20 min 周期重力波的小波能量谱剖面图，最强中心位于海拔高度 6 km 处，呈垂直分布形状，强度由最强中心向各方向衰减，到达地面就很小了，因此在地面观测到的 20 min 周期重力波强度很弱。图 9.6b 为 120 min 周期重力波的小波能量谱剖面图，在降冰雹前几个小时近地面层有一个重力波最强中心，从图上看它随时间缓慢向上移动，直到冰雹发生。这类 120 min 左右周期的重力波可能是由于地形影响产生的，产生后向上传播并触发冰雹的产生。图 9.6c 为 280 min 周期重力波小波能量谱，其最强中心位于海

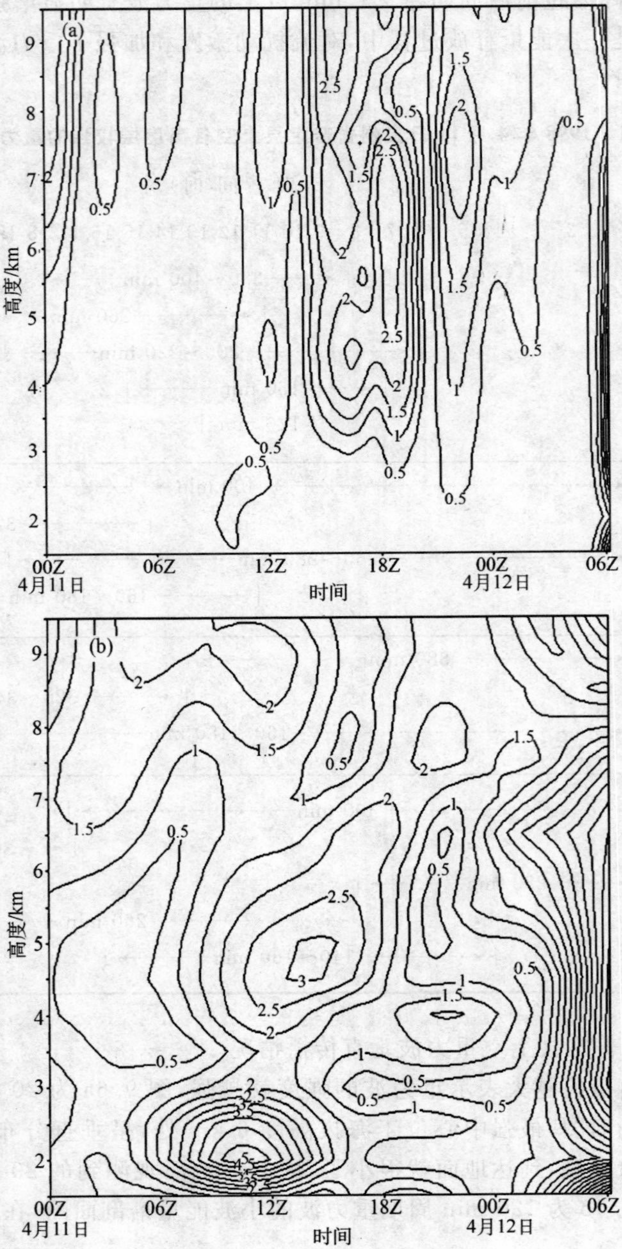

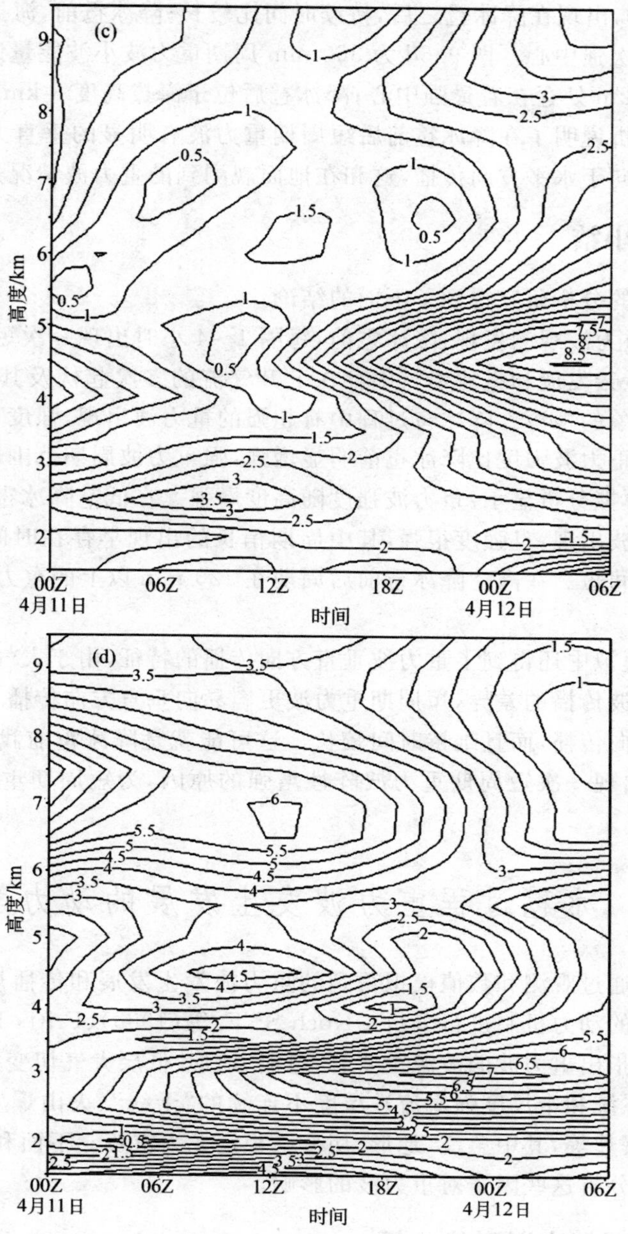

图 9.6　普定县上空位温变化的 Morlet 小波能量谱(单位：$m^3 \cdot s^{-2}$)的垂直剖面图

(a)20 min，(b)120 min，(c)280 min，(d)360 min

拔高度 4.5 km，出现在降冰雹之后，持续时间比较长；降冰雹前，海拔高度 2.5 km 还存在重力波的次强中心。图 9.6d 为 360 min 周期重力波小波能量谱，降冰雹前位于海拔高度为 7 km 处存在着最强中心；降冰雹后位于海拔高度 3 km 上存在着次强中心。从以上分析说明了在降冰雹前后短周期重力波有明显的垂直方向传播，而长周期重力波更倾向于水平方向传播，这和在地面观测到的重力波情况是一致的。

9.3.3 小结

通过以上的分析研究得到了下面的结论：

(1)地面重力波观测发现：降冰雹前，每隔 1～4 小时出现一次短周期重力波阵性增强的现象，雹云发展和雹块增长中存在上升气流的多次起伏及其平稳间歇期可能是造成这种现象的根源。降冰雹过程中有超强的重力波出现，强度可增强到 10 倍以上。降冰雹后重力波强度比降冰雹前明显增强，强重力波周期范围也相应变宽了。

(2)数值模拟分析显示：重力波强度随高度增强。在低空降冰雹前几个小时有强的短周期重力波出现，且强度很强，其中周期稍长的出现早存在时间长，周期稍短的出现晚存在时间短。在高空降冰雹前后周期在 120 min 以上的重力波有明显增强的现象。

(3)数值模拟中还得到了重力波垂直方向传播的特征，由于大气耗散的作用造成不同周期重力波传播的差异，短周期重力波更容易向垂直方向传播，而长周期重力波倾向于水平方向传播，而且维持时间较长。这可能就是降冰雹前我们在地面观测到每 1～4 小时出现一次短周期重力波阵性增强的原因，为短周期重力波垂直传播的结果。

9.4 冰雹过程重力波发生发展的动力学分析

前面一节通过观测和数值模拟得到的重力波发生发展和传播规律，下面利用模拟结果对它们的动力机制进行分析。Koch S. E. 等(1985)、Fritts D C 等(1992)、李启泰(1993)等指出重力波的波源主要有：急流、地形、低层大气切变不稳定、天气过程扰动(如低压系统和中尺度强对流)、湿度不连续的“干线”、火山爆发、海啸、地震、日食、大气层核爆炸等，其中急流、地形、切变不稳定尤为重要。下面利用一次冰雹过程的数值模拟来分析这些因子对重力波的影响。

9.4.1 天气实况形势分析

4 月 11 日 08 时天气形势如图 9.7 所示，从 500 hPa 高度场来看有一个高空槽东移影响我国，分为北支槽和南支槽，南支槽底位于我国西南地区，我国东北地区和朝

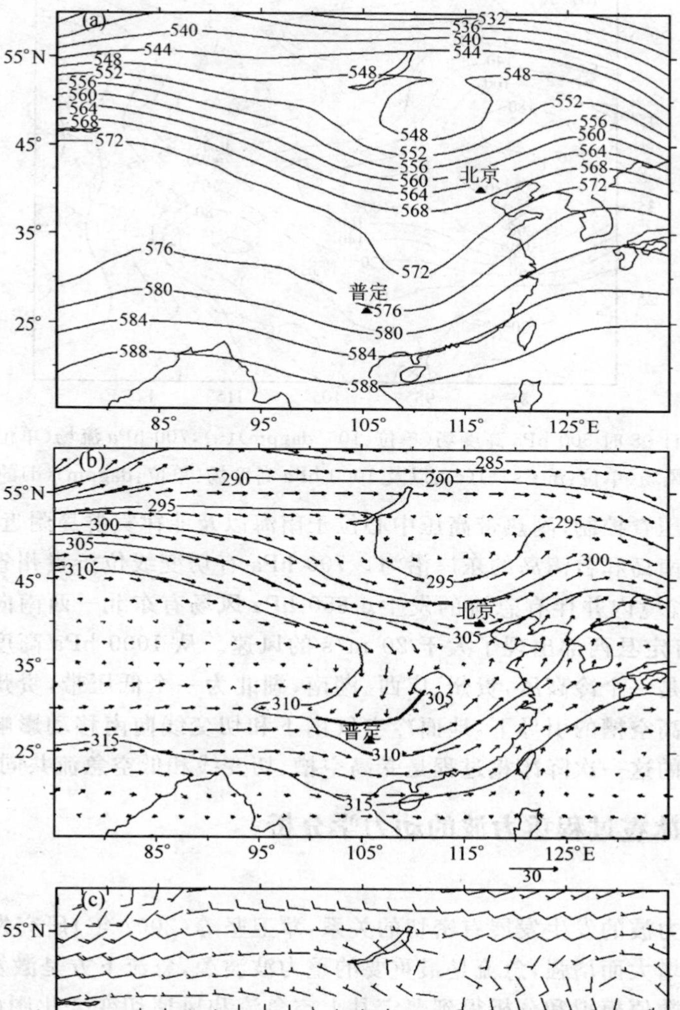
(a)
540
536
532
544
548
552
556
560
564
568
572
576
580
584
588
北京
普定
55°N
45°
35°
25°
85°
95°
105°
115°
125°E
(b)
285
290
295
300
305
310
315
北京
普定
30
(c)
北京
普定

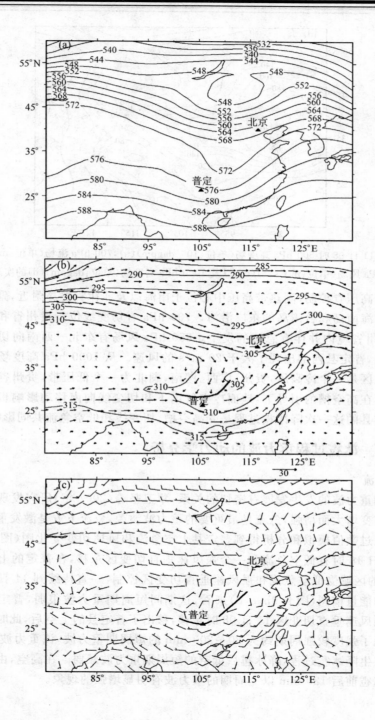

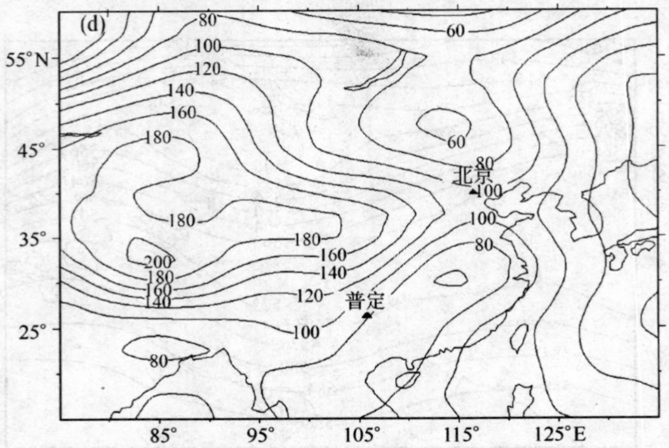

图 9.7 4 月 11 日 08 时 500 hPa 高度场(单位:10^{-1} dagpm)(a),700 hPa 流场(单位:$m \cdot s^{-1}$)(b),850 hPa 风场(单位:$m \cdot s^{-1}$)(c),以及 1000 hPa 高度场(单位:dagpm)(d)的实况图

鲜半岛处于高压脊控制,副热带高压中心位于南海以及菲律宾群岛附近,副高边缘西伸到了我国海南岛和台湾岛的东岸沿海。700 hPa 有切变线位于贵州省和四川省的交界处,贵州省境内并伴有急流的发生。850 hPa 风场有东北—西南向切变线穿过贵州省境内,普定县西部出现了大于 20 m/s 的风速。从 1000 hPa 高度场来看我国西北高原地区是一个冷高压,贵州、广西、湖南、湖北为一个低压带,贵州省地面气压增压较大。在高空槽的引导下,地面冷空气南下和切变线向南移动影响贵州。因此贵州省普定县的这一次降冰雹过程是受高空槽、切变线和低空急流共同影响造成的。

9.4.2 冰雹过程重力波的动力学分析

(1) 急流

急流和重力波的发生发展有密切的关系,覃卫坚等(2007 年)研究发现重力波随风速垂直切变增大而增强,急流是最重要的重力波波源,急流下方是激发重力波最强的地方。通过数值模拟和分析得到普定县上空急流和风速切变变化图(图 9.8a),由图看出 10 日 16 时有低空急流和一个强风速垂直切变区东移,在普定的上空离地面 1 km 高度的区域受低空急流和强风速垂直切变区控制,一直持续到 11 日 08 时,从各高度层的能量谱图(图 9.8b,c,d)来看,这期间短周期重力波很弱,普定上空的低空急流和强风速垂直切变区 11 日 08 时东移,移出了普定县的上空后,此时在普定县的低空出现了强度较强周期约为 80～200 min 的短周期重力波,该重力波存在到 16 时普定县发生降冰雹过程,降冰雹后低空的短周期重力波减弱。在高空,由于急流激发作用降冰雹前后 120 min 以上周期的重力波有明显增强的现象。

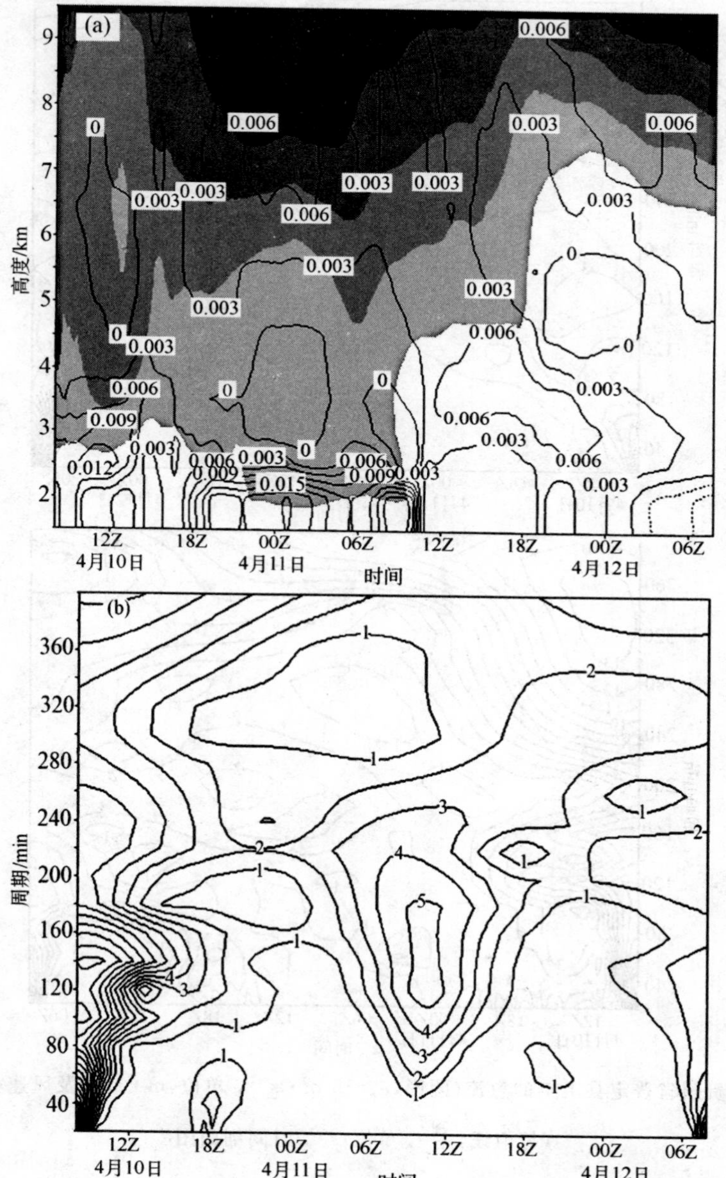
(a)
高度/km
时间
12Z 4月10日
18Z
00Z 4月11日
06Z
12Z
18Z
00Z 4月12日
06Z
(b)
周期/min
时间

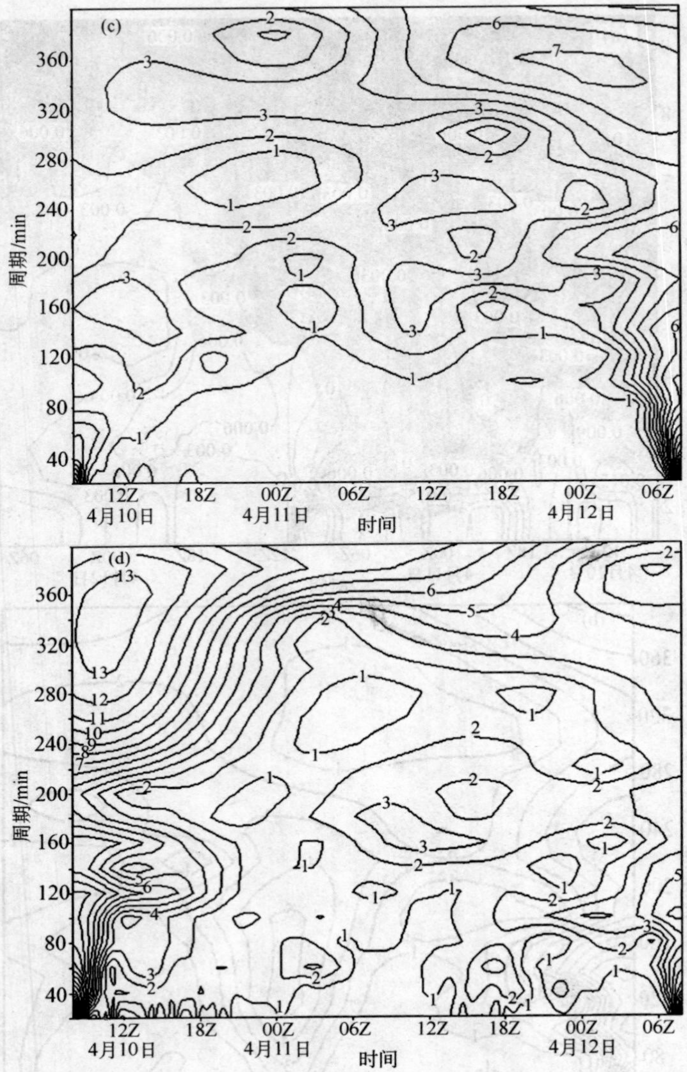

图 9.8 贵州省普定县上空的急流(阴影，$u \geqslant 15\ \mathrm{m \cdot s^{-1}}$，单位：$\mathrm{m \cdot s^{-1}}$)及风速垂直切变(等值线，$\frac{\partial \overline{U}}{\partial z}$，单位：$\mathrm{s^{-1}}$)时间剖面图

(a)海拔 2 km 处，(b)海拔 3 km 处，(c)海拔 7 km 处，(d)小波能量谱(单位：$\mathrm{m^3 \cdot s^{-2}}$)

(2) 地形

当风速随高度增加时,气流流过山脉受到阻挡发生强迫上升运动,引起的气流波动,这叫背风坡,也是重力波的一种,是一种与地形有关的固定发生源的重力波。有关地形对重力波的影响,国内外有很多的研究,如桑建国等(1992)把地形引起的波动分为过山波和背风波。贵州省普定县城海拔高度为 1250 m,西北面有海拔为 2689 m 的乌蒙山最高峰,南部有岑王老山,这种四面环山的地形非常有利于大气重力波发生发展。

根据数值模拟结果,沿着贵州省普定县所处纬度 26°19′N 的位温剖面图(如图 9.9)可看出,在东经 103°30′左右存在着最高山峰,山顶的上空在整个过程中一直维持着一个波动,振幅最大,这应该是桑建国等所称的过山波,它是沿着水平方向衰减,看起来波的位相近似于静止状态,只是波的振幅在不同的风速条件下有所变化,随着西风增大而增大,与南北向风速相关小。当经一段平缓地形后有下坡时也会使波振幅增大,且地形坡度越陡振幅越大,重力波倾斜向上传播,这样的地形和急流切变风相结合可能是图 9.7b 中在近地面强重力波产生和传播的原因。在地势平缓的地方由地形产生的重力波振幅最小。

(3) 切变线或锋面

切变线或锋面也是重力波形成的一个重要因子,众所周知发生切变的风区往往是非地转运动最强的地方,大气的适应过程就是非地转运动向地转运动转变的过程,它的物理机制一般为重力波的能量频散。Zack 等(1987 年)利用非线性平衡方程(NBE)来进行运动不平衡的定量诊断,作为气流不平衡的定量指标,诊断有无可能产生大振幅的中尺度重力波。不均匀风场不仅会影响重力波的结构和强度,还会影响到重力波传播方向。

这一次降冰雹过程中,有切变线自西北向东南方向移动影响贵州,表现为偏南风和偏北风切变(如图 9.9)。4 月 10 日 20 时在普定的西面、经度 100°E 左右的高空开始出现北风,其他都在吹南风。11 日 02 时切变线移到 102°E,08 时在低空切变线移到了普定县,切变线由低层到高层为向西倾斜。16 时降冰雹时切变线已移到普定县城的东面,切变线以西都吹北风,以东都吹南风,普定县城西面的重力波振幅有明显的减弱。这一次切变线移速基本上是匀速的,整体是由西北向东南移动,这和我们观测到的重力波的来向是相同的,可以推断切变线是重力波的重要波源。

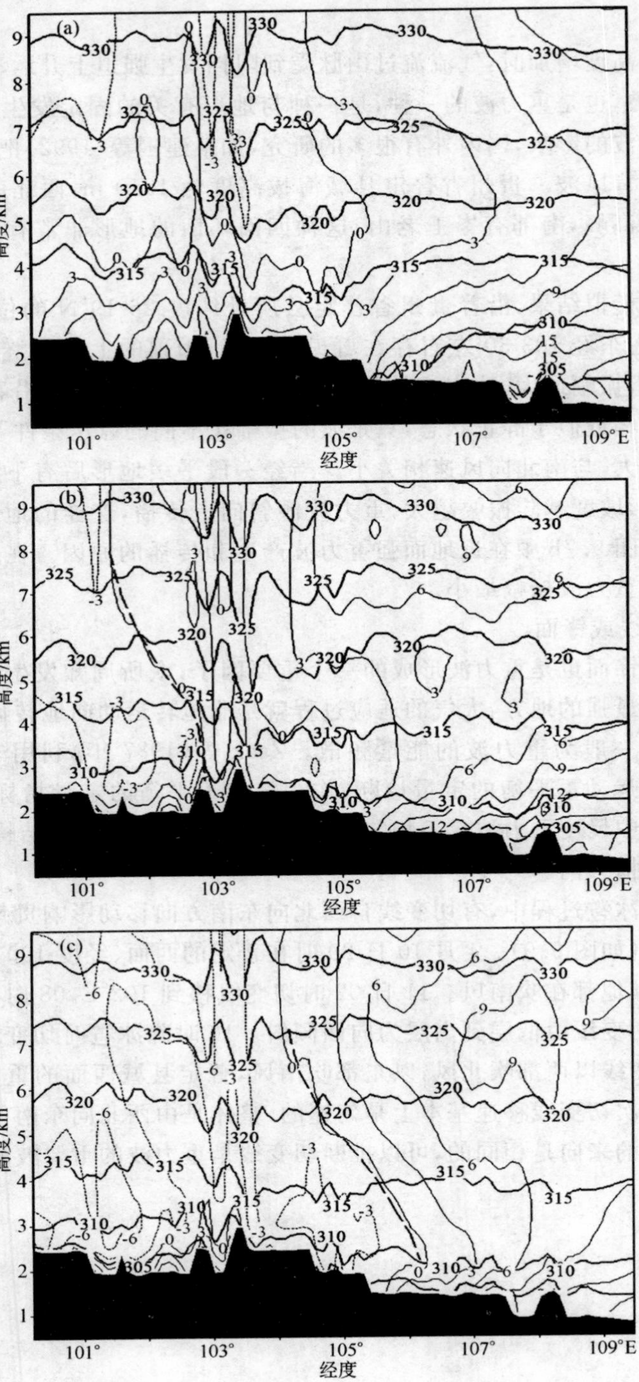
(a)
(b)
(c)
高度/km
经度
101°
103°
105°
107°
109°E
330
325
320
315
310
305

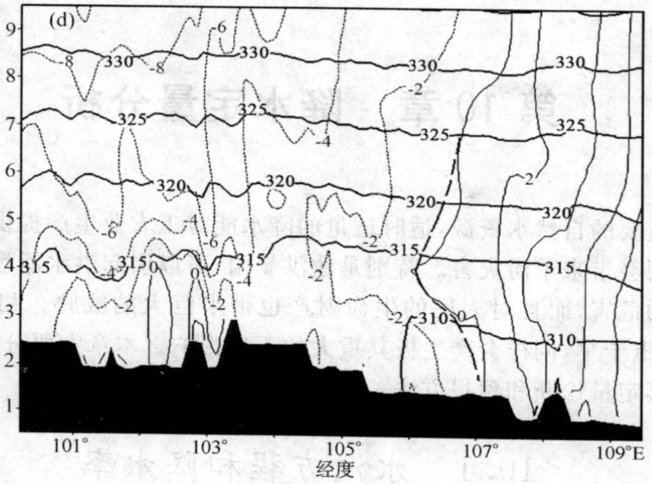

图 9.9　沿 26.33°N 位温和经向风速垂直剖面图

(a)10 日 20 时，(b)11 日 02 时，(c)11 日 08 时，(d)11 日 16 时

(粗实线为位温，单位：K；细虚线为北风，单位：$m \cdot s^{-1}$；细实线为南风，单位：$m \cdot s^{-1}$；粗长虚线为切变线)(普定县位于 105°45′E)

9.4.3　小结

通过以上的分析研究得到了下面的结论：

(1) 强的低空急流和风速垂直切变触发对流系统或湍流的发生和加强，对流或湍流又激发产生周期为 80～200 min 的短周期重力波。高空长周期重力波在降冰雹后周期有明显变短的现象，随高度变化越发明显。

(2)由地形形成的重力波在最高山峰上空振幅最大，不断向东频散出重力波，当经过一段平缓地形后有下坡时会使波振幅增大，且地形坡度越陡振幅越大，这样的地形和急流及风速垂直切变相结合激发产生了 120 min 左右周期的重力波，该重力波倾斜向上传播，对降冰雹对流过程起到触发机制作用。

第 10 章　降水定量分析

降水是重要的自然水资源，适时适量的降水能对工农业生产提供有利的条件，然而异常降水则会带来旱涝灾害。特别是致洪暴雨，可以引起洪水泛滥，不仅对生产建设造成极大的危害，而且对人民的生命财产也带来巨大的威胁。相反，长期缺少降水，会导致严重干旱，同样会产生极其重大的不良影响。本章主要分析降水特别是暴雨的成因及其定量诊断和预报方法。

10.1　水汽方程和降水率

降水是大气中的水的相变过程的产物。从其机制来分析，某一地区降水的形成，大致需有三个条件，即水汽条件；垂直运动条件以及云物理条件。其中，前两个是降水的天气学条件。第三个降水的云物理条件，主要是指云滴增长的条件，一般取决于云层高度和厚度，而它们又取决于水汽和垂直运动等天气学条件。所以在降水预报中，通常只分析水汽条件和垂直运动条件就够了。

为了进一步理解水汽和垂直运动对降水形成的关系，以及定量地计算降水量，我们首先来介绍水汽方程和降水率（即单位时间单位面积上的可降水量）。

设空间有一个体积为 $\delta x\delta y\delta z$ 的固定的矩形六面体，其内的湿空气质量为 $\rho\delta x\delta y\delta z$（$\rho$ 为湿空气的密度）。设 q 为湿空气的比湿，则在该体积中所含水汽质量应为 $\rho q\delta x\delta y\delta z$。那么在单位时间内，该体积所含水汽的变化量即是 $\frac{\partial}{\partial t}(\rho q\delta x\delta y\delta z)$，增加时为正值。如不考虑液态和固态水向该体积内的输送，则从水分质量守恒定律可得：

$$\begin{aligned}\frac{\partial}{\partial t}(\rho q\delta x\delta y\delta z)=&-\frac{\partial}{\partial x}(\rho qu)\delta x\delta y\delta z-\frac{\partial}{\partial y}(\rho qv)\delta x\delta y\delta z-\\&\frac{\partial}{\partial z}(\rho qw)\delta x\delta y\delta z-\rho c\,\delta x\delta z+\rho K_q\frac{\partial^2 q}{\partial z^2}\delta x\delta y\delta z\end{aligned}\tag{10.1}$$

其中，u,v,w 分别为风速在 x,y,z 方向的分量；ρqu，ρqv，ρqw 分别为单位时间内通过 yz 平面、xz 平面和 xy 平面上单位面积的水汽量，称为水汽通量；$\frac{\partial}{\partial x}(\rho qu)+\frac{\partial}{\partial y}(\rho qv)$ 称为水汽通量的水平散度，简称为水汽通量散度；方程右边第一、二、三项分

别为在 x,y,z 方向上流出流进的差额，即水汽净流入量，这三项之和代表从水平方向和垂直方向向该体积内流进的水汽净流入量；c 为单位时间内，在单位质量空气中的凝结量(或凝结率)，此值凝结时为正，蒸发时为负；方程右边第四项 $\rho c\delta x\delta y\delta z$ 为在 $\delta x\delta y\delta z$ 这一小体积中，单位时间内的凝结量；K_q 是水汽的湍流扩散系数；方程右边第五项在 $\delta x\delta y\delta z$ 这一小体积中，单位时间内湍流扩散所引起的水汽输送量。将(10.1)式两边除以 $\delta x\delta y\delta z$ 后，便得以下水汽方程：

$$\frac{\partial(\rho q)}{\partial t}=-\frac{\partial}{\partial x}(\rho qu)-\frac{\partial}{\partial y}(\rho qv)-\frac{\partial}{\partial z}(\rho qw)-\rho c+\rho K_q\frac{\partial^2 q}{\partial z^2} \tag{10.2}$$

(10.2)式也可改写为：

$$q\frac{\partial\rho}{\partial t}+\rho\frac{\partial q}{\partial t}=-qu\frac{\partial\rho}{\partial x}-qv\frac{\partial\rho}{\partial y}-qw\frac{\partial\rho}{\partial z}-q\rho\frac{\partial u}{\partial x}-q\rho\frac{\partial v}{\partial y}-$$
$$q\rho\frac{\partial w}{\partial z}-\rho u\frac{\partial q}{\partial x}-\rho v\frac{\partial q}{\partial y}-\rho w\frac{\partial q}{\partial z}-\rho c+\rho K_q\frac{\partial^2 q}{\partial z^2}$$

即

$$q\frac{\mathrm{d}\rho}{\mathrm{d}t}+q\rho\,\mathrm{div}\mathbf{V}+\rho\frac{\mathrm{d}q}{\mathrm{d}t}=-\rho c+\rho K_q\frac{\partial^2 q}{\partial z^2} \tag{10.3}$$

若以连续方程 $\frac{\mathrm{d}\rho}{\mathrm{d}t}+\rho\,\mathrm{div}\mathbf{V}=0$ 代入，则得：

$$\frac{\mathrm{d}q}{\mathrm{d}t}=-c+K_q\frac{\partial^2 q}{\partial z^2} \tag{10.4}$$

这是水汽方程的另一形式。此式说明，一个运动的单位质量湿空气块，其比湿的变化等于凝结率及湍流扩散率之和。如果没有凝结或蒸发，且湍流扩散也很小，可以略去不计，于是就得

$$\frac{\mathrm{d}q}{\mathrm{d}t}=0 \tag{10.5}$$

这表示空气质块的比湿保持不变。

在水汽方程(10.4)中，若不考虑湍流扩散的影响，则有：

$$-c=\frac{\mathrm{d}q}{\mathrm{d}t} \tag{10.6}$$

则单位体积湿空气的凝结率为：

$$\rho c=-\rho\frac{\mathrm{d}q}{\mathrm{d}t} \tag{10.7}$$

考虑一底面积为单位面积，厚度为 $\mathrm{d}z$ 的气柱，其体积为 $\mathrm{d}z$，在此体积内的水汽凝结率为：

$$\rho c \mathrm{d}z = -\rho \frac{\mathrm{d}q}{\mathrm{d}t}\mathrm{d}z \tag{10.8}$$

假设所有凝结出来的水分，都作为降水在瞬时之内下降至地面，那么 $-\rho\frac{\mathrm{d}q}{\mathrm{d}t}\mathrm{d}z$ 就是这个厚度为 $\mathrm{d}z$ 的一小块空气在单位时间内对地面降水的贡献。

设 I 是单位时间内降落在地面单位面积上的总降水量，称为降水率或降水强度。它就是从地面到大气层顶的气柱内各个厚度 $\mathrm{d}z$ 对地面降水贡献的总和。用积分式来表示，则为：

$$I = -\int_0^{\infty} \rho \frac{\mathrm{d}q}{\mathrm{d}t}\mathrm{d}z \tag{10.9}$$

当湿空气未达饱和时，空气中的水滴可以蒸发，而 $\frac{\mathrm{d}q}{\mathrm{d}t} > 0$，这时没有降水。如代入上式中，则降水率成为负号，这是不合理的。故在上式中规定 $\frac{\mathrm{d}q}{\mathrm{d}t} \leqslant 0$ 而且湿空气必须饱和，即 $q = q_s$（饱和比湿）。于是上式可写成：

$$I = -\int_0^{\infty} \rho \frac{\mathrm{d}q_s}{\mathrm{d}t}\mathrm{d}z \tag{10.10}$$

或以静力学方程代入，得：

$$I = -\frac{1}{g}\int_0^{p_0} \frac{\mathrm{d}q_s}{\mathrm{d}t}\mathrm{d}p \tag{10.11}$$

这就是单位时间内的总降水量（即降水强度或降水率）的表达式。如欲求某一时段 $t_1 \sim t_2$ 内的总降水量 W，则将上式对时间积分，得：

$$W = -\frac{1}{g}\int_{t_1}^{t_2}\int_0^{p_0} \frac{\mathrm{d}q_s}{\mathrm{d}t}\mathrm{d}p\mathrm{d}t \tag{10.12}$$

为了便于计算降水率，需要将(10.11)式进行变换。因为 $q_s = 0.622\,\frac{E}{p}$（E 为饱和水汽压），两边取对数求导，得：

$$\frac{1}{q_s}\frac{\mathrm{d}q_s}{\mathrm{d}t} = \frac{1}{E}\frac{\mathrm{d}E}{\mathrm{d}t} - \frac{1}{p}\frac{\mathrm{d}p}{\mathrm{d}t},$$

或

$$\frac{1}{q_s}\frac{\mathrm{d}q_s}{\mathrm{d}t} = \frac{1}{E}\frac{\mathrm{d}E}{\mathrm{d}t} - \frac{\omega}{p} \tag{10.13}$$

式中 $\omega = \frac{\mathrm{d}p}{\mathrm{d}t}$，是 p 坐标中的垂直速度。

将克劳修斯—克拉珀龙方程：

$$\frac{1}{E}\frac{\mathrm{d}E}{\mathrm{d}t}=\frac{L}{R_wT^2}\frac{\mathrm{d}T}{\mathrm{d}t} \tag{10.14}$$

代入(10.13)式，得：

$$\frac{1}{q_s}\frac{\mathrm{d}q_s}{\mathrm{d}t}=\frac{L}{R_wT^2}\frac{\mathrm{d}T}{\mathrm{d}t}-\frac{\omega}{p} \tag{10.15}$$

上二式中 L 为蒸发(或凝结)潜热，其值约为 597 卡/克，R_w 为水汽的气体常数，为 461.51 焦耳/(千克·度)。

假设空气块除了凝结放热以外，再无其他热量交换，即过程是湿绝热的，那么单位时间内，单位质量空气块的凝结量是 $-\frac{\mathrm{d}q_s}{\mathrm{d}t}$。它所放出的潜热 $-L\frac{\mathrm{d}q_s}{\mathrm{d}t}$，用以提高空气块的温度以及使空气块对外作功，即按热力学第一定律，有：

$$-L\frac{\mathrm{d}q_s}{\mathrm{d}t}=c_p\frac{\mathrm{d}T}{\mathrm{d}t}-\frac{RT}{p}\omega \tag{10.16}$$

把 (10.15)式与 (10.16)式联立，消去 $\frac{\mathrm{d}T}{\mathrm{d}t}$，就得到：

$$\frac{\mathrm{d}q_s}{\mathrm{d}t}=\frac{q_sT}{p}\left(\frac{LR-c_pR_wT}{c_pR_wT^2+q_sL}\right)\omega \tag{10.17}$$

令等式右边 ω 的系数为 F，称为凝结函数，即：

$$F=\frac{q_sT}{p}\left(\frac{LR-c_pR_wT}{c_pR_wT^2+q_sL}\right) \tag{10.18}$$

则

$$\frac{\mathrm{d}q_s}{\mathrm{d}t}=F\omega \tag{10.19}$$

由于 $LR-c_pR_wT=2500$ 焦耳/克×287 焦耳/(千克·度)-1.0 焦耳/(克·度)×461.51 焦耳/(千克·度)×300 度>0，因而 F 恒大于 0。于是当 $\omega<0$ 时，$\frac{\mathrm{d}q_s}{\mathrm{d}t}<0$，即有上升运动时就有水汽凝结，且凝结值与上升速度和 F 值之乘积成正比。

因为 $q_s=0.622\frac{E}{p}$，而 $E(t)=6.11\times10^{\frac{7.5t}{273.3+t}}$，其中 t 是摄氏温度，$\frac{E}{p}$ 完全可以由当时的温压场决定，只要知道各层的 T,p,ω 诸值，就可从(10.19)式算出 $\frac{\mathrm{d}q_s}{\mathrm{d}t}$，也就可知道凝结率。

当空气未饱和时($q<q_s$)或虽已饱和而存在下沉运动时，不可能有凝结发生，故(10.19)式可写为：

$$\frac{\mathrm{d}q_s}{\mathrm{d}t}=\delta F\omega \tag{10.20}$$

式中当 $q \geqslant q_s$，且 $\omega < 0$ 时，$\delta = 1$；当 $q < q_s$，或 $\omega \geqslant 0$ 时，$\delta = 0$。将上式代入(10.11)中，得：

$$I = -\int_0^{p_0} \omega \frac{\delta F}{g} \mathrm{d}p \tag{10.21}$$

而预报时段 $t_1 \sim t_2$ 内的降水量就是：

$$W = -\int_{t_1}^{t_2} \int_0^{p_0} \omega \frac{\delta F}{g} \mathrm{d}p \mathrm{d}t \tag{10.22}$$

只要知道这一时段内的 ω 及压温场，就可算出总降水量。ω, F 及 I 的具体计算方法见第 9 章。但必须注意，如要计算未来时段内的降水量，必须用未来时段内的 ω, F 来计算，因此必须先预报未来时段内的 p, T 和 ω，然后才能进行计算。

以上通过水汽方程和降水率公式的推导，进一步说明了水汽和垂直运动对降水形成的关系。(10.20)和(10.21)表明，降水率和降水量与 $\omega, F(q_s)$ 以及 δt 有关。这就进一步说明了形成降水必须具备水汽条件和垂直运动条件，而形成暴雨则必须具备充分的水汽、强烈的上升运动以及较长的持续时间等条件。

10.2 水汽条件的定量诊断分析

由降水率公式可知，一地降水的强度除决定于垂直速度外还决定于该地上空整个大气的水汽含量和饱和程度。我们已经讨论过垂直运动的诊断，这里就只讨论水汽条件的诊断。

常用的表示某地上空大气的水汽含量及饱和程度的物理量有：

(1)各层比湿 q 或露点 T_d

因为 $q = 0.622 \dfrac{e}{p}$，而 $E(t) = 6.11 \times 10^{\frac{7.5t}{273.3+t}}$，而且当 $t = T_d$ 时，$E(T_d) = e$，因此在等压面上比湿 q 正比于水汽压 e，也就与 T_d 成直接的函数关系。(在各等压面上 q 与 T_d 的互换值可由查算表查得)。因此在一等压面上的等 T_d 线即为等 q 线，分析等压面上的 q 或 T_d 的分布，就等于分析了湿度场的分布。

(2)各层饱和程度

在各层等压面上分析等 $(T - T_d)$ 线，用以表示空气的饱和程度。通常以 $(T - T_d) \leqslant 2$℃的区域作为饱和区，并可取 $(T - T_d) \leqslant 4 \sim 5$℃作为湿区。在垂直剖面图上，还常使用相对湿度 $\left(f = \dfrac{e}{E} \times 100\%\right)$ 的分布来表示空气的饱和程度，取 $f \geqslant 90\%$ 作为饱和区。

(3)湿层厚度

湿层,指饱和层。湿层越厚,降水越强。所以常在单站探空曲线及剖面图中分析湿层厚度作为降水预报的指标。

(4)整层大气的水汽含量(可降水量)

将某一单位面积地区上空整层大气的水汽积分起来,就得整层大气的水汽含量。假定整层大气的水汽含量全部凝结并降落至地面的降水量称为该地区的"可降水量"。可用下式表示:

$$\int_0^{\infty} \rho g \, \mathrm{d}z \tag{10.23}$$

用静力方程代入,则得:

$$\frac{1}{g}\int_0^{\infty} q \, \mathrm{d}p \tag{10.24}$$

由于大气中高层水汽含量很少,绝大部分集中于中低对流层,其中 85%~90% 集中于 500 hPa 以下。所以在计算可降水量时,其积分限从地面取至 300 hPa 或 400 hPa即可。

以上是一些常用的表示某地上空大气的水汽含量及饱和程度的物理量。天气分析的经验表明,很多时候只分析本地水汽条件是不够的。一地区较大的实际降水量,常常远远超过该地区的"可降水量"。因此,某地区要下一场较大的降水,就必须要有足够的水汽从源地不断向该地区供应。特别是在降暴雨时更需要有潮湿空气的不断输送和汇合。

表示水汽输送和汇合的物理量有:

(1)水汽通量

源地的水汽,主要是通过大规模的水平气流被输送到降水区的。其输送量的大小用水汽通量表示。设 V 为全风速的大小,我们在垂直于风向的平面内取一单位面积,则在单位时间内,通过此单位面积输送的水汽量可表示为 ρqV,此即为水汽水平通量。其在 x 方向的分量为 ρqu, y 方向的分量为 ρqv。通过垂直于风向的底边为单位长度,高为整层大气柱的面积上的总的水汽通量则为:

$$\int_0^{\infty} \rho qV \mathrm{d}z, \text{或} \ \frac{1}{g}\int_0^{p_0} qV \mathrm{d}p \tag{10.25}$$

为了计算上的方便,我们常用后一种形式。因此,对于底边为单位长度、高为单位百帕的水汽通量可表示为 $\frac{1}{g}qV$。因为低层水汽含量大,所以低层的水汽输送量也大。

(2)水汽通量散度

上面说过,当水汽由源地输送到某地区时,必须有水汽在该地区水平辐合,才能上升冷却凝结成雨。所谓水汽水平辐合就是水平输送进该地区的水汽，大于水平输送出该地区的水汽，反之即为水汽的水平辐散。

在单位体积内，水汽水平辐合的大小可用水平水汽通量散度 $\nabla \cdot (\rho q \mathbf{V})$ 来表示，其表达式为：

$$\nabla \cdot (\rho q \mathbf{V}) = \frac{\partial}{\partial x}(\rho q u) + \frac{\partial}{\partial y}(\rho q v) \tag{10.26}$$

$\nabla \cdot (\rho q \mathbf{V}) > 0$ 为水平水汽通量辐散；$\nabla \cdot (\rho q \mathbf{V}) < 0$ 为水平水汽通量辐合。设在单位面积的整层大气柱中水汽的水平通量散度为 D，则水汽水平通量辐合量为 $-D$，其表达式为：

$$-D = -\int_0^\infty \nabla \cdot (\rho q \mathbf{V}) \mathrm{d}z \tag{10.27}$$

在 p 坐标中可写为：

$$-D = -\frac{1}{g}\int_0^{p_0} \nabla \cdot (q \mathbf{V}) \mathrm{d}p \tag{10.28}$$

式中 $\frac{1}{g}\nabla \cdot (q\mathbf{V})$ 表示厚度为单位百帕、水平为单位面积的体积内水平水汽通量散度。以(10.2)式代入前式得：

$$-D = \int_0^\infty \rho c \, \mathrm{d}z + \int_0^\infty \frac{\partial(\rho q)}{\partial t}\mathrm{d}z + \int_0^\infty \frac{\partial(\rho q w)}{\partial z}\mathrm{d}z - \int_0^\infty \rho K_q \frac{\partial^2 q}{\partial z^2}\mathrm{d}z \tag{10.29}$$

若不考虑地形和地面摩擦的影响，且认为地面和大气层顶的垂直速度为零，则上式右端第三、四项为零。又因在降水地区，水汽的局地变化量比降水量要小得多，故上式右端第二项也可略去。于是：

$$-D = \int_0^\infty \rho c \, \mathrm{d}z = I$$

或

$$I = -D \tag{10.30}$$

由此可见，整层水汽水平辐合的大小，近似地等于降水率。在计算某一指定区域的降水量时经常应用上式。因为：

$$\frac{1}{g}\nabla \cdot (q\mathbf{V}) = \frac{1}{g}\mathbf{V} \cdot \nabla q + \frac{1}{g} q \nabla \cdot \mathbf{V} \tag{10.31}$$

可见水汽通量散度是由两部分所组成的，一部分为水汽平流(右端第一项)，其意义与温度平流相似，当风由比湿高的地区吹向比湿低的地区时，此项小于零，称为湿平流，对水汽通量辐合有正的贡献。反之，当风由比湿低的地区吹向比湿高的地区时，此项大于零，称为干平流，对水汽通量辐合有负的贡献；另一部分为风的散度(右端第二项)。实际计算中表明，在降水区中，水汽通量辐合主要由风的辐合所造成，特别是在低层空气里水平辐合最为重要，而水汽平流项对水汽的贡献很小，但这不等于说水汽平流的分析就可完全忽视不管。

以上介绍了一些常用的表示某地上空大气的水汽含量与饱和程度以及表示水汽输送和汇合的物理量。从(10.31)式可以看出，水汽通量的水平辐合，虽主要决定于右端第二项的空气水平辐合，但仍然需有较大的湿度，二者结合起来才能造成较大的水汽通量的水平辐合。因此在讨论一地区的降水量时，必须讨论该地区大气柱中水汽含量的变化，即水汽的局地变化。

将(10.4)式展开，得到：

$$\frac{\partial q}{\partial t}=-\mathbf{V}\cdot\nabla q-w\frac{\partial q}{\partial z}-c+\rho K_q\frac{\partial^2 q}{\partial z^2} \tag{10.32}$$

由上式看出，某地区水汽的变化(局地变化)取决于以下四项：

(1)比湿平流

由于低层的湿度对降水的贡献最为重要，所以在预报工作中，一般分析 850 hPa 或 700 hPa 面上的等比湿线(或等露点线)，和风场来判断比湿平流的符号和大小。湿平流引起局地比湿增加，干平流引起局地比湿减少。从实际分析可知，某地区在降水(特别是暴雨)前，其低层的比湿有明显的增加，而这种增加又主要是由水汽平流所引起的。因此，分析低层的水汽平流是降水预报中的一个重要内容。

(2)比湿垂直输送

当垂直方向上比湿分布不均匀时，由于垂直运动而引起的水汽垂直输送，会导致比湿的局地变化。因为一般来说，低层湿度大于高层，所以某层的上升运动将使局地比湿增加，下沉运动将使局地比湿减小。在降水地区高层水汽往往突然增加，这主要是由于上升运动所造成的。

(3)凝结、蒸发

凝结时使局地比湿减少，蒸发时使局地比湿增加。在已发生降水的地区，常常是湿舌或湿中心区，水汽平流很弱。但这时水汽凝结项却起主要作用，与垂直输送项配合，上升的水汽凝结成雨。一般在降水开始以后，比湿的局地变化较小。

(4)湍流扩散

湍流扩散在垂直方向主要使水面和下垫面蒸发的水汽向上输送到高层大气中去。在水平方向使湿舌或湿中心的比湿减少，使干舌或干中心的比湿增加。此项在孤立的对流云中较为重要，一般在大型降水中则不考虑。

总之，分析水汽条件主要是分析大气中的水汽含量及其变化、水汽通量和水汽平流等。水汽通量辐合主要决定于空气的水平辐合，因而也决定于垂直运动的条件。

10.3 地面降水诊断方程

我们在上面主要讨论了降水的天气学成因，然而降水的形成还与十分复杂的物理过程密切相关。过去有关降水的研究大多关注水汽及水汽辐合(输送)的影响，对与降水有关的水汽收支研究较多。高守亭等(2005)、崔晓鹏等(2008)将大气中水汽和云中水凝物(云水、雨水、云冰、雪及霰等)的变化方程结合起来，得到一个地面降水诊断方程，从而可以将与降水有关的，大气中水汽和云的演变过程在同一框架下定量地分析研究。他们推导出了下列形式的地面降水诊断方程：

$$P_s = Q_{WVT} + Q_{WVF} + Q_{WVE} + Q_{CM} \tag{10.33}$$

其中，

$$P_s = P_r = \bar{\rho} w_{Tr} q_r \mid_{z=0} \tag{10.33a}$$

$$Q_{WVT} = -\frac{\partial}{\partial t}[q_r] \tag{10.33b}$$

$$Q_{WVF} = -\left[\frac{\partial(u'q_r')}{\partial x}\right] - \left[\overline{U}^o\frac{\partial q_r'}{\partial x}\right] - \left[\overline{w}^o\frac{\partial q_r'}{\partial z}\right] - \left[w'\frac{\partial \overline{q}_r'}{\partial z}\right] - \left[\overline{U}^o\frac{\partial \overline{q}_r^o}{\partial x}\right] - \left[\overline{w}^o\frac{\partial \overline{q}_r}{\partial z}\right] \tag{10.33c}$$

$$Q_{WVE} = \bar{\rho}(w'q_r') \mid_{z=0} \tag{10.33d}$$

$$Q_{CM} = -\frac{\partial}{\partial t}(LWP + IWP) + CONV_{LWP+IWP} \tag{10.33e}$$

在上列(10.33)及(10.33a－e)各式中，P_s 为地面降水率；Q_{WVT} 为局地水汽变化率；Q_{WVF} 为水汽辐合辐散率；Q_{WVE} 为地面蒸发率；Q_{CM} 为云(云中水凝物)的局地变化和辐合辐散率。q_c, q_r, q_i, q_s, q_g 分别是云水、雨水、云冰、雪和霰的混合比；w_{Tr} 为雨水下落末速度；$\bar{\rho}$ 是大气平均密度，仅随高度变化；u 和 w 分别是纬向和垂直风速分量；LWP $(=[q_c+q_r])$ 和 IWP $(=[q_i+q_s+q_g])$ 分别是云中液态和固态水含量。$[()]=\int_{z_b}^{z_t}\bar{\rho}()\mathrm{d}z$，$z_t$ 和 z_b 分别是模式大气的顶和底的高度。变量顶部的符号"－"表示水平(纬向)平均，右上角符号"$'$"代表纬向扰动。右上角符号"^{o}"代表观测资料值。q_r 为大气水汽混合比。

由方程(10.33)可见地面降水率(P_s)由局地水汽变化率(Q_{WVT})，水汽辐合辐散率(Q_{WVF})，地面蒸发率(Q_{WVE})以及云(云中水凝物)的局地变化和辐合辐散率(Q_{CM})所决定。这样，从方程(10.33)就可以看出大气降水是大尺度水汽过程和中小尺度云过程的共同产物。由这个诊断方程，各种物理过程对降水的净效应均可以得到定量化地表现。因此通过地面降水诊断方程，可以将和降水有关的各个水汽和云的过程定量地加以分析和比较，准确地了解这些过程对降水的相对重要性。云的变化率可以和水汽变化率的量级相当，说明仅用水汽方程讨论降水问题会产生不准确。局地水汽变化率可和水汽辐合辐散率同量级，证明讨论降水原因时，仅仅计算水汽辐合辐散是不够的。这个地面降水诊断方程为研究降水提供了一个很好的工具，可以将与降水有关的水汽和云的过程在同一框架下来分析和研究。

10.4　强降水的数值模拟和诊断分析

数值模拟和预报已经愈来愈多地应用于强降水的诊断分析以及定量预报，并取得了很多令人鼓舞的结果。例如，廖胜石等(2004)利用 MM5 模式对 2003 年 7 月 4—5 日一次江淮梅雨暴雨过程进行了数值模拟和诊断分析。结果表明，该过程与江淮地区一个对流层低层中尺度低涡的发生发展密切相关，该中尺度低涡与一中尺度雨团相伴移动，低涡强度与雨强的演变近于一致，是一个具有明显的动力—热力结构特征的暖性涡旋。低涡中心的强上升运动及低层辐合高层辐散的配置非常有利于中尺度对流系统的发生发展。低涡低层有不稳定能量的积聚。应用螺旋度理论分析了这次过程的中尺度低涡发生发展的情况，发现较大的螺旋度是对流层低层低涡产生和发展的一种可能机制。

廖胜石等(2004)利用 2003 年 7 月 4 日到 5 日每 6 小时的 NCEP 再分析资料(水平分辨率 1°×1°)和同时间的探空，地面资料，采用由 PSU/NCAR 共同开发的第五代中尺度非静力数值预报模式 MM5V3 对这次暴雨过程进行模拟，从 2003 年 7 月 4 日 20 时起，积分 24 小时，动力学过程采用流体非静力平衡方案，模式采用 Grell 积云对流参数化方案和 Blackadar 的边界层参数化方案以及时变海绵侧边界条件等，模式地形采用 NCAR(30 分)地形资料，经过中尺度客观分析和平滑，插值到 60 km 网格点上。格点结构采用双重嵌套网格，区域中心(30°N，115°E)，粗网格格距 60 km，细网格格距 20 km，粗细嵌套网格格点数均为 61×61×20，模式顶气压 100 hPa，积分步长 90 s，每隔一小时输出一次模拟结果。细网格区域基本覆盖了长江中下游地区。

图 10.1 是 2003 年 7 月 4 日 20 时至 5 日 20 时 24 h 实况降水量(a)和细网格模拟降水量图(b)。可看出，在实况图上，整个雨区近于东西走向，江淮地区强降水区东西横跨 3～4 个经度，南北 2 个纬度，降水中心在 119.0°E，32°N 附近；在模拟图上，模式基本模拟出了江淮地区的雨区，与实况雨区位置很接近，而且模拟的雨量中心位置(江淮地区)与实况基本一致，只是模拟的降水强度较实况稍小，范围稍窄。

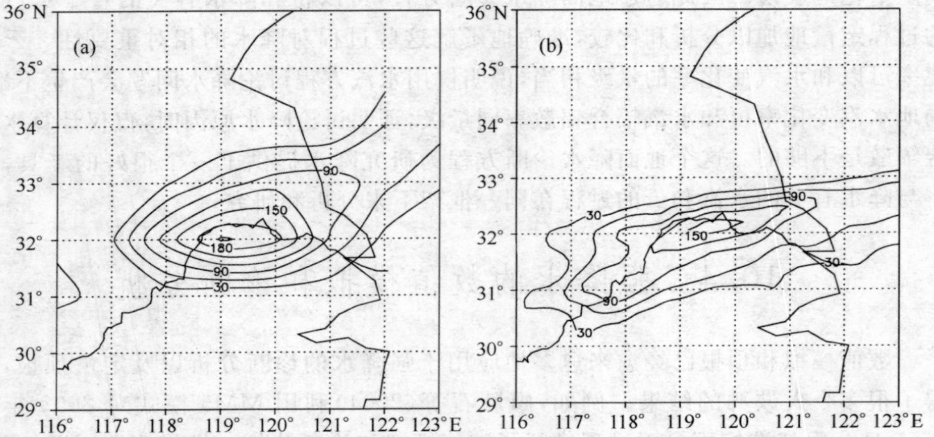

图 10.1　7 月 4 日 20 时至 5 日 20 时 24 小时实况降水量(a)和细网格模拟降水量(b)
(等值线间隔:30 mm)(廖胜石等,2004)

分析各层水平流场表明,暴雨与低层低涡密切相关。地面气压场上对应的是中低压,在雨区上空对应着正涡度区。最大正涡度位于 850 hPa 附近,涡度极值达到 $10\times10^{-4}\,s^{-1}$,正涡度区域垂直向上伸展,形成了一条涡柱。进一步分析物理量的每小时的演变特征,可以看到垂直速度的极值中心随着雨强的增强不断降低,表明产生强烈垂直运动的高度不断降低,厚度不断增加。散度的负值中心同样在 08—11 时之间出现,辐合达到最强状态(图 10.2)。

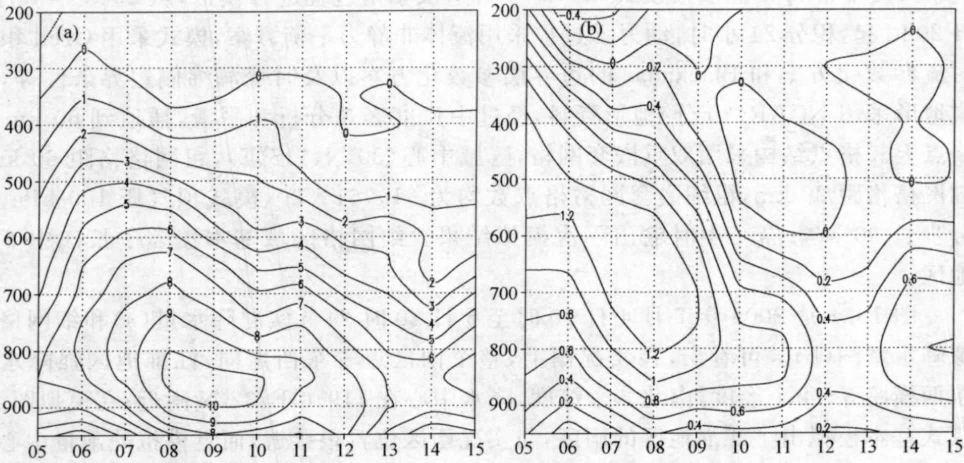

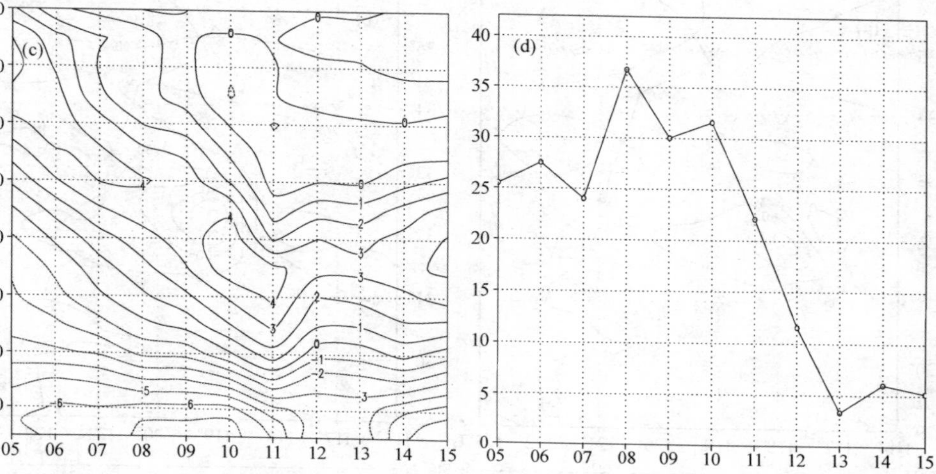

图 10.2　随着雨团中心一起移动，雨团中心的涡度(a)（单位：$10^{-4}\,s^{-1}$）、垂直速度(b)(单位：$m\cdot s^{-1}$)和散度(c)（单位：$10^{-4}\,s^{-1}$）的高度—时间剖面图，以及降水强度时间变化曲线(d)（单位：mm)(廖胜石等，2004)

风暴相对螺旋度是一个用来衡量风暴入流强弱以及沿入流方向的水平涡度分量的参数。它的值越大，说明在该环境中的垂直风切变越大，就会产生水平方向上的涡管。只要沿着这一涡度方向的相对风速达到一定程度，将有利于强对流天气的发生发展，若气流入流已生成的风暴内部便会倾斜上升，产生围绕垂直轴线的气旋式旋转运动，将会更有利风暴的加强，引起强烈的上升运动，为暴雨的产生创造有利条件。研究表明，它对强对流及大暴雨天气的预报具有一定的指示意义。计算螺旋度时，有很多计算方法。广泛采用的是 Davies-Jones，R. 等用探空资料得出的计算公式：

$$H_{s-r-T}=\sum_{n=0}^{N-1}\left[(u_{n+1}-c_x)(v_n-c_y)-(u_n-c_x)(v_{n+1}-c_y)\right] \tag{10.34}$$

以上公式中，风暴速度是这样确定的：以 850 hPa 到 400 hPa 气层中的平均风，风向向右偏转 30°，风速大小的 75%作为该点的风暴速度，具体计算了地面至 700 hPa 以下约 3 km 的风暴相对螺旋度。

从螺旋度的水平分布图(图 10.3)上可以看出，5 日 05 时，32°N，118°E 有一个正螺旋度中心，中心值为 90 $m^2\cdot s^{-2}$，与当时的低涡位置基本一致；随后该中心东移并加强，5 日 08 时，该中心移到 32.2°N，119.0°E，强度达到 150 $m^2\cdot s^{-2}$，低涡中心位于正螺旋度中心附近；5 日 11 时，正螺旋度中心东移到 120.0°E，强度减弱到 120 $m^2\cdot s^{-2}$，在这以后螺旋度逐渐减弱，5 日 14 时，螺旋度中心移到沿海，螺旋度中心强度明显减弱。

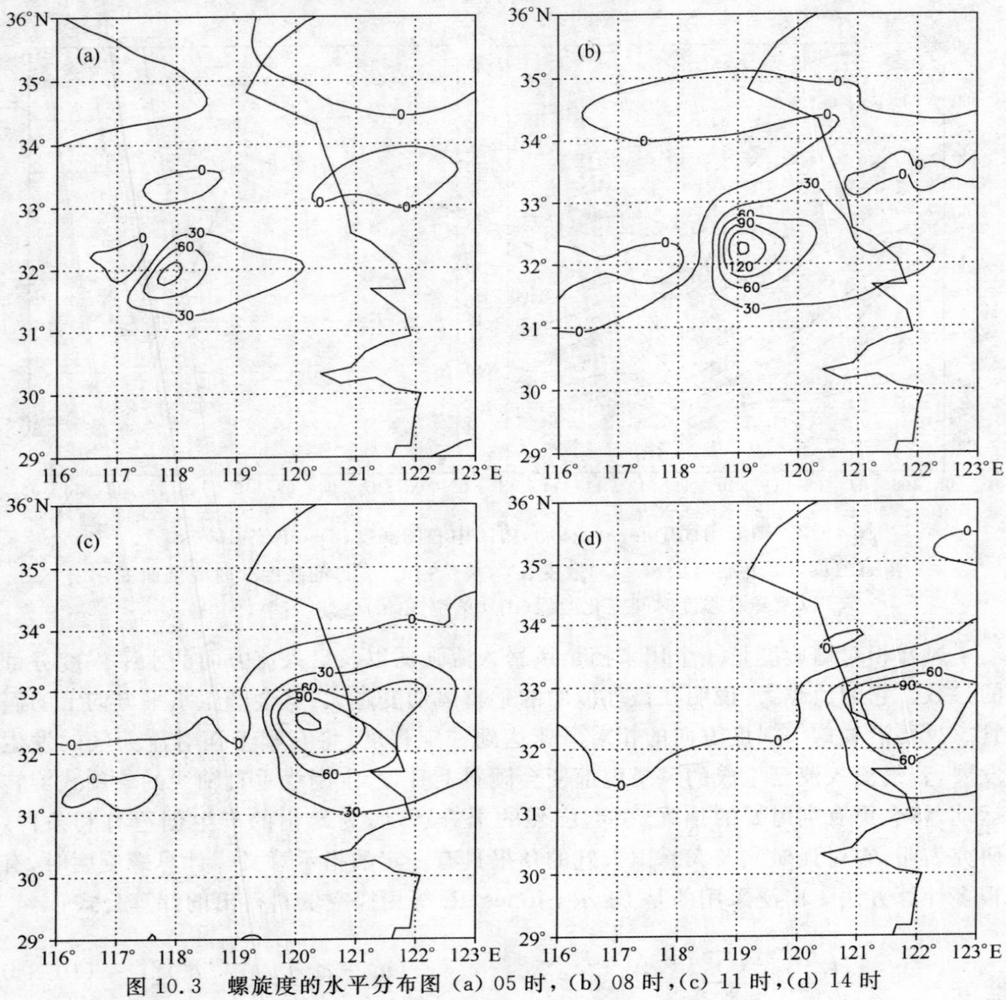

图 10.3　螺旋度的水平分布图 (a) 05 时，(b) 08 时，(c) 11 时，(d) 14 时

（单位：$m^2 \cdot s^{-2}$）（廖胜石等，2004）

所以，从以上分析可以看出，低涡形成初期，螺旋度的值都较小；低涡发展和成熟的阶段，螺旋度的值都明显增大，低涡减弱衰退的阶段，螺旋度的值又明显减小；螺旋度的增加过程，对应此区域降水的明显增强。从螺旋度的定义来看，水平涡度和风暴相对速度方向比较一致或夹角较小时，螺旋度值就较大，它达到一定的量时，输送到对流体内的水平涡度可沿上升气流转化为较大的垂直涡度，使得对流发展。螺旋度达到最大值时，表明对流层低层环境风状况也处于最利于强对流系统和气旋性涡漩发展的时期。5 日 08 时，螺旋度有一个明显的增幅并达到最大值，而此时的对流层中低层的中尺度低涡的强度也加大，这说明螺旋度的增加促使了中尺度低涡的发展

加强，较大的螺旋度可能是对流层低层低涡产生和发展的一种机制。

10.5　Q 矢量释用($Q^{*}VIP$)技术的应用

Q 矢量分析方法不仅被用于诊断分析并揭示天气过程发生发展的物理机制。同时，也有许多学者开展了 Q 矢量对数值预报产品的释用研究工作，即通过对数值预报产品的 Q 矢量"再加工"，提高其预报能力。已有利用 Q 矢量对数值预报产品进行动力学释用的研究表明，Q 矢量散度辐合中心与雨区有较好的对应关系，利用 Q 矢量散度辐合场可初步确定降水的落区，比模式直接输出效果好。1988 年，美国国家气象中心(NMC)气象业务处(MOD)，将 Q 矢量对数值预报产品的"再加工"所得产品用来作为 MOD 降水预报指导，通过分析 Q 矢量散度场，则改进嵌套网格模式(NGM)对降水的落区预报]。但分析上述研究工作不难发现，它们主要基于 Q 矢量散度，也即仅仅建立了 Q 矢量散度与降水之间的间接、定性关系。最近，岳彩军等(2007)新发展一种湿 Q 矢量释用($Q^{*}VIP$)技术，即利用松弛法迭代计算以湿 Q 矢量散度为强迫项的 ω 方程得到垂直运动场，再结合水汽条件进行降水量计算，得到 $Q^{*}VIP$降水场。然后将此项释用技术应用于对数值预报模式产品"再加工"，所得降水场称为 $Q^{*}VIP$ QPF 场，从而完成湿 Q 矢量在定量降水预报(QPF)研究中的直接、定量应用。这与以往诸多有关 Q 矢量应用研究存在明显不同。

10.5.1　湿 Q 矢量释用($Q^{*}VIP$)技术介绍

2007 年，岳彩军等基于湿 Q 矢量，新发展了一种湿 Q 矢量释用技术：利用松弛法迭代求解以非地转干 Q 矢量散度为强迫项的 ω 方程得到垂直运动场 ω_1，然后由 ω_1 计算湿 Q 矢量散度场，接着再利用松弛法迭代求解以湿 Q 矢量散度场为强迫项的 ω 方程得到垂直运动 ω_2，最后由 ω_2 结合水汽条件进行降水量计算，得到 $Q^{*}VIP$ 降水场。然后将此项释用技术应用于对数值预报模式产品"再加工"，所得降水场称为 $Q^{*}VIP$ QPF 场，从而完成湿 Q 矢量在定量降水预报(QPF)研究中的直接、定量应用。

$Q^{*}VIP$ 技术的建立主要包括以下四个步骤：

(1) 用松弛法迭代计算以非地转干 Q 矢量(Q^{G})散度为强迫项的 ω 方程

以非地转干 Q 矢量散度为强迫项的 ω 方程为：

$$\nabla^{2}(\sigma\omega) + f^{2}\frac{\partial^{2}\omega}{\partial p^{2}} = -2\nabla\cdot\boldsymbol{Q}^{G} \tag{10.35}$$

其中，

$$Q_x^G = \frac{1}{2}\left[f\left(\frac{\partial v}{\partial p}\frac{\partial u}{\partial x} - \frac{\partial u}{\partial p}\frac{\partial v}{\partial x}\right) - h\frac{\partial \boldsymbol{V}}{\partial x}\cdot\boldsymbol{\nabla}\theta\right] \tag{10.36}$$

$$Q_y^G = \frac{1}{2}\left[f\left(\frac{\partial v}{\partial p}\frac{\partial u}{\partial y} - \frac{\partial u}{\partial p}\frac{\partial v}{\partial y}\right) - h\frac{\partial \boldsymbol{V}}{\partial y}\cdot\boldsymbol{\nabla}\theta\right] \tag{10.37}$$

上式中 $\sigma = -h\dfrac{\partial\theta}{\partial p}$ 为稳定度，其中 $h = \dfrac{R}{p}\left(\dfrac{p}{1000}\right)^{\frac{R}{c_p}}$，其他为气象上常用物理量参数。

通过(10.36)和(10.37)式计算出强迫项 $-2\,\boldsymbol{\nabla}\cdot\boldsymbol{Q}^G$，取上下边界条件为 $p=0$ 处 $\omega=0$；$p=1000$ hPa 处 $\omega=0$，所有侧边界处垂直速度为0，同时为保持(10.35)式为椭圆方程有解，逐层稳定度 σ 值取其所在层的平均值，然后对(10.35)式采用松弛法迭代求解，得到垂直速度 ω_1。

(2) 用松弛法迭代计算以湿 $\boldsymbol{Q}$ 矢量 ($\boldsymbol{Q}^*$) 散度为强迫项的 ω 方程

以湿 $\boldsymbol{Q}$ 矢量散度为强迫项的 ω 方程为：

$$\boldsymbol{\nabla}^2(\sigma\omega) + f^2\frac{\partial^2\omega}{\partial p^2} = -2\,\boldsymbol{\nabla}\cdot\boldsymbol{Q}^* \tag{10.38}$$

其中，

$$Q_x^* = \frac{1}{2}\left[f\left(\frac{\partial v}{\partial p}\frac{\partial u}{\partial x} - \frac{\partial u}{\partial p}\frac{\partial v}{\partial x}\right) - h\frac{\partial \boldsymbol{V}}{\partial x}\cdot\boldsymbol{\nabla}\theta - \frac{\partial}{\partial x}\left(\frac{LR\omega}{c_p P}\frac{\partial q_s}{\partial p}\right)\right] \tag{10.39}$$

$$Q_y^* = \frac{1}{2}\left[f\left(\frac{\partial v}{\partial p}\frac{\partial u}{\partial y} - \frac{\partial u}{\partial p}\frac{\partial v}{\partial y}\right) - h\frac{\partial \boldsymbol{V}}{\partial y}\cdot\boldsymbol{\nabla}\theta - \frac{\partial}{\partial y}\left(\frac{LR\omega}{c_p P}\frac{\partial q_s}{\partial p}\right)\right] \tag{10.40}$$

上式中 $\sigma = -h\dfrac{\partial\theta}{\partial p}$ 为稳定度，其中 $h = \dfrac{R}{p}\left(\dfrac{p}{1000}\right)^{\frac{R}{c_p}}$，其他为气象上常用物理量参数。

将 ω_1 代入(10.39)、(10.40)两式并基于此两式计算出(10.38)式右端强迫项 $-2\,\boldsymbol{\nabla}\cdot\boldsymbol{Q}^*$，采用求解(10.35)式的类似处理方式，取上下边界条件为 $p=0$ 处 $\omega=0$；$p=1000$ hPa 处 $\omega=0$，同时 σ 值取其所在层平均值，然后对(10.38)式进行松弛法迭代求解，得到垂直速度 ω_2。

(3) 逐小时降水量计算

采用的降水量计算公式为：

$$I = -\frac{1}{g}\int_{500}^{850} F\omega\,\mathrm{d}p \tag{10.41}$$

其中，$F = \dfrac{q_s T}{p}\left(\dfrac{LR - c_p R_\omega T}{c_p R_\omega T^2 + q_s L^2}\right)$

将 ω_2 代入(10.41)式，且利用辛普森公式展开，则逐时降水量的计算公式可表示为

$$RI = -1.84\times10^6\times\left[(\omega_2 F)_{850} + 4\,(\omega_2 F)_{700} + (\omega_2 F)_{500}\right] \tag{10.42}$$

(4) 降水落区界定

对于降水量落区的界定,采用以下两个条件:

(a)700 hPa 湿 $\boldsymbol{Q}$ 矢量散度小于 0

(b)700 hPa $T-T_d\leqslant 4$ ℃

同时满足(a)、(b)条件时(10.42)式成立,否则 $RI=0$。

10.5.2　Q^*VIP 技术在 QPF 中的具体应用

下面来举例说明 Q^*VIP 的应用和效果。应用 MM5 模式预报输出的产品来计算 Q^*VIP,得到 Q^*VIP QPF 场,结合地面实况雨量资料,与 MM5 模式直接预报输出的 QPF 场进行比较,检验 Q^*VIP 技术在 QPF 中的应用效果。

第一个例子是,2004 年 6 月 15 日 20 时—6 月 16 日 20 时期间华东地区的一次明显梅雨降水过程。图 10.4(a)为 2004 年 6 月 15 日 20 时—6 月 16 日 20 时 24 h 观测降水,图 10.4(b)为华东区域数值模式以 2004 年 6 月 15 日 20 时为起报时刻所作的 24 h QPF,图 10.4(c)对相应 MM5 模式预报输出产品进行 Q^*VIP 技术处理所得 QPF。从图 10.4(a)可以看出,整个华东 6 省 1 市都为大范围雨区覆盖,除福建和浙江东南沿海、安徽中北部、江苏西部外,其他地区 24 h 降水量都在 10.0 mm 以上,其中在江西、江苏及山东境内出现了暴雨,安徽南部出现了 108.0 mm 的大暴雨。比较图 10.4(b)与图 10.4(a)可知,图 10.4(b)没有反映出安徽中北部及山东西部的降水

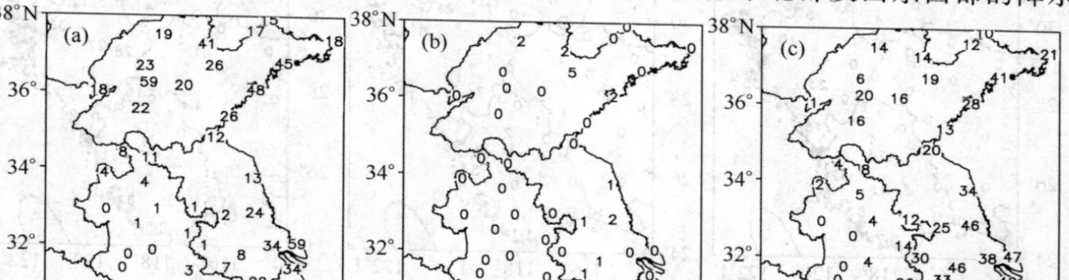

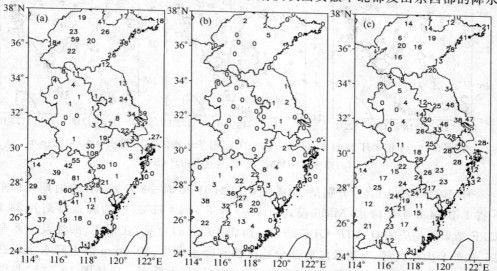

图 10.4　2004 年 6 月 15 日 20 时—6 月 16 日 20 时华东地区 24 h 累积降水(单位:mm)

(a)观测,(b)MM5 QPF,(c)Q^*VIP QPF

区，同时 10.0 mm 以上的降水区仅位于江西中南部和福建西北部，且强度偏弱。可见，图 10.4(b)与图 10.4(a)雨区分布特征差异明显，尤其是图 10.4(b)仅能局部反映强度在 10.0 mm 以上的实况降水分布特征。从图 10.4(c)可以看出，整个华东区域被雨区覆盖，与图 10.4(a)非常相似，同时 10.0 mm 以上降水分布特征也与图 10.4(a)中非常接近，除没有反映出图 10.4(a)中的暴雨以上强降水外，图 10.4(c)与图 10.4(a)的整个降水分布特征几乎完全一致，明显优于图 10.4(b)对图 10.4(a)的反映能力。上述比较结果表明，无论整个华东区域雨区范围还是强度在 10.0 mm/24 h 以上的降水范围，Q^*VIP QPF 较 MM5 模式 QPF 与实况降水场更为接近。

第二个例子是一次登陆台风降水过程。受 0418 号台风“艾利”登陆前后影响，2004 年 8 月 24 日 20 时—8 月 25 日 20 时期间华东地区出现一次降水过程，尤以浙江、福建两省东南沿海大部降水较为明显。

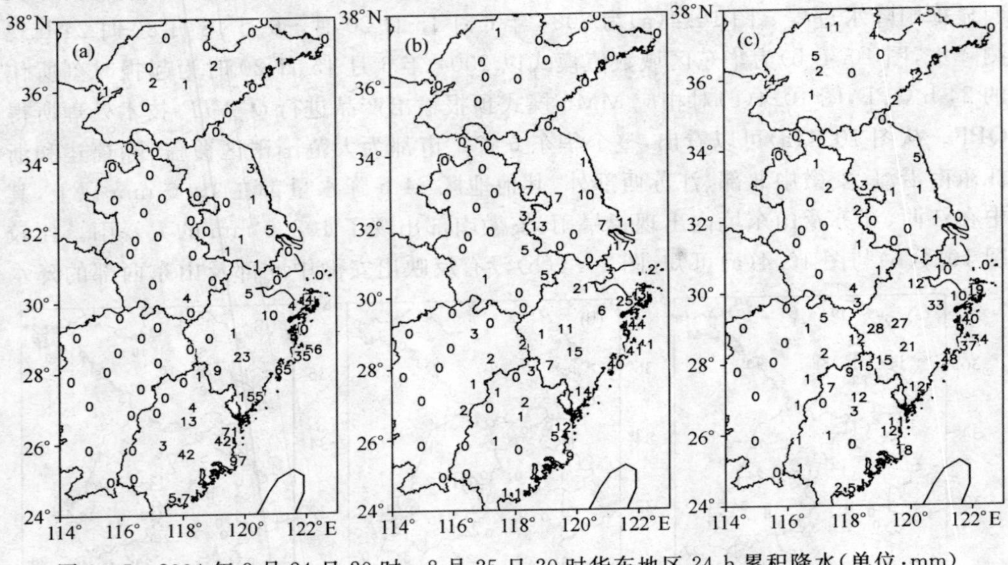

图 10.5 2004 年 8 月 24 日 20 时—8 月 25 日 20 时华东地区 24 h 累积降水(单位：mm)
(a)观测，(b)MM5 QPF，(c)Q^*VIP QPF

图 10.5(a)、(b)、(c)分别是 2004 年 8 月 24 日 20 时—8 月 25 日 20 时期间华东 6 省 1 市 24 h 实况降水、MM5 模式以 2004 年 8 月 24 日 20 时为起报时刻的 24 h QPF 结果及相应的 Q^*VIP QPF 结果。由图 10.5(a)可见，在福建、浙江及上海全部、江苏及山东大部、安徽及江西部分地区都有降水发生，10.0mm 以上降水出现在福建和浙江东南大部地区且其中部分地区出现暴雨、大暴雨。比较图 10.5(b)与图 10.5(a)表明，除山东省外，大部降水区都基本反映出来了，但 10.0 mm 以上降水分布特征存在明显差异，上海、江苏大部及浙江北部都出现 10.0 mm 以上降水，明显较

实况偏强，而福建境内的 10.0 mm 以上降水几乎反映不出来，明显较实况偏弱。将图 10.5(c)与图 10.5(a)比较可知，除安徽境内的降水范围略大外，基本上将整个华东雨区反映出来了，10.0 mm 以上降水分布特征也与实况很接近，但反映不出暴雨、大暴雨。通过降水分布特征的比较分析表明，Q^*VIP QPF 结果较模式 QPF 结果与实况降水更为接近，尤以 10.0 mm/24 h 以上降水范围更为明显。但二者都没有预报出暴雨以上强降水。

上述实例分析结果表明，MM5 模式对这两次降水过程都具有一定的预报能力，但从有无降水发生以及降水强度与实况接近程度来看，Q^*VIP QPF 结果都优于 MM5 模式 QPF 结果，与实况更为接近。

最后需要指出的是，所建立的 Q^*VIP 技术并不局限于某种数值预报模式产品，对任一包括温度、风场以及比湿三大气象要素的模式预报输出产品都具有释用能力，同一模式的更新换代以及不同模式之间的差异等客观因素并不影响 Q^*VIP 技术的正常应用，只需根据模式分辨率对相关计算因子做出适当调整即可，所得 Q^*VIP QPF 场独立于模式 QPF 场，但与模式 QPF 场具有相同的时空分辨率，因此 Q^*VIP 技术在 QPF 中具有广泛的应用前景。当然，Q^*VIP 技术的使用效果与数值预报模式对温度、风场以及比湿三大气象要素的预报能力密切相关。

参考文献

白乐生. 1988. 准地转 Q 矢量分析及其在短期天气预报中的应用. 气象,(8):25-30.

陈艳,寿绍文,宿海良. CAPE 等环境参数在华北罕见秋季大暴雨中的应用. 气象, 2005, **31**(10): 56-60.

陈艳,宿海良,寿绍文,等. 麦莎台风造成冀东大暴雨的数值模拟和诊断分析. 应用气象学报, 2008, **19**(2): 209-218.

陈华,谈哲敏. 1999. 热带气旋的螺旋度特性. 热带气象学报,**15**(1):81-85.

程麟生,冯伍虎. "987"突发大暴雨及中尺度低涡结构的分析和数值模拟. 大气科学,2001,**25**(4): 465-478.

迟竹萍,李昌义,刘诗军. 一次山东春季大暴雨中螺旋度的应用. 高原气象, 2006, **25**(5): 792-799.

邓之瀛,杨美川. 上海地区热带气旋暴雨突然增幅的 Q 矢量分析. 暴雨与灾害. 1998, 1: 56-65.

丁一汇. 天气动力学中的诊断分析方法. 北京:科学出版社, 1989,92-94.

丁锋,万卫星,袁洪. 2001. 耗散大气中水平不均匀风场对内重力波传播的影响. 地球物理学报, **44**(5):589-595.

董美莹,寿绍文. 1999. 数值预报模式的倾斜对流参数化研究. 气象教育与科技,(3).

杜小玲,喻自凤,鲁崇明,等. 上海"0185"热带低压特大暴雨维持机理研究. 南京大学学报(自然科学), 2007, **43**(6): 225-236.

范学峰,吴蓁,席世平. ARER 台风远距离降水形成机制分析. 气象, 2007, **33**(8): 12-16.

费建芳,陆汉城. 圆形涡旋中的惯性重力内波不稳定和对称不稳定. 大气科学,1996,**20** (1): 54-62.

高守亭,雷霆,周玉淑. 强暴雨系统中湿位涡异常的诊断分析[J]. 应用气象学报,2002,**13**(6): 662-670.

高守亭,崔春光. 广义湿位涡理论及其应用研究. 暴雨灾害,2007,26:3-8.

高守亭. 大气中尺度运动的动力学基础及预报方法. 北京:气象出版社, 2007, 191-200.

龚佃利,吴增茂,傅刚. 2005. 一次华北强对流风暴的中尺度特征分析. 大气科学,**29**(3):453-464.

侯定臣. 夏季江淮气旋的 Ertel 位涡诊断分析[J]. 气象学报,1991,**49**(2):141-149.

侯瑞钦,程麟生,冯伍虎. "98・7"特大暴雨低涡的螺旋度和动能诊断分析. 高原气象, 2003, **22**(2): 202-208.

黄亿,寿绍文等,2009,对一次台风暴雨的位涡与湿位涡诊断分析,气象,**35**(1):65-73.

黄勇,张晓芳,陆汉城. 平均螺旋度在强降水过程中的诊断分析. 气象科学, 2006, **26**(2): 171-176.

黄荣辉,陈金中. 2002. 平流层球面大气地转适应过程和惯性重力波的激发. 大气科学,**26**(3): 289-306.

胡伯威,潘鄂芬. 梅雨期长江流域两类气旋性扰动和暴雨. 应用气象学报,1996,**7**(2):139-144.

胡伯威. 2005. 梅雨锋上 MCS 的发展、传播以及与低层"湿度锋"相关联的 CISK 惯性重力波. 大气科学，**29**(6)：845-853.

季亮. 费建芳登陆台风等熵面位涡演变的数值模拟研究[J]，气象，2009，**35**(3)：66-72.

靖春悦，寿绍文，贺哲等，台风海棠造成河南暴雨过程的位涡分析[J]，气象，2007，**33**(4)：58-64.

姜瑜君，桑建国，刘辉志，等. 2007. 夜间稳定边界层中小尺度地形激发的形式阻力和波动阻力. 地球物理学报，**50**(1)：43-50.

康志明，罗金秀，郭文华，等. 2005 年 10 月西藏高原特大暴雪成因分析. 气象，2007，**33**(8)：60-67.

孔燕燕，赵秀英，段丽，等. 与 SRH 计算有关的几个问题. 国外强对流天气的应用研究，彭治班等主编，北京：气象出版社，2001，202-206.

孔玉寿，章东华. 2000. 现代天气预报技术. 北京：气象出版社.

寇正，王云峰. 1998. 位涡反演诊断方法及效果检验. 空军气象学院学报，Jun，**19**(2).

李麦村. 1978. 重力波对特大暴雨的触发作用. 大气科学，**2**(3)：201-209.

李启泰，李诗明，赵彩. 2001. 大气重力波布阵探测灾害性冰雹过程的研究. 贵州地质，**18**(2)：73-78.

李启泰，谢金来，杨训仁. 1993. 灾害性冰雹过程的重力波演变特征. 气象学报，**51**(3)：361-367.

李毓芳，黄安丽等，对流加热在梅雨暴雨系统预报中的作用，中国科学(B 辑)，1986，**7**，765-775.

李耀辉，寿绍文，旋转风螺旋度及其在暴雨演变过程中的作用. 南京气象学院学报，1999，**22**(1)：95-102.

李耀辉，寿绍文. 1999. 旋转风螺旋度及其在暴雨演变过程中的作用. 南京气象学院学报，**22**(1)：95-102.

李耀辉，寿绍文. 2000. 一次江淮暴雨的 MPV 及对称不稳定研究. 气象科学，June，**20**(1).

李柏，李国杰. 半地转 Q 矢量及其在梅雨锋暴雨研究中的应用. 大气科学研究与应用，1997，**12**(1)：31-38.

李丁民. 1987. 能量位涡平衡方程及其在暴雨诊断分析中的应用. 高原气象，**6**(3).

李岩瑛，张强，李耀辉，等. 水平螺旋度与沙尘暴的动力学关系研究. 地球物理学报，2008，**51**(3)：692-703.

李耀东，刘健文，高守亭. 动力和能量参数在强对流天气预报中的应用研究. 气象学报，2004，**62**(4)：401-409.

李耀东，刘健文，高守亭. 螺旋度在对流天气预报中的应用研究进展. 气象科技，2005，**33**(1)：7-11.

李英. 春季滇南冰雹大风天气的螺旋度分析. 南京气象学院学报，1999，**22**(2)：164-169.

励申申编译. 1985. 流体动力学稳定度. 气象教学与科技(南京气象学院)，(2)：57-69.

励申申，寿绍文，潘宁. 1996. 1991 年梅雨锋暴雨与锋生环流的诊断分析. 南京气象学院学报，(3).

梁琳琳，寿绍文，苗春生. 应用湿 Q 矢量分解理论诊断分析"05 · 7"梅雨锋暴雨. 南京气象学院学报，2008，**31**(2)：167-175.

林本达. 大气中垂直环流的成因和诊断. 北方天气文集(6). 北京：北京大学出版社，1987.

林曲凤,吴增茂,梁玉海. 2006. 山东半岛一次强冷流降雪过程的中尺度特征分析. 中国海洋大学, **36**(6):908-914.

刘汉华，寿绍文，周军. 非地转湿 Q 矢量的改进及其应用. 南京气象学院学报，2007，**30**(1): 86-93.

刘长海. 1988. 对称不稳定理论. 气象科技,(4):1-7.

刘式适,刘式达. 1991. 大气动力学. 北京:北京大学出版社,410-414.

刘式适,刘式达. 1983. 地球流体中的非线性波动. 中国科学 B 辑,**3**:279-289.

刘式达,刘式适. 1982. 大气中的非线性椭圆余弦波和孤立波. 中国科学 B 辑,**4**:372-384.

刘式适,刘式达,谭本馗. 1996. 非线性大气动力学. 北京:国防工业出版社.

刘还珠,张绍晴. 1996. 湿位涡与锋面强降水天气的三维结构. 应用气象学报，Aug,**7**(3).

刘惠敏，郑兰芝. 螺旋度诊断分析与短时强降水面雨量预报. 气象，2002，**28**(10)：37-40.

陆尔,丁一汇等. 1991 年江淮特大暴雨的位涡分析与冷空气活动[J],应用气象学报,1994，**5**(3): 19-27.

陆慧娟，高守亭. 螺旋度及螺旋度方程的讨论. 气象学报，2003，**61**(6)：684-691.

陆汉城. 1985. 梅雨锋内 Wave-ClSK 条件性对称不稳定—梅雨锋内多雨带生成的可能机制. 教学与研究(空军气象学院),(4).

陆汉城,钟科,张大林. 1992 年 Andrew 飓风眼壁区倾斜上升运动发展的可能机制- 非线性对流对称不稳定. 大气科学,2002,**26** (6):83-90.

陆汉城等,中尺度对流系统演变中的一些非平衡动力学问题,气象科学,2004,**24**(1).

马月枝，章征茂，王新红，等. 豫北一次区域性大暴雨的数值模拟分析. 暴雨灾害，2009，**28**(1): 21-28.

慕建利，李泽椿，寿绍文，等. 高原东侧突发性大暴雨过程中螺旋度的诊断分析. 气象科学，2009，**29** (2)：181-186.

缪锦海. 广义 C 矢量和中尺度环流. 暴雨科学、业务试验和天气动力学理论的研究，85-906-08 课题组，气象出版社，1996，235-237.

钮学新，董加斌，杜惠良. 华东地区台风降水及造成异常降水机制的分析. 第十三届全国热带气旋科学讨论会论文摘要文集. 中国气象局上海台风研究所编，2004.

彭治班等. 2001. 国外强对流天气的应用研究. 北京:气象出版社.

彭春华，洪国平，胡伯威. 一种适用中国夏季暴雨系统诊断的非地转 Q 矢量 ω 方程. 气象学报，1999，**57**(4)：483-492.

覃卫坚,寿绍文,李启泰等. 2007. 影响惯性重力波活动规律的动力学因子研究. 高原气象,**26**(3): 519-524.

覃卫坚,寿绍文,高守亭等. 2010. 一次冰雹过程的惯性重力波观测及数值模拟. 地球物理学报, **53**(5):1039-1049.

冉令坤，楚艳丽. 强降水过程中垂直螺旋度和散度通量及其拓展形式的诊断分析. 物理学报，2009，**58**(11)：8094-8106.

桑建国,李启泰. 1992. 小尺度地形引起的切变重力波. 气象学报,**50**(2):227-231.

沈新勇,倪允琪,丁一汇. 2002. 斜压基流中的非线性中尺度重力惯性波. 气象科学, **22**(4): 387-393.

施曙,赵思雄. 梅雨锋上与强暴雨有关的中低压及其三维环境流场的诊断研究. 大气科学,1994, **18**(4):476-484.

盛华. 1984. "81·7"大暴雨位涡与相当位涡的诊断分析. 高原气象,**3**(2).

寿亦萱,许健民. "05·6"东北暴雨中尺度对流系统研究(Ⅰ),气象学报,2007,**65**(2):160-170.

寿亦萱,许健民. "05·6"东北暴雨中尺度对流系统研究(Ⅱ),气象学报,2007,**65**(2):171-182.

寿绍文, 王祖锋. 1991 年 7 月上旬贵州地区暴雨过程物理机制的诊断研究. 气象科学, 1998, **19**(3): 231-238.

寿绍文,励申申,彭广 等,条件性对称不稳定与梅雨锋暴雨[J]. 南京气象学院学报,1993, **16**: 364-367.

寿绍文,励申申,寿亦萱、姚秀萍. 2009,中尺度大气动力学[M]. 北京:高等教育出版社.

寿绍文,李耀辉,范可. 2001. 暴雨中尺度气旋发展的等熵面位涡分析. 气象学报,2001 年 10 月, **59**(5):560-568.

寿绍文,励申申,王信. 1990. 暴雨低涡结构、成因及移动的初步探讨. 南京气象学院学报,**13**(4): 535-539.

寿绍文,励申申,张诚忠. 2001. 梅雨锋中尺度切变线雨带的动力结构分析. 气象学报,2001 年 8 月,**59**(4):405-413.

寿绍文. 天气学. 北京:气象出版社,2009.

寿绍文,励申申,寿亦萱、姚秀萍. 2009. 中尺度气象学. 北京:气象出版社.

田珍富等. 1998. 一次局地特大暴雨湿位涡的中尺度分析. 热带气象学报, May,**14**(2).

陶祖钰,谢安. 1989. 天气过程诊断分析原理和实践. 北京:北京大学出版社.

伍荣生. 大气动力学. 北京: 气象出版社, 1990, 96-101.

伍荣生, 谈哲敏. 广义涡度与位势涡度守恒定律及其应用. 气象学报, 1989, **47**(4): 436-442.

王贇,谈哲敏. 2007. 旋转流体中的二维惯性重力波-涡相互作用. 地球物理学报,**50**(4):1040-1052.

王兴宝,伍荣生. 变形场锋生条件下斜压锋区上对称波包的发展. 气象学报,2000, **58** (4): 403-416.

王建中等. 1996. 位涡在暴雨成因分析中的应用. 应用气象学报,Feb,**7**(1).

王永中,杨大升. 1984. 暴雨和低层流场的位涡. 大气科学,Dec,**8**(4).

王永中,夏友龙. 1996. CISK 影响下的线性和非线性惯性重力波. 应用气象学报, **7**(1):82-88.

王丛梅,丁治英,张金艳. 西北涡暴雨的湿位涡诊断分析[J]. 气象,2005,**31** (11):28233.

王东海, 杨帅, 钟水新, 等. 切变风螺旋度和热成风螺旋度在东北冷涡暴雨中的应用. 大气科学, 2009, **33**(6): 1238-1246.

王伏村, 李耀辉, 牛金龙, 等. 甘肃河西走廊两次强对流天气对比分析. 气象, 2008, **34**(1): 48-53.

王劲松, 李耀辉, 康凤琴, 等. "4·12"沙尘暴天气的数值模拟及诊断分析. 高原气象, 2004, **23**(1): 89-96.

王益柏，费建芳，黄小刚，等．“2002．3”华北地区强沙尘暴天气的螺旋度分析．气象科学，2009，**29**(3)：368-374.

王颖，寿绍文，周军．水汽螺旋度及其在一次江淮暴雨分析中的应用．南京气象学院学报，2007，**30**(1)：101-106.

王淑云，寿绍文，刘艳钗．2003 年 10 月河北省沧州秋季暴雨成因分析[J]．气象，2005，**31**：69-72.

王宏，寿绍文等．一次局地暴雨过程的湿位涡诊断分析，自然灾害学报 2009，**18**(3)129-134.

王川，寿绍文等．一次青藏高原东侧大暴雨过程的诊断分析[J]．气象，2003，**29** (7)：7212.

王健，寿绍文等“03·8”辽宁地区暴雨过程成因的诊断分析，气象 2005/04.

吴宝俊，许晨海等．1996．螺旋度在分析一次三峡大暴雨中的应用．应用气象学报，**7**(1)：108-112.

吴宝俊，许晨海，刘延英，等．一次三峡大暴雨的地转螺旋度分析．气象科学，1996，**16**(2)：144-150.

吴国雄等．1997．风垂直切变和下滑倾斜涡度发展．大气科学，May，**21**(3)．

吴国雄等．1995．湿位涡和倾斜涡度发展．气象学报，Nov，**53**(4)．

吴海英，寿绍文．2002．位涡扰动与气旋的发展．南京气象学院学报，**25**(4)：510-51.

夏友龙，郑祖光，刘式达．1995．台风内核与外围加热对其强度突变的影响．气象学报，**53**(4)：423-430.

许小峰，孙照渤．2003．非地转平衡流激发的重力惯性波对梅雨锋暴雨影响的动力学研究．气象学报，**61**(6)：655-665.

姚秀萍，于玉斌．非地转湿 Q 矢量及其在华北特大台风暴雨中的应用．气象学报，2000，**58**(4)：436-446.

姚秀萍，于玉斌．完全 Q 矢量的引入及其诊断分析．高原气象，2001，**20**(2)：208-213.

姚秀萍，于玉斌．2000．对华北一次特大台风暴雨过程的位涡诊断分析．高原气象，**19**(1)：111-120.

姚秀萍，吴国雄等，2007：与梅雨锋上低涡相伴的干侵入研究，中国科学 D 辑，37，**3**，417-428.

叶笃正，陶诗言，李麦村．1958．在六月和十月大气环流的突变现象．气象学报，**29**(4)：249-263.

于玉斌，姚秀萍．1999．“96·8”暴雨过程的尺度分离动能方程的诊断．应用气象学报，**10**(1)：49-58.

于玉斌，姚秀萍．1999．北上台风暴雨过程涡散场的能量收支和转换特征．气象学报，**57**(4)：439-449.

阎凤霞，寿绍文，张艳玲 等．一次江淮暴雨过程中干空气侵入的诊断分析[J]．南京气象学院学报，2005，**1**：117-124.

杨帅、高守亭，2007：三维散度方程及其对暴雨系统的诊断分析，大气科学，**31**(1)．

杨越奎，刘玉玲，万振拴，等．“91·7”梅雨锋暴雨的螺旋度分析．气象学报，1994，**52**(3)：379-384.

袁佳双，寿绍文．2001．1998 年华南大暴雨冷空气活动的位涡场分析．南京气象学院学报，**24**(1)：92-98.

袁佳双，寿绍文．2002．高低空位涡扰动、非绝热加热与气旋的发生发展．热带气象学报，**18**(2)：

121-130.
岳彩军. Q矢量及其在天气诊断分析中应用研究的进展. 气象，1999，**25**(11)：3-8.
岳彩军. 梅雨锋气旋暴雨的Q矢量分析：个例研究. 气象学报，2008，**66**(1)：35-49.
岳彩军，董美莹，寿绍文，姚秀萍. 改进的湿Q矢量分析方法及梅雨锋暴雨形成机制. 高原气象，2007，**26**(1)：165-175.
岳彩军，寿绍文. Q矢量理论及其应用研究的进展. 气象教育与科技，1999，**21**(2)：24-34.
岳彩军，寿绍文. 几种Q矢量的比较. 南京气象学院学报，2002，**25**(4)：525-532.
岳彩军，寿绍文，董美莹. 定量分析几种Q矢量. 应用气象学报，2003，**14**(1)：39-48.
岳彩军，寿绍文，姚秀萍. 梅雨锋暴雨的Q矢量定性分析. 气象科学，2003，**23**(1)：55-63.
岳彩军，寿亦萱，寿绍文，等. Q矢量的改进与完善，热带气象学报，2003，**19**(3)：308-316.
岳彩军，寿亦萱，寿绍文等. 湿Q矢量释用技术及其在定量降水预报中的应用研究. 应用气象学报，2007，**18**(5)：666-675.
岳彩军，寿亦萱，姚秀萍，等. 中国Q矢量分析方法的应用与研究. 高原气象，2005，**24**(3)：450-455.
岳彩军,寿绍文,林开平. 2002. 一次梅雨过程中潜热的计算分析. 气象科学,**22**(4).
岳彩军，寿亦萱，寿绍文，等. 我国螺旋度的研究及应用. 高原气象，2006，**25**(4)：754-762.
岳平，牛生杰，张强，等. 螺旋度在一次夏季强沙尘暴中的分析应用. 中国沙漠，2007,**27**(2)：337-341.
岳平,牛生杰,张强. 民勤一次沙尘暴天气过程的稳定度分析. 中国沙漠，2007，**27**(4)：668-671.
张兴旺. Q矢量分析. 天气预报技术的若干进展. 柳崇健主编，北京：气象出版社，1998，252-281.
张兴旺. 湿Q矢量表达式及其应用. 气象，1998，**24**(8)：3-7.
张兴旺. 修改的Q矢量表达式及其应用. 热带气象学报，1999，**15**(2)：162-167.
张诚忠,寿绍文,王祖锋. 1998. 对称不稳定和螺旋度与梅雨锋暴雨增幅的关系. 暴雨·灾害,1.
张述文、王式功,位涡及位涡反演,高原气象,2001，**20**(4).
张雪雯,钱家声. 1988. 我国锋生环流特征初探. 气象学报,(1):82-91.
张可苏. 1986. 斜压气流的中尺度稳定性. 教学与研究(空军气象学院),(3).
张建海，庞盛荣. 不同初始场对台风Khanum模拟效果的影响及其暴雨过程的螺旋度分析. 海洋通报，2007，**26**(5)：27-34.
章东华. 1993. 螺旋度——预报强风暴的风场参数. 气象,**19**(8):46-49.
章东华,舒慈勋. 1994. 螺旋度概念及其在强对流风暴预报中的应用试验. 空军气象学院学报，**15**(1):20-27.
章震越等. 1986. 位势散度方程及其在对流天气预报中的应用. 教学与研究,空军气象学院,(1).
赵思雄等. 1982. 中尺度低压系统形成和维持的数值试验. 大气科学.
赵光平，施新民，丁永红. 宁夏暴雨动力相似过滤预报系统. 气象，2000，**26**(7):32-35.
赵彩,田英,周涛. 1998. 贵州中部大气重力波活动的天气气候分析. 高原气象,**17**(4):420-426.
郑良杰. 1989. 中尺度天气系统的诊断分析和数值模拟. 北京:气象出版社.

朱海利，裴玉侠，丁丹. 螺旋度在突发性暴雨分析中的应用. 咸阳师范学院学报，2003，**18**(2)：42-44.

朱乾根、林锦瑞、寿绍文、唐东昇，天气学原理和方法，气象出版社，2007.

钟玮，陆汉城，张大林，非对称型强飓风中的准平衡流特征分析，地球物理学报，2008，**51**(3)：657-667.

周淑玲，吴增茂. 2005. 山东半岛一次中β尺度暴雨的数值模拟分析. 中国海洋大学学报，**35**(6)：900-906.

周毅，寇正，王云峰. 1998. 气旋生成机制的位涡反演诊断. 气象学报，Jun，**18**(2)：141-150.

Barnes S L, Colman B R. Quasigeostrophic diagnosis of cyclogenesis associated with a cut off extratropical cyclone-The Christmas 1987 storm. *Mon Wea Rev*, 1993, **121**(6): 1613-1634.

Barnes S L, Colman B R. Diagnosing an operational numerical model using *Q*-vector and potential vorticity concepts. *Wea Forecasting*, 1994, **9**(1): 85-102.

Bennetts D A, Hoskins B J. Conditional symmetric instability-A possible explanation for frontal rainbands, *Q. J. Roy. Meteor. Soc.*, 1979, **105**: 945-962.

Bishop C H, Thorpe A J. Potential vorticity and the electrostatics analogy: Quasigeostrophic theory [J]. *Quart J R Meteor Soc*, 1994, **120**: 713-731.

Bretherton F P. Critical layer instability in barocline flows [J]. *Quart J R Meteor Soc*, 1966a, **92**: 325-334.

Bresky W C, Colucci S J. A forecast and analyzed cyclogenesis event diagnosed with potential vorticity [J]. *Mon Wea Rev*, 1996, **124**: 2227-2244.

Brooks H E, Doswell C A III. The role of midtropospheric winds in the evolution and maintenance of low-level mesocyclones. *Mon Wea Rev*, 1994, **122**(1): 126-136.

Cao Z, and Cho H. Generation of moist vorticity in extratropical cyclones, J. *Atmos. Sci.*, 1995, **52**: 3263-3281.

Charney J. The use of the primitive equations of motion in numerical prediction [J]. *Tellus*, 1955, **7**: 22-26.

Charney J G, Stern M E. On the stability of internal baroclinic jets in a rotating atmosphere[J]. *J Atmos Sci*, 1962, **19**: 159-548.

Charney J G, Eliassen A. 1964. On the growth of the hurricane depression. *J Atmos Sci*, **21**: 68-75.

Cho H, Cao Z. Generation of moist vorticity in extratropical cyclones, part II: Sensitivity to moisture distribution, J. *Atmos. Sci.*, 1998, **55**: 595-610.

Cray M. Lackmann. Cold-frontal vorticity maxima, the low-level jet, and moisture tran sport in extratropical cyclones. *Mon. Wea. Rev.*, 2002, **130**: 59-74.

Christopher A Davis, Emanuel Kerry A. 1991. Potential vorticity diagnostics of cyclogenesis. *Mon Wea Rev*, **119**: 1929-1953.

Cui Xiaopeng, Gao Shouting and Wu Guoxiong, Moist potential vorticity and up-sliding slantwise vorticity development, *Chin. Phys. Lett.*, 2003, **20**: 167-169.

Cui Xiaopeng, Gao Shouting and Li Xiaofan. Diagnostic analysis of mesoscale rainstorms in the Jiang-Huai valley of China with convection vorticity vector. *Progress in Natural Science*, 2007, **17**(4): 71-80.

David M, Philip N. Review the use and misuse of conditional symmetric instability. *Mon. Wea. Rev.*, 1999, **127**:2710-2716.

Davis Ch A, Emanuel K A. Potential vorticity diagnostics of cyclogenesis[J]. *Mon Wea Rev*, 1991, **119**:1929-1953.

Davies-Jones R. 1991. The frontogenetical forcing of secondary circulations. Part Ⅰ: The duality and generalization of the Q vector. *J Atmos Sci*, **48**(4): 497-509.

Davis Ch A. Piecewise potential vorticity inversion[J]. *J Atmos Sci*, 1992, **49**: 1397-1411.

Davies H C, Rossa A M. 1998. PV frontogenesis and upper tropospheric fronts. *Mon Wea Rev*, **126**:1528-1539.

Donnadille J, Cammas J P, Mascart P, et al. FASTEX IOP 18: a very deep tropopause fold. II: Quasi-geostrophic omega diagnoses. *Quart J Roy Metor Soc*, 2001, **127** (577): 2269-2286.

Davies-Jones Burgess R, D. Test of helicity as a tornado forecast parameter. Preprint, 16th Conference on Severe Local Storm. 1990, 588-592.

Douglas S T, Chan and Han Ru Cho. 1989. Meso-β scale potential vorticity anomalies and rainbands, Part I: Adiabatic dynamics of potential vorticity anomalies. *J A Sci*, **46** (12): 1713-1723.

Du Jun, Han Ru Cho. 1996. Potential vorticity anomaly and mesoscale convective systems on the Baiu (MeiYu) front. *J Meteor Soc Japan*, **74**(6):891-908.

Egger J. Some aspects of potential vorticity inversion [J]. *J Atmos Sci*, 1990, **47** (10): 1269-1275.

Egger J. A note on complete sets of material conservation law[J]. *J Fluid Mech*, 1989, **204**: 543-548.

Einaudi F, Clark W L, Fua D., et al. VanZandt. 1987. Gravity Waves and Convection in Colorado during July 1983. *J. Atmos. Sci.*, **44**(11):1534-1553.

Ertel H. Ein neuer hydrodynamischer Wirbelsatz. *Met. Z.*, 1942, **59**:277-281.

Eyad H, Atallah and Lancef. Bosart. The extratropical transition and precipitation distribution of hurricane Floyd (1999). *Mon. Wea. Rev.*, 2003, **131**: 1063-1081.

Eliassen A. 1983. Hydrodynamic instability, Mesoscale Meteorology. Sweden: SMHI.

Eliassen A. On the vertical circulation in frontal zone. *Geofys Pub.*, 1962, **24**:147-160.

Eliassen A. Slow thermally or frictionally controlled meridional circulation in circular vortex. *Astrophy. Norv.*, 1952, **5**:19-60.

Emanuel K A. Atmospheric convection. Oxford: Oxford university press. 1994:580.

Emanuel K. Conditional Symmetric Instability, Dynamics of Mesoscale Weather Systems-NCAR Summer Colloquium Lecture Notes, 11 June-6 July Boulder Colorado, 159-183.

Emanuel K. On assessing local conditional symmetric instability from atmosphere sounding. *Mon Wea Rev*, 1983, **111**: 2016-2033.

Emanuel K. Symmetric Instability, Dynamics of Mesoscale Weather System NCAR Summer Colloquium Lecture Notes. 11 June-6 July Boulder Colorado, 1984, 145-158.

Fei Jianfang, Lu Hancheng. Study on instability in broclinic vortex symmetric disturbance under effect of nouniform environment parameters. *Advan. Atmos. Sci.*, 1996, **13** (4): 471-488.

Fritts D C and Luo Z. Gravity wave excitation by geostrophic adjustment of the jet stream. PartI: Two-dimensional Forcing. *J. Atmos. Sci.*, 1992, **49**: 681-697.

Gao Shouting, Tao Shiyan, and Ding Yihui, The generalized E-P flux of wave-meanflow interactions, *Science in China* (*Series B*), **33**(6)(1990), 704-715.

Gao Shouting, et al. Moist potential vorticity anomaly with heat and mass forcings in torrential rain systems. *Chin Phys Lett*, 2002, **19**(6): 878-880.

Gao S, Wang X, Zhou Y. Generation of generalized moist potential vorticity in a frictionless and moist adiabatic flow. *Geophys Res Lett*, 2004, **31**(L12113): 1-4.

Gao S, Ping F, Li X, et al. A convective vorticity vector associated with tropical convection: A two-dimensional cloud-resolving modeling study, *J. Geophys. Res.*, 2004, 109: D14106, doi: 10. 1 029/ 2004JD004807.

Gao S, Cui X, Zhou X, et al. A modeling study of moist and dynamic vorticity vector associated with two-dimensional tropical convection: *J. Geophys. Res.*, 2005, 110: D17104, doi: 10. 1029/2004JD005675.

Gao S, Li X, Tao W, et al. Convective and moist vorticity vectors associated with tropical oceanic convection: A three-dimensional cloud-resolving model simulation, *J. Geophys. Res.*, 2007, 112: D01105, doi: 10. 1029/2006JD007179.

Gao Shouting et al. Total deformation and its role in heavy precipitation events associated with deformation-dominant flow patterns. *Advances in Atmospheric Sciences*, 2008, **25**(1): 11-23.

Gokhale N R. Hailstorms and hailstone growth. 1975. State university of New York Press. Albany.

Gossard E E, Sweezy W B. 1973. Dispersion and Spectra of Gravity Waves in the Atmosphere. *J. Atmos. Sci.*, **31**: 1540-1548.

Hoskins B J. The geostrophic momentum approximation and the semi2geostrophic equations[J]. *J Atmos Sci*, 1975, **32**: 233-242.

Hoskins B J, Dagbici I, Darics H C. A new look at the ω-equation. *Quart J Roy Meteor Soc*, 1978, **104**(1): 31-38.

Hoskins B J, Pedder M. 1980. The diagnosis of middle latitude synoptic development. *Quart J Roy Meteor Soc*, **106**(450): 707-719.

Hoskins B J, McIntyre M E and Robertson A W. On the use and significance of isentropic potential vorticity maps. *Quart. J. Roy. Meteor.* Soc., 1985, **111**: 877-946.

Hoskins B J. Towards a PV - θ view of the general circulation [J]. *Tellus*, 1991, **43AB**: 27-35.

Huo Z H, Zhang D L. 1998. An application of potential vorticity inversion to improving the numerical predication of the March 1993 superstorm. *Mon Wea Rew*, **126**(2): 426-439.

Huo Zonghui, Da-Lin Zhang and John R GYakum. Interaction of potential vorticity anomalies in extratropical cyclogenesis part Ⅰ: static piecewise inversion. *Mon. Wea. Rev.*, 1999, **11**: 2546-2561.

Huo Zonghui Da-Lin Zhang and John R GYakum. Interaction of potential vorticity anomalies in extratropical cyclogenesis part Ⅱ: Sensitivity to initial perturbations. *Mon. Wea. Rev.*, 1999, **11**: 2563-2575.

John Molinari et al. 1998. Potential vorticity analysis of tropical cyclone intensification. *J Atmos Sci*, **55**: 2632-2644.

Joly A, Thorpe A J. 1990. Frontal instability generated by tropospheric potential vorticity, *Quart J R Meteor Sci*, **116**: 525-560.

Jonathan E, Martin, Nathan Marsili. Surface cyclolysis in the north Pacific ocean. Part Ⅱ: Piecewise Potential vorticity diagnosis of a rapid cyclolysis event. *Mon. Wea. Rev.*, 2002, **130**: 1264-1281.

Jusem J C, Atlas R. 1998. Diagnostic evaluation of vertical motion forcing mechanisms by using Q vector partitioning. *Mon Wea Rev*, **126**(8): 2166-2184.

Krishnamurti T N. A diagnostic balance model for studies of weather systems of low and high latitudes, Rossby numer less than 1. *Mon. Wea. Rev.*, 1968, **96**(4): 197-207.

Keyser D, Reeder M J, Reed R J. A generalization of Petterssen's frontogenesis function and its relation to the forcing of vertical motion. *Mon Wea Rev*, 1988, **116**(3-4): 762-780.

Keyser D, Schmidt B D, Duffy D G. Quasi-geostrophic vertical motions diagnosed from along- and cross-isentrope components of the *Q* vector. *Mon Wea Rev*, 1992, **120**(5): 731-741.

Koch S E et al. . 1985. Observed interactions between strong convection and internal gravity waves. Preprints at the 14th Conference on Severe Local Storms, 198-201.

Kuo H L. On the formation and intensification of tropical cyclones through latent heat release by cumulus convection. *J Atmos Sci*, 1965, **22**(1): 40-63.

Kuo H L. Further studies of the parameterization of the influence of cumulus convection on large-scale flow. *J Atmos Sci*, 1974, **31**(5): 1232-1240.

Kuo Y H, M A Shapiro, E G Donall E G. The interaction between baroclinic and diabatic processes in a numerical simulation of a rapidly intensifying extratropical marine cyclone [J]. *Mon Wea Rev*, 1991, **119**: 368-384.

Kurz M. Synoptic diagnosis of frontogenetic and cyclogenetic processes. *Meteor Atmos Phys*, 1992, **48**(1): 77-91.

Lawrence B Dunn. 1991. Evaluation of vertical motion: Past, Present, and Future. *Wea Forecasting*, **6**(1): 65-73.

Leinschmidt E. 1957. In "Dynamic meteorology" by Eliassen A and Kleinschmidt E. Handbuch der

Physik, **48**:112-129.

Li Yaohui, Shou Shaowen, Fan Ke. 2002. Isentropic potential vorticity analysis on the mesoscale cyclone development in a torrential rain process. *Acta Meteorologica Scinica*, **16**(4):75-85.

Li Tianming and Zhu Yongti. 1989. On the Multiple Equilibrium of the Development of Tropical cyclone in Nonlinear CISK Model. *Advances in Atmospheric Sciences*, **6**(4):447-456.

Lilly D K. The structure, energetics and propagation of rotating convective storm, Part Ⅱ: Helicity and storm stability. *J Atoms Sci*, 1986, **43**(2):126-140.

Lilly D K. Atmospheric instability, Mesoscale Meteorology and Forecasting. Am Meteor Soc 1986.

Lindzen R S. Wave CISK in the tropics. *J Atmos Sci*, 1974, **31**:156-179.

Lin Y-L, Farley RD, Orville HD(1983) Bulk parameterization of the snow field in a cloud model. *J Climate Appl Meteor* **22**:106-1092.

Louis W. Uccellini and Steven E. Koch. 1987. The Synoptic Setting and Possible Energy Sources for Mesoscale Wave Disturbances. *Monthly Weather Review*, **115**:721-729.

Moller J D, Jones S C. 1998. Potential vorticity inversion for tropical cyclones using the asymmetric balance theory. *J Atmos Sci*, **55**:259-282.

M. J. Curry and R. C. Murty. 1974. Thunderstorm-generated gravity waves. *J. Atmos. Sci.*, **31**:1402-1408.

Raymond D J. Wave-CISK and convective mesosystems. *J Atmos Sci*, 1976, 33:2392-2398.

Reed R J, Sanders f. An investigation of the development of a midtropospheric frontal zone and its associated vorticity field. ibid, 1953, **10**:338-349.

Robert Davies-Jones, Burgess D W. Test of helicity as a tornado forecast parameter. Preprints, 16th of Conf. on Severe Local Strom, Am Meteor Soc, 1990, 588-592.

Rossby C G. Relation between variations in the intensity of the zonal circulation of the atmosphere and the displacements of the semi-permanentcenters of action. *J Marine Rev.*, 1939, **2**(1): 38-55.

Rossby C G. Planetary flow patterns in the atmosphere. *Q. J. R. M. S.*, 1940, **66**(suppl.): 68-67.

Sanders F, Hoskins B. An easy method for estimation of Q-vectors from weather maps. *Wea Forecasting*, 1990, **5**(2): 346-353.

Schar C, Wernli H. Structure and evolution of an isolated semigeostrophic cyclone. *Quart J Roy Meteor Soc*, 1993, **119**(509): 57-90.

Scinocca J F and Ford R. The nonlinear forcing of large-scale internal gravity waves by stratified shear instability. *J. Atmos. Sci.*, 2000, **57**:653-672.

Shapiro M A. Frontogenesis and geostrophically forced secondary circulations in the vicinity of jet stream frontal zone systems. *J A S*, 1981, **38**:954-973.

Shou Shaowen, et al. Diagnostic study of the mesoscale circulations near heavy rain area on meiyu front. The Workshop on Mesoscale Meteorology and Heavy Rain in East Asia. 1995.

Shou Shaowen, Li Yaohui. Study on moist potential vorticity and symmetric instability during a heavy rain event occurred in the Jiang-Huai Valleys. *Advances in Atmospheric Sciences (AAS)*, 1999, **16**(2):312-321

Shou Shaowen et al. The inference of cumulus on environment in a Meiyu front heavy rain process. Workshop on Mesoscale Systems and Hydrological Cycle. 1999.

Shou Shaowen, et al. Potential vorticity analysis of the heavy rain process in South China of June 18-26, 1998. International Workshop on GAME/HUBEX, Hokaido, Japan, 2000,(9):12-14.

Shou Shaowen,Liu Zixiong. 2002. A diagnosis analysis of the inferences of dry intrusion on the development of cyclone during a heavy rain process. Proceedings of Summer Workshop On Severe Storms And Torrential Rain, Chengdu,China.

Shou Shaowen et al. Effects of dry intrusion in a rainstorm process,International Conference on Storms,5-9 July,2004 Brisbane Australia.

Shou Shaowen et al. Numerical simulation and diagnostic analysis of a rainstorm near Meiyu front occurred in eastern China, International Conference on Storms,5-9 July,2004 Brisbane Australia.

Shou Shaowen et al. Effects of dry intrusion in a rainstorm process,International Conference on Storms,5-9 July,2004 Brisbane Australia.

Shou Yixuan et al. The research on textual feature extraction and its application in analyzing a rainstorm process, International Conference on Storms,5-9 July,2004 Brisbane Australia.

Sutcliffe R C. A contribution to the problem of development. *Qurt J Roy Meteor Soc.*, 1947, **73**(317): 370-383.

Thorpe A J. Diagnosis of balanced vortex structure using potential vorticity[J]. *J Atmos Sci*, 1985, 42: 397-406.

Thorpe A J, K A Emanuel. Frontogenesis in the presence of small stability to slantwise convection. *J. Atmos. Sci.*,1985,**42**:1809-1824.

Thorpe A J. Attribution and its application to mesoscale structure associated with tropopause folds [J]. *Q J R Meteor Soc*, 1997, **123**: 2377-2399.

Thorsteinsson S, J E Kristjansson, B Rosting et al. A diagnostic study of the Flateyri avalanche cyclone, 24 -26 October 1995, using potentical vorticity inversion [J]. *Mon Wea Rev*, 1999, **127**: 1072-1088.

Todd P Lane,Robert D Sharman,Terry L Clark,et al. 2003. An investigation of turbulence generation mechanisms above deep convection. *J. Atmos. Sci.*, **60**:1297-1321.

Woodall G R. Qualitative analysis and forecasting of tornadic activity using storm relative helicity. Preprints, 16th of Conf. on Severe Local Strom, Am Meteor Soc, 1990, 311-315.

Xu Q,Clark J H E. The nature of symmetric instability and its similarity to convective inertial instability. *J Atmos Sci*,1985,**42**:2880-2883.

Xu Q. Frontal circulation in the presence of small viscous moist symmetric stability and weak forcing. *Quart J R Meteor Soc*, 1989, **115**: 1325-1352.

Xu Q. Ageostrophic pseudovorticity and geostrophic C-vector forcing a new look at *Q* vector in three dimensions. *J Atmos Sci*, 1992, **49**(12): 981-990.

Xu Q. Conditional symmetric of frontal rainbands and geostrophic potential vorticity anomalies. *J A Sci*, 1992, **49**(8): 629-648.

Yang Dasheng, Krishnamurti T N. Potential vorticity of monsoonal low level flows. *J Atmos Sci*, 1981, **38**: 2676-2695.

Yang S, Gao S, Wang D. Diagnostic analyses of the ageostrophic *Q* vector in the non-uniformly saturated, frictionless, and moist adiabatic flow. *J Geophys Res*, 2007, **112** (D09114): 1-9.

Yao X, Yu Y, Shou S. Diagnostic analyses and application of the moist ageostrophic *Q* vector. *Adv Atmos Sci*, , 2004, **21**(1): 96-102.

Yue C, Shou S. A modified moist ageostrophic *Q* vector. *Advances in Atmospheric Sciences*, 2008, in press.

Yue C, Shou S, Lin K, et al. Diagnosis of the heavy rain near a Meiyu front using the wet *Q* vector partitioning method. *Adv Atmos Sci*, 2003, **20**(1): 37-44.

Zack J W, Kaplan M L. Numerical simulation of the subsynoptic features associated with the AVE-SESAME Ⅰ Case. Part Ⅰ: The preconvective environment. *Mon. Wea. Rev.*, 1987, **115**: 2367-2393.

Zhao Yu, Wang Jianguo and Xue Deqiang. Application of the moist vorticity vector in the analysis of a heavy rainfall event in North China. *Progress in Natural Science*, in press.

图书在版编目(CIP)数据

基于惯性摆的海洋人工系统波浪能获取方法/张颖著.—徐州:中国矿业大学出版社,2019.12

ISBN 978-7-5646-4142-9

Ⅰ.①基… Ⅱ.①张… Ⅲ.①波浪能—海洋开发—研究 Ⅳ.①P743.2

中国版本图书馆CIP数据核字(2018)第227469号

书　　名　基于惯性摆的海洋人工系统波浪能获取方法

著　　者　张　颖

责任编辑　仓小金

出版发行　中国矿业大学出版社有限责任公司

(江苏省徐州市解放南路　邮编221008)

营销热线　(0516)83884103　83885105

出版服务　(0516)83995789　83884920

网　　址　http://www.cumtp.com　**E-mail**:cumtpvip@cumtp.com

印　　刷　虎彩印艺股份有限公司

开　　本　787 mm×960 mm　1/16　**印张** 8.75　**字数** 167千字

版次印次　2019年12月第1版　2019年12月第1次印刷

定　　价　29.00元

(图书出现印装质量问题,本社负责调换)

基于惯性摆的海洋人工系统波浪能获取方法

张 颖 著

中国矿业大学出版社
· 徐州 ·